超 越 工 程

——社会如何塑造技术

Beyond Engineering

How Society Shapes Technology

[美] 罗伯特·普尔（Robert Pool） 著

陈祖奎 译

中国宇航出版社

·北京·

著作权合同登记号：图字：01 - 2021 - 7172 号

图书在版编目（ＣＩＰ）数据

超越工程：社会如何塑造技术／（美）罗伯特·普尔（Robert Pool）著；陈祖奎译 . -- 北京：中国宇航出版社，2022.2

书名原文：Beyond Engineering ：How Society Shapes Technology

ISBN 978 - 7 - 5159 - 2032 - 0

Ⅰ.①超… Ⅱ.①罗… ②陈… Ⅲ.①技术学－研究 Ⅳ.①N0

中国版本图书馆 CIP 数据核字（2022）第 022669 号

责任编辑 赵宏颖　　　**封面设计** 宇星文化

出　版 发　行	中国宇航出版社		
社　址	北京市阜成路 8 号	邮　编	100830
	（010）60286808		（010）68768548
网　址	www.caphbook.com		
经　销	新华书店		
发行部	（010）60286888		（010）68371900
	（010）60286887		（010）60286804（传真）
零售店	读者服务部		
	（010）68371105		
承　印	天津画中画印刷有限公司		
版　次	2022 年 2 月第 1 版		2022 年 2 月第 1 次印刷
规　格	880×1230	开　本	1/32
印　张	12	字　数	345 千字
书　号	ISBN 978 - 7 - 5159 - 2032 - 0		
定　价	88.00 元		

本书如有印装质量问题，可与发行部联系调换

序

　　西安航天动力研究所陈祖奎研究员在 2014 年完成《超越工程——社会如何塑造技术》翻译初稿时，来找我交流书中的主要观点。阅读初稿后，我认为这本书通过核能、电力、计算机、航空航天、生物制药等技术的发展脉络，以一种独到的视野描述政治、社会制度、社会团体、个人和商业模式等因素是如何影响技术发展的。

　　工业革命以来，尤其是随着 20 世纪科学技术的发展，人们创建了汽车、大型化工、航空航天、核电、计算机产业，人们的生活方式和物质生活水平提高到了 100 多年前难以想象的程度。由于技术复杂程度大幅提高，使得技术的本质发生了变化，技术系统中的组件和参数的关系，从简单的线性关系，变成了复杂难解的非线性关系，各组件的参数耦合性强，技术越复杂，不确定性越大，出现故障的风险也就越高。虽然基于数据库的建模仿真技术取得快速发展，但仍然难以预测技术系统所有出错方式。为了管控系统的使用风险，必须进行能反映实际使用环境裕度的大量的、充分的试验验证，使不确定性降低到可接受的水平。

　　大型复杂技术，需要高可靠性组织进行研发和使用。高可靠性组织的特点是既有严格的规章，也有灵活的应对危机的方式；既有开拓进取的创新精神，也有持之以恒改进现有技术的毅力；既有学习经验的气氛，也有挑战经验中瑕疵的勇气。另一方面，高可靠性组织必须是一个学习型的组织，知其然，还要知其所以然，并强调团队成员之间的不断交流，以产生思想碰撞的火花，使技术决策更加科学、合理，使最终的产品具有本质可靠性。

这是本带有哲学思维的著作，提供了 20 世纪重大科学技术的发展脉络，崭新的认识技术发展的视野，可以作为认识技术本质、如何提高本质可靠性的参考书，也可以作为青少年的科普读物。

这本译著经过多年的反复修改，用词准确、精美，可读性强，在此特意推荐给广大的读者。

张贵田

2021 年 12 月 20 日

译者序

前些年，译者在编译《NASA 工程中的经验教训》时，发现其中经常提到《超越工程——社会如何塑造技术》这本书，于是，想办法获取了这本书的原版，阅读数遍之后，觉得其中的观点对大型研究机构的企业文化建设、技术研发和技术复杂性本质等方面的认识有所裨益，于是进行了翻译工作。

这本书是《斯隆技术系列丛书》分册之一，主要以核能发展为主线，生动描述 19—20 世纪许多重要技术，诸如核能、电力、计算机、航空航天、生物制药等，为什么会成为今天这个样子？在发展的过程中，到底是什么在起关键的作用呢？技术发展给人们带来了繁荣的物质生活，但造成了严重的环境问题，20 世纪 60 年代，人们不再对高风险技术毫无保留地接受，要求对技术的发展路线拥有更大的发言权，例如质疑核电站、转基因、动物器官或组织移植给人类的安全性。

书中描述，由于技术越来越复杂，以致一个人无法完全了解一项复杂技术的本质，技术开发的主体也由个体转变为大型组织。这些组织有自己的发展目标，也有适合自己的行事方式，个人在组织中的作用非常渺小。爱迪生建立的"发明工厂"，是现代技术开发实验室的雏形。

对许多工程问题而言，技术路线往往并不是唯一的。从技术竞争层面看，优秀的技术往往会胜出。可是，在今天看来，在动力与照明应用上，相比于直流电，交流电的优势十分明显，为什么竞争持续将近半个世纪，而且那么惨烈？在蒸汽机车和内燃机车的竞争中，又是什么让内燃机车取得彻底的胜利呢？在个人计算机的发展中，施乐公司帕洛阿尔托研究中心创造了个人计算机局域网，以及个人计算机的第一款文字处理程序，还有鼠标、窗口、图标等与计算机交互尽可能容易的工具，引领了行业的发展潮流，但在商业上未能取得成功。苹果、IBM都不是技术开拓者，是什么原因让它们后来居上，最后发展成行业的巨头呢？书中提出，完成相同功能的技术之间的竞争，胜负不仅取决于技术的优越性，还取决于研发模式和商业模式。要真正理解科技为什么如此发展，我们必须把它们放在其当时发展的环境下，看过去的想法和工程的选择。发明者是谁？他们的优点和缺点是什么，以及他们如何与同龄人和竞争对手交流？实验室之外的世界发生了什么？政府参与了吗？媒体呢？发明家在什么样的组织里？商业因素是怎么影响开发和创新营销的？

第二次世界大战结束后，研发原子弹的庞大基础设施、出类拔萃的人才队伍将来去做什么呢？美国政府、国家实验室在丰富的技术经验的基础上推动商业核能的发展。商业核能有两项主要关键技术，即中子慢化和冷却，有许多技术路线，例如石墨反应堆、重水反应堆、压水堆、金属钠冷却反应堆，为什么最后压水堆成为商业核能的主流呢？本来，美国原子能委员会有很多机会和足够的时间，通过充分的试验对比，选择具有本质安全性和经济效益好的技术路线将核能商业化，但基于当时的世界政治局势和公众对核能的狂热未能如愿。

为了在冷战中取得战略优势，美国海军决定研制核动力潜艇，为了满足潜艇核反应堆必须具有安全、结构紧凑特性的要求，提出了轻水反应堆和金属钠反应堆的方案。这两种方案都得到了顺利实施，但考虑到金属钠泄漏与水蒸汽接触会发生爆炸，造成灾难性后果，轻水反应堆成为正式的方案。当时，苏联、英国都在积极研发商业反应堆，美国原子能委员会决定加速商业核能的研发以应对别国特别是苏联有可能超越的挑战，加之，美国民众对核能无所不能充满憧憬——提供取之不尽的电力、提高采矿效率、建造核动力飞机和修建运河，等等，不仅如此，还能建造人造太阳，使生产各种农产品而不受天气的影响，让饥饿成为历史的记载……人类不会再为争夺资源而发动战争，让两极不再是冰封的荒原，沙漠成为绿洲，世界再一次变成伊甸园。在这种气氛的影响下，美国原子能委员会决定加速商业核能的发展。采取什么技术路径呢？就是当时投入力量最大的轻水反应堆。一旦一种技术建立起一个领先的发展势头，便很难被超越，即使该项技术没有什么优越性，这就是所谓的"技术锁定"。在航空航天领域复杂技术的研发中，通常会遇到的情景是，为实现某一个工程目标，一般先提出几个方案，在经费不充分的情况下，只能进行少量的试验，然后进行比对，由决策者根据自己的经验和偏好，选定一种自己认为有前途的方案进行工程研制。如果运气好，则一切顺利，但实际情况往往与愿望背道而驰。如果这项技术成熟度较低，不可避免要进行多次的设计迭代，花费了大量的经费和精力，在预期的进度内还是不能实现既定的工程目标。如果方案没有颠覆性的问题，设计迭代还会继续下去，因为，其他方案没有进行过深入研究，不能证明一定就没有问题，就比现在这个方案好，这样，这条技术路径就成了"鸡肋"。对于技术成熟度低于6级的工程研制项目，过早的"路径锁定"将不可避免地陷入"紧行无好步"的困境。

书中描述，挑战者号航天飞机、印度博帕尔化工厂和美国三哩岛核电站事故，尽管事故之前，已经有许多人对项目和技术提出过异议，那么为什么还会发生不幸呢？到底是技术还是其他什么原因呢？这是复杂技术本身固有的风险，技术越复杂，不确定性越大，风险越高。如果我们无法摒弃一项复杂而又有风险的技术，就不得不与狼共舞，我们能做的，就是提高设计的本质可靠性，进行充分的试验验证，使不确定性和风险降低到可以接受的水平，在收益和风险中取得平衡。

书中提出的"知道为什么成功比知道为什么失败更难"的观点，值得我们深思。近年来，我国发射失败的航天任务中，有成熟型号，也有新研型号，故障原因很多，因为失败了，事后总能找出事故的"事件链"。但成功了，很多情况下，我们只是"知其然，不知其所以然"。书中详细描述了挑战者号航天飞机、切尔诺贝利核电站、三哩岛核电站、博帕尔化工厂等科技史上重大灾难性事故，这些事故在发生后不久，就找到了导致事故的"事件链"。

书中描述，许多故障看似是由技术上的失败引起的，却往往是组织上的失败导致的。以航天动力系统为例，2008 年以来，长征系列运载火箭发生过 10 余次发动机故障导致的飞行失败，我国新型固体火箭也因为动力系统故障出现飞行失利。航天动力系统，系统复杂，工况严酷，涉及流体、结构、传热、燃烧等学科高度耦合，发动机各部件要承受恶劣的环境考验，高压、高低温、高转速、大振动、高功率，加之参数耦合性强，是典型的非线性系统，因此，预期其所有的失效模式几乎是不可能的。只有通过多样品、多工况的科学、充分的测试，才能确定设计裕度、识别出主要的失效模式，考核确保动力系统在规定的服役条件下取得成功。然而，由于这些机构本身有自己的商业目标、要应对各种政治态势，使得动力系统研制过程中不能容忍失败，导致测试域过窄，不同次制造之间、不同发动机之间的差异和天地差异对性能、可靠性的影响考核不到，设计裕度无法识别。如果存在制造偏差，使用环境条件发生变化，发生故障的概率就会增大。

复杂系统的研制、运营需要高可靠性组织。高可靠性组织的特质之一是既有严格的规章，又有灵活的应对危机的机制。强调员工之间的交流，不断主动学习。高可靠性组织拥有有助于避免事故发生的另一个特征，强调不断的交流和讨论，其作用远远超出一般组织的认识。目的很简单：为了提高方案的本质可靠性，避免错误。除了沟通之外，高可靠性组织也强调主动学习，而不是简单照搬照抄前人留下的技术条件和设计图纸。员工不仅要知道设计文件为什么这么编的，还应该能够挑战它们，寻找方法来完善它们。与其说这种学习背后的目的是改善可靠性——尽管这是通常需要的，不如说是为了防止组织退化。

书中描述，由于技术复杂性是不可避免的，那么我们选择什么技术路线、如何规避风险呢？技术问题通过技术本身是否可以解决呢？我们在建造复杂的工程系统时要怎么考虑余量呢？由于技术越来越复杂，人们无法预示全部的出错可能性，即使是技术成熟的汽车行业也做不到。许多微小的瑕疵，单个对系统的可靠性的影响都不大，但当这些小瑕疵以某种方式耦合、叠加，事态就会像滚雪球一样的发展，最终造成灾难性事故。墨菲定律指出，凡是某一事件存在发生的可能性，不管这种可能性是多么微不足道，它总会发生的。鉴于此，本书提出了工程本质安全性的观点。

书中描述，"技术革新"是一群人朝着一个共同的方向不懈努力的结果。没有渐进式的技术积累，就没有增量式的进步，就更不会产生颠覆性的技术突破。有三个例子说明这个观点：第一个是天文学宇宙模型。从托勒密提出地心说模型起，1000多年中，天文学家根据观测的结果，对模型进行不断修改，直到无法吻合新观察。之后，哥白尼提出日心说模型，该模型经过开普勒的改进，与观察结果天衣无缝。第二个是飞机发动机。飞机起初采用活塞发动机，发展近100年之后，飞行速度提升遇到了瓶颈，无论发动机、飞机外形怎么改进，即使引入当时最新的材料技术，飞行速度提升就是达不到期望值，直到有人发明喷气发动机。第三个是蒸汽机到汽轮机的进化过程。纽克门发明只能产生往复运动的蒸汽机，流行于矿山长达60多年，直到1760年，瓦特将其大幅度改进，在活塞两侧交替创建真空，使输出功率翻倍，并能输出轴向功率。此后，很多人在提高效率和可靠性方面投入了大量的精力，但效果并不明显，费效比更是不堪，直到有人发明了汽轮机。

译者认为，本书在对技术发展的看法上，提供了一个新的视野，对处理复杂工程问题有借鉴作用。

特别感谢德高望重的中国航天动力专家、中国工程院院士张贵田老先生，在百忙中阅读译稿并为本书作序。

西安航天动力研究所为译者翻译这本书提供了很多便利条件，许多同事、好友仔细阅读译稿，提出了非常有益的修改意见，译者在此表示衷心的感谢！

特别感谢中国宇航出版社细致审阅了书稿，为提高本书的质量付出了辛勤劳动。

由于译者时间和水平有限，错误在所难免，请读者见谅。

2020 年 12 月 26 日

《斯隆技术系列丛书》的序

技术是科学、工程以及产业组织创建一个人造世界的应用。在技术的引领下，发达国家在 100 年前已经达到了不可想象的生活水平。然而，过程并非没有压力，由于其本身的性质，技术带来了社会变化并颠覆了传统。它几乎在每一个方面影响人类活动：私人和公共机构、经济系统、通信网络、政治结构、国际关系、社会组织和人类生命的状况。影响不是单向的，正如技术改变社会，社会结构、态度和习俗等诸多因素也影响技术。但也许因为技术发展如此迅速并完全被吸收，在现代历史中，对技术和其他社会活动深刻的相互作用还没有足够的认识。

斯隆基金会对加深公众对现代技术及其起源，以及对我们生活的影响的理解有一个长期的兴趣。《斯隆技术系列丛书》（目前本册是其中一个部分），旨在向广大读者介绍 20 世纪各类关键技术发展的故事。本系列的目的旨在传达技术和人类两个主体维度：发明及将其改造成设计技术所付出的努力，以及将它们引入当代生活的喜悦和压力。世纪结束之际，希望本系列将披露这样的一个过去，能提供观察现在的视角并对未来有启示作用。

基金会一直在一个杰出的咨询委员会指导下创作《斯隆技术系列丛书》。我们对约翰·阿姆斯特朗、西蒙·迈克尔·贝西、塞缪尔

· Y. 吉本（已故）、托马斯·P. 休斯、维克托·麦克尔赫尼、罗伯特·K. 默顿、埃尔廷·E. 莫里森和理查德·罗兹表达深深的感谢。基金会在委员会的代表是拉尔夫·E. 戈莫里、阿瑟·L. 小辛格尔、赫希·G. 科恩、多伦·韦伯。

致　谢

　　许多人对这本书提供了帮助，尤其是斯隆基金会的阿瑟·L. 小辛格尔，没有他们，是不可能完成本书的创作的。

　　在这本书的创作过程中，有四个非常重要的人。麻省理工学院核工程系主任迈克尔·戈利，首先向我描述工程以外的其他因素是如何影响核电发展的；宾夕法尼亚大学历史和科学社会学梅隆名誉教授托马斯·休斯，教我（通过他的著作）如同一个历史学家一样来观察技术，寻找那些把技术推动到一条路径或另一条路径上的决定性事件；乔治梅森大学公共政策教授唐·卡什，让我对复杂性影响技术发展的重要性印象深刻；乔治梅森大学的罗宾逊教授①、哲学教授塞尔玛·Z. 拉文，让我知道了社会科学在认知我们世界方面的重要性和局限性。

　　许多友善人士通读整个手稿并发表评论，提出改进建议、指出错误和不准确的地方。特别感谢迈克尔·戈利，他通读手稿并提出许多深思熟虑的建议，给我提供帮助的人还有：加州大学伯克利分校政治学系的唐·卡什、托马斯·休斯、托德·拉·波特；《制造原子弹》和《黑暗的太阳：制造氢弹》的作者理查德·罗兹；圣达菲

---

　　①　1984 年以来，乔治·梅森大学接受了克拉伦斯·罗宾逊教授的大量遗赠，使其有资本任命文、理学界的杰出教授来授课。这些杰出的教授被称为罗宾逊教授。

研究所的经济学家 W. 布莱恩·亚瑟；加利福尼亚州米奥克兰尔斯学院的政治学家保罗·舒尔曼；西安大略大学的经济学家罗宾·考恩，以及乔治梅森大学的政治学家詹姆斯·菲夫纳教授。

在我研究和写作这本书的四年期间，许多科学家、工程师以及商业界人士与我谈论了他们的工作。向提供帮助的人致谢的名单不可避免地有所遗漏，尽管如此，我必须提供我能想起的尽可能多的名字，因为他们慷慨分享他们的时间和知识，从而使这本书的出版成为可能。

感谢橡树岭国家实验室的查尔斯·福斯博格、阿尔文·温伯格、亨利·琼斯、霍华德·克尔、威廉·富尔克森、格劳德·普格、小约翰·琼斯、弗兰克·霍曼、伊丽莎白·皮尔；麻省理工学院的劳伦斯·里德斯基和亨利·肯德尔；电力科学研究院的特德·马斯顿、约翰·泰勒、昌西·斯塔尔和加里藤；ABB 燃烧工程公司核电事业部的赫尔诺特·基辛格、瑞吉·马特齐、查尔斯·巴盖尔、保罗·克拉马契克；ABB 瑞典韦斯特罗斯分公司的卡蕾·汉内兹、拉尔斯·尼尔森和杜尚·巴巴拉；巴黎核电国际的布鲁诺·鲍姆加特尔、迪特·施耐德和米歇尔·普雷沃；阿尔贡国家实验室的查尔斯·蒂尔、尹·I. 常和鲍勃·艾弗里；佛罗里达电力和照明杰里·戈德堡、戴夫·萨格尔、汤姆·布朗克和雷·金；美国原子能委员会的爱德华·戴维斯；美国节能意识委员会的菲利普·贝恩和卡尔·戈尔茨坦；多伦多整体影响的凯瑟琳·赖尔；美国加州大学圣巴巴拉分校的哈罗德·刘易斯；史密斯学院的斯坦利·罗斯曼；得克萨斯州公用事业子公司德州电力公司的戴夫·奥雷利；全国奥杜邦协会的扬·贝伊；美国西屋电气公司的核集团顾问托尼·华莱士和彼得·穆雷；卡内基·梅隆大学的 M. 格兰杰·摩根和巴鲁克·费希尔霍夫；华盛顿州立大学的尤金·罗萨；通用电气的核电事业部的鲍勃·伯格伦德和通用电气核能退休副总裁伯特伦·沃尔夫；太平洋天然气和电力公司的威尔凯富、迈克·安格斯和吉姆·莫尔登；田纳西大学的罗伯特·乌里格；新墨西哥大学的汉克·詹金斯-史密斯。特别感谢分别来自弗吉尼亚州的电力公司和核能研究所的图书馆馆员琳达·罗亚尔和安德烈·威廉姆森，他们对我开放他们的文件。

最后，我要感谢我的妻子，艾米·邦杰·普尔，她阅读了本书的各种版本并在许多方面，尤其是有关法院和技术的那些方面磨炼了我的思想。

目　录

引言　理解技术

　　这本书与我四年前开始写作时构思的差异很大。这种情况有时候是会发生的，而通常发生在作者写作时并不真正了解一个主题或当他发现别的东西更重要时，我的情况两者都有。请允许我解释一下。

　　1991 年，阿尔弗雷·E. 斯隆基金会给 24 名作家提供资助，旨在创作一系列的技术书籍。因为技术对形成现代世界的影响如此深刻，斯隆想给一般的非技术读者提供某种视角，了解电视的发明、X 射线的历史或避孕药的研发。本书就是在这样的背景下诞生的。斯隆要求系列丛书中每本书关注一项特定的技术，所有的书容易被没有科学或工程背景的读者所接受，但基金会由作者决定写什么，怎么写。不同作者分别选择写作有关疫苗、现代农业、雷达、光纤、晶体管、计算机、软件、生物技术、商业航空、铁路和其他现代技术方面的图书。我选择了写作有关核能方面的图书。

　　当时，我打算对商业核产业作简单的处理——其历史、问题及未来的发展潜力。我知道发展核能是有争议的，我相信双方在争论中在某种程度上掩盖了一些真相。我的工作是深入研究技术细节，找出到底是怎么回事，并报告给读者。为了使这本书尽可能生动、可读性好，我会描述一些轶事和丰富多彩的人物，但这本书的核心是描述核技术是怎样一个清晰、准确的工程实践和科学事实。鉴于这一信息，读者在核难题上可以形成自己的意见。

　　这种方法没有源头。几乎认真写技术的每个人都是公众记者、工程师，这些身份背景会使作者将技术批评聚焦在技术细节上，真理就是这样被挖掘出来的，如此人们才会真正理解一项技术。人们可能并不总是同意那些细节所暗示的含义——相同的数据，可以作为使用核能安全支持者的证据，也可以作为反方证明危险的证据——但每个人都相信这些数据的地位，起初，我也一样。

一开始，本书关于核能最难写作的一部分似乎是给出某种结构来处理分散而复杂的话题，以免读者陷入细节。为此，我提议，这本书从一个特定角度开始叙述——未来的第二代核电的发展。虽然美国对此没有任何建设计划，但在世界其他地方，一些第二代的核电站正在建设，它似乎是将一切事物联系在一起的一个理想方式。通过从开发人员的角度来写下一代技术，追溯第一代技术的历史并详细列举其问题——技术缺陷、监管缺陷、管理不足，以及公众的反对意见，我还可以描述核工业是如何努力来克服这些问题的。对未来，我提供一些猜想。根据我发送给斯隆基金会的最初提议，这本书的主要目标将是"跟踪新技术的智力发展，不仅描述科学家和工程师如何解决问题和满足目标，还描述更为重要的问题，他们是如何决定哪些是首要目标的"。简而言之，我是通过负责技术开发专家的视觉来理解技术的。

在本书进入写作阶段后，出现了两本有类似思路的书籍。第一本是理查德·V. 沃尔夫森的《核的选择》，该书给门外汉提供了可读性好的核能技术细节描述，并解释了围绕其使用的许多分歧。第二本是理查德·罗兹的《核能革新》，描述下一代反应堆的工作。这是一本薄书，但它很好地汇总了打击美国核工业的问题，并给出复苏这个行业的出路。这两本书涵盖了我一直关注的大部分领域。

然而，在这两本书出现之前，我一直在反思自己要写什么。反思过程始于斯隆基金会的亚瑟·辛格尔给我的一个建议：加强核能历史部分。他认为重要的是，让读者对于技术为什么最终成这样有一个更好的认识。我同意了，所以踏上了一段跟我原计划路线差别很大的写作旅程，并让我以一个新且陌生的方式来观察核能以及所有技术。

当我挖掘核能历史，寻找塑造它的力量时，我发现，对于核能的发展，与其说是科学家和工程师，不如说是非技术因素的影响起到了关键作用。例如，为什么核电是大相径庭的技术呢？在法国，核能发电近80%，并通常被认为是安全、经济和可靠的。另一方面，在美国，核电经历了一场重大事故，险象环生，数十亿美元的公用事业投资打了水漂，引发了大规模的反核运动。尽管核反应堆发电量占20%，美国自1978年以来没有新的核电站订单，在不远的将来也不会有。法国的邻居意大利，宣布放弃所有核能，关闭其现有的发电厂，并发誓至少到技术发生重大变化之前不会再建。由于这三个国家使用相同的反应堆技术（事实上，法国在20世纪70年代初开始核计划时从美国引进了反应堆设计技术），因此从工程上无法得到出现不同结果的原因。相反，我学会了必须跨越技术本身，来到更广泛的"社会技术系统"——社会、政治、经济和制度这些技术开发和运营的环境下来探索。核技术在美国、法国和意大利的处境差异实乃天壤之别。

没有人比核能开发工程师感触更深。这使他们非常沮丧。他们说，"核能是解决我们许多能源问题一个很好的方法，然而，一些社会团体把它搞砸了"。作为回应，许多工程师以写书、在杂志发表文章，或以召开城镇会议的方式，对公众宣传其思想。这些工程师相信，如果人们能和工程师一样了解事实，一切都会很好。该技术会按计划发挥作用。

然而，要找到工程师谈论的客观事实可能非常困难。每次我调查自认是技术的问题——为什么是轻水反应堆占主导地位的选择呢？突破了什么关键技术使核能在20世纪60年代广泛商业化呢？有解决存储核废料问题的可行方法吗？我发现答案都超出了工程领域。技术和非技术之间的界线，起初看起来是如此清晰，但慢慢消散了，在我看来，核电的发展是工程师和更大的社会之间的一个协作——尽管是一个不知不觉的且往往令人感觉不舒服的协作。伙伴关系中，社会的作用被证明具有惊人的深度并且很复杂。我原以为这只不过是"一只手"在调节的事情，当认为技术可取时，便加快研发速度，当缺点多于优点时，不是减速就是停止。但在核能的历史中，社会将强有力的手放在了舵柄上。

我初始设想的美好而又简单的故事消失了，取而代之的是一个复杂的、往往令人费解的故事，除了预期的技术因素，更多的是技术如何一直受到许多非技术因素的影响。解释核能为什么如此进化，我不得不描绘一幅广阔的，技术生于斯、长于斯的社会内涵。

那时我可以就此打住。也许我早就应该这样了。但我阅读得越多就越意识到，我遇到的仅是冰山一角。虽然在许多方面，核能是独一无二的，它诞生于曼哈顿计划、早期政府控制、其潜在的灾难性事故、其产生的高放射性核废料——其发展方式受工程以外的其他因素影响是很典型的。我发现，任何现代科技是设计者和更大的社会之间复杂相互作用的一个产物。

思考一下汽车。本世纪初，以汽油为燃料的汽车与由锅炉和蒸汽机（比如斯坦利蒸汽机）驱动的车辆共享道路。最终，内燃机占领了市场，而旧的蒸汽机消失了。为什么？通常的假设是这两个竞争者死磕，最好的技术胜出。但原因不全是这样。

虽然内燃机在性能和便捷上的确有一些优势，但蒸汽动力车辆也有自己加分的地方：它们没有传输或齿轮传动，制造简易、运行更平稳，而且噪声小。当时和现在的专家称之为一幅画——"更好的"技术主要是看法不同的问题。相反，蒸汽机被淘汰的几个因素中，重要因素是很少与工程相关或根本无关。斯坦利兄弟，当时蒸汽动力车辆最好的制造商，没有大规模生产的兴趣，他们满足于以高价卖几辆车给能欣赏其优势的爱好者。

与此同时，亨利·福特和其他底特律汽车制造商推动廉价的汽油动力汽车，使其如潮水般涌入市场。即便如此，如果高端汽车业不是遇到一系列不幸，蒸汽机很可能会幸存下来。例如，一度爆发的口蹄疫造成公共马槽排空了水，断绝了更新车辆锅炉用水的主要来源。斯坦利兄弟花了三年时间开发了一种闭式循环蒸汽发动机，不需要不断地补充水，但那时第一次世界大战开始，政府严格限制企业可以投放到消费市场的汽车种类。斯坦利公司再也没有恢复过来，并于几年后倒闭。蒸汽车辆工业的幸存者死在大萧条时期，那时高价车辆市场全部消失。

非工程因素在所有技术，即使是最简单技术的发展中都发挥了作用。亨利·佩特罗斯基告诉我们，在19世纪80年代末，铅笔设计师如何为了绕过红雪松的日益缺乏，设计了以卷纸代替一般木头的一种铅笔。它"技术上可行，也表现出极大的前景"，佩特罗斯基写道，"但产品失败的原因是心理因素，这是始料未及的"。公众习惯于用小刀削铅笔，想要，就可以削。而卷纸铅笔从来就没有流行过。

今天，尤其对于复杂的创造，如计算机、基因工程或者核能，非技术因素对技术施加的影响是史无前例的。发明不再符合拉尔夫·瓦尔多·爱默生的格言，即简单地"制造出一种更好的捕鼠器，世界就会为此把路开到你门口"。

原因有好几个，一些是基于不断变化的技术本质本身，而其他的是社会转型引起的。一百多年前，西方国家的人们通常将技术发展看作是一件好事。它带来了繁荣和健康，并代表着"进步"。但是，在过去的一个世纪，西方社会发生了巨大的变化，人们对技术的态度也发生了转变。随着国家变得更加繁荣和安全，民众已经变得不那么关心他们物质生活水平的提高，而更关心审美方面的考量，如保持清洁的环境。这使得他们不太可能不加批评就接受新技术。与此同时，西方民主国家的公民在政治上变得更精明，利用法律、特殊利益集团、各种运动改变公众舆论，以及利用其他武器更积极地挑战制度。结果是，现在公众对技术，尤其是对那些被视为高风险的、或不想要发展的技术的发展，比100年前甚至50年前施加了更大的影响力。

与此同时，技术开发人员也一直在变化。一个世纪前，大多数创新是由个人或小团体完成的。今天，科技的研发往往由规模大、等级森严的组织承担。尤其是对于复杂、规模宏大的技术，因为它们需要大量投资和广泛而又协调的研发工作。但大型组织投入到开发过程的许多理由与工程无关。任何机构都有自己的目标和担忧、优势和弱点，以及自己做事情的最佳方式。不可避免的是，一个机构中的科学家和工程师，通常无意识地受到其文化的影响。

一个密切相关的因素是科学和工程的制度化。利用专业协会、会议、期刊等其他交流手段，通过具有统一标准和实践的大型集团，科学家和工程师们已经相对紧密地融合了，并持有类似的观点。今天，技术观点和决策往往反映的是集团的思想，任何个人的作用很小。

大型组织的存在和职业的制度化使得技术能在相对较短的时间内建立一个巨大的势头。一旦选择了某种实施途径，即使并没有特别好的理由，机构的机器也会在同一个方向上将每一个人紧密结合在一起，很难抗拒。

但最重要的变化来自于技术本身的性质。在20世纪，我们的机器和设备的效能已经取得显著的发展，随之而来的也有许多不曾预料到的后果。"滴滴涕"（一种杀虫剂）开始使用的时候，它似乎好得不得了：以一种廉价、有效的方式杀死害虫，提高作物产量。经过多年后人们才了解，这种农药进入到食物链削弱了鸟蛋的外壳并造成其他意想不到的严重破坏。同样，氯氟化碳，或者各种氯氟碳化合物，几十年来一直被广泛用作制冷剂、制造泡沫的发泡剂和计算机芯片的清洗剂，而没有任何人意识到它们在破坏臭氧层。

当技术应用于多种用途来满足世界50亿人的需要时，甚至通常良性的技术也在扮演不同的角色。燃烧天然气是一种经济、安全和清洁的家庭供暖和发电方式。它唯一主要的废弃物是二氧化碳，与人类每次呼吸时呼出的气体相同。但是，由于燃烧化石燃料（煤、石油和天然气），如今在全球范围内产生了大量的二氧化碳，正在加速地球大气中的温室效应，并正在成为全球气候变化的主要威胁。

现代科技就像在一套小公寓里的一条大丹狗。它可能是友好的，但你仍然要确保在大丹狗可达到的范围内没有什么易碎的物件，所以要保护好瓷器和水晶。政府机构、特殊利益集团、企业，甚至个人在技术如何开发和应用上，要求拥有越来越多的发言权。

　　现代科技除了其能力以外，还拥有第二特征，即更精巧难解，但同样重要的是，使它从本质上不同于早期技术的复杂性。犁、轧棉机，甚至灯泡，这些都是简单的设备，无论它们有多少改变和提高，它们的功能和能力很容易被理解。但无论是好是坏，技术达到了没有任何个体能完全理解的状态，例如，石油化工装置是如何工作的，一旦技术付之应用，没有专家团队能预见所有可能的结果。这样的复杂性从根本上改变了我们与技术的关系。

　　思考一下挑战者号航天飞机的事故，虽然原因最终定位在低温下"O"形圈失效，导致燃气泄漏进而引起燃料箱爆炸，但真正的罪魁祸首是复杂的系统。航天飞机的工程师们一直担心"O"形圈在零度以下的天气会出现些什么问题，甚至一些人建议将发射推迟到较温暖的日子，但是没有人能确切地预测会发生什么情况。系统的组件有太多的变量、太多的方式交互作用。尽管工程师们感到不安，管理层仍决定执行这次发射，而仅仅几个月后，专家们就拼凑起了导致爆炸的事件链条。

　　复杂性会产生不确定性，对提前了解或合理猜测一项技术的含义产生了限制。尽管航天飞机工程师们已经有模糊的恐惧，但他们没有，或根本就没能对系统有足够的理解以预见即将到来的灾难。在这种情况下，没有一个明确的技术答案，人们转而依靠主观的、常常无意识的推理和偏见，以及直觉、组织目标、政治上的考虑和利润动机。美国国家航空航天局在保持其航天飞机定期进入太空中感到压力，即便如此，没有人想推迟发射，除非是绝对必要的。挑战者号航天飞机事故就是这种情况。

　　所有这些原因，决定了现代技术不仅仅如同广告宣传的那样是科学家和工程师的理性产品。仔细看看今天的任何技术，从飞机到互联网，只有将其视为社会的一部分并在其中成长，你才会发现它真正的意义。

　　洞察力不是特别新的事物。深思熟虑的工程师们已经讨论过一段时间了。早在 1964 年，长期担任橡树岭国家实验室主任的阿尔文·温伯格，就写过技术和社会之间的关系，特别是在核能方面。那时也有其他人做这方面的工作。但直到最近还没有人以一致的、全面的方式研究社会对技术的影响。像温伯格这样有哲学倾向的工程师没有时间、心性或训练去进行仔细研究。他们报道他们所看到的，不推测更大的影响，但仅此而已。而社会科学家，当他们从整体上关注技术时，会主要看它是如何塑造社会的。社会学家、经济学家和其他人长期以来一直认为，技术是历史的推动力，即通常被称为"技术决定论"的理论，所以他们愉快地调查诸如印刷机的发明如何引发了变革、指南针的发展如何催生了探索时代的到来和发现新世界，以及轧棉机如何创造了导致美国内战的条件。但在这些科学家中几乎没有人转过弯来，提出社会是如何塑造技术的。

　　然而，仅在过去一二十年里，这种情况已经开始发生变化。事实上，经济学家、政治学家和社会学家应用各种工具对各种技术进行分析几乎已成时尚，这些技术包括核能、商业航空、医疗器械、计算机，甚至自行车。我怀疑，部分原因是技术对我们的世界越来越重要，另一部分原因是由社会科学家实现的，科学和技术仅仅作为政治或宗教服从的社会分析。不管原因是什么，结果已经把技术全景的新视野展现出来了。学者现在谈论技术和社会之间的推动和牵引，而不仅仅是技术对社会的推动作用。工程师们从高高在上的地位被带到了这样一个位置——仍很重要的——体系中的部件，通过体系将技术传递给世界。

　　不幸的是，大多数情况下仍是专家之间在书籍和期刊上的交流，领域之外几乎没有人见过，这种情况几乎没有变化。这本书旨在改变这一切。从其原来设计作为工程师如何创造新一代核能的研究，变成了更普通的——但更雄心壮志的——剖析非技术力量如何塑造现代技术的一本书。书中，我收集并综合分析了工作中涉及的各个学科：历史、经济学、政治学、社会学、风险分析、管理科学、心理学。本书以不同的观点论及个人计算机、遗传工程、喷气式飞机、航天、汽车、化工厂，甚至蒸汽发动机和打字机。这样的书其内容显然不能全面。而我的目标是介绍思考技术的一种不同方式，并展示今天当我们以这样的方式去观察技术时，许多东西是如何更有意义的。

万变不离其宗。本书一直保持在其核心内容的范畴，一个特定技术的故事：核能。这有几个原因。一是我同意为《斯隆技术系列丛书》写核电分册。虽然现在看它似乎是很久以前的事了，但我仍然愿意致力于写这样的书。但即使不是这样，有几个好论点给了核能一个主要的角色。因为技术领域是如此广泛和多样，像这样一本书要冒似乎太不连贯的风险。每个元素似乎是明确和令人信服的，但当它们一个堆在另一个之上时，总数似乎小于各个部分之和。为了避免这种情况，重要的是要使读者一次又一次地返回到同一项技术，其故事从头到尾剥开，并逐步建立一幅连贯的、各个部分如何组合在一起的拼图。为此，没有比核能更好的选择。不是因为核能是典型的或是其他技术的代表，而是因为核能也许比任何其他技术更能反映时代和社会的进化。像莫比迪克的《伤痕》一书讲述与捕鲸者一生的战斗，核能的发展伴随着它与更大的社会接触的记录，对于那些知道如何解读它的人，这并不是一个难解的记录。此外，由于核能的重要性和倍受争议的历史，有丰富的文献可以利用。各行各业的社会科学家都试图了解核能的前景为何如此平坦，他们每个人都运用了不同的视角，提供了不同的见解。他们的工作透过许多不同的学术期刊和数以百计的书籍传播出去，而且，据我所知，还没有人试图把那些繁多的线索编织成一个连贯的整体。这是我要做的。

本书表面之下，潜伏着除了大学和其他学术机构之外很少得到关注的，也是我们这个时代最有趣和最令人沮丧的问题之一：我们如何知道我们知道什么？或者，换句话说，人类知识的本质是什么？这可能听起来像是那种抽象的、只有哲学家才喜欢的问题，但其答案具有实际的意义，并在如何处理科学技术上有重要的警示作用。

　　对人类知识本质的看法存在两个学派，它们几乎没有共同点。其中一种观点植根于物理科学，并被称为实证主义、客观主义或理性主义。实证主义接受的是，知识只是那些被科学方法验证的事物，这种方法是先形成假说，后进行试验。当然，无法绝对验证任何事物，无论明天太阳升起或落下的时间晚多少——但客观主义通常满足于超越合理怀疑之外验证事物。有影响力的科学哲学家卡尔·波普尔，在该观点之上加上了一个稍微不同的解读，他说，科学表述是那些可以付之试验的，可能证明是错的，或者根本就是错误的。不可能证明假说是正确的，但是，如果假设透过广泛验证，从未被证明是错误的，然后暂时如此接受它。如果以后在某些情况下被证明是错误的，它可以被修改或替换。通过这种方法，人们希望越来越接近世界深处的物理本质。绝对的知识是不可能获取的。我们能做的是，去探寻并获得这种临时知识。

　　实证主义——其强项是坚持验证——但同时也是其弱点，因为有很多人认为"知识"不能以物理学或生物学理论的同样方式验证。"美国是一个资本主义国家"，大多数人认为这是能接受的一种真实的表述，但如何去证明这一点呢？或者"圣诞老人穿着一件红色西装，乘坐由八头驯鹿拉着的雪橇"，这句话又是如何验证呢？这显然是这样的一类知识——在我们的文化中两岁或三岁以上的每一个人都"知道"——尽管知识层次与广义相对论不可同日而语，但对大多数人来说，比爱因斯坦提出的广义相对论更为重要。然而，实证主义方法没有这样的废话。

　　多年来，物理科学的成功给社会科学家留下了深刻的印象，于是社会科学家模仿其方法，走实证主义相同的路线。他们观察、形成假设并测试他们的理论，试图让他们的研究尽可能客观。许多社会科学家仍然这么做，但是在过去的几十年里，出现了一个有影响力的新学派，提供了处理人类知识的一种不同的做法。这种方法通常被称为"社会构建"或"解释"，是为明确地处理社会现实情况而设计的——网络关系、机构，以及共享存在于一群人的信念和意义——而不是物理现实。知识被认为不是从一个隐含的物理现实中收集的东西，而是被看作社会产品的一种集合。社会构建主义者讲的不是客观事实，而只是对世界的解释，所以他们解读这些释义是如何出现的。他们不打算判断社会构建知识的真伪，事实上，他们甚至否定去问这些知识是真是假的意义。

因此实证主义者和社会构建主义者关于知识的观点截然相反。实证主义者认为知识源于自然，而社会构建主义者认为知识是人类思维的产物。实证主义者讲证明，社会构建主义者讲解释。实证主义者认为知识是客观的，社会构建主义者认为知识是主观的。一般来说，实证主义者愿意遵从社会构建主义者的社会知识。毕竟，当实证主义者讲关于"知识"时，对于圣诞老人的信息或资本主义的重要性并不放在心上。而社会构建主义者不愿意给实证主义者相应的回报，于是引发了激烈的、到目前为止尚未出现流血局面的战斗。

社会构建主义者说，人类所有知识，甚至科学都是社会知识。毕竟，科学知识是由一群人创造的——科学界及其各种分支——因此它不可避免地具有集体性的特征。没有所谓的科学真理是一个人相信而科学界其余的人不相信的，一个想法变成一个真理，只有在绝大多数科学家接受这没有问题才行。但如果真是这样，争论还在继续，那么对科学最好的理解是科学是由社会构建的而不是以某种客观的方式来源于大自然。

最早且最著名的以这种方法观察科学的例子是托马斯·库恩的《科学革命的结构》一书。库恩把大多数科学描绘成定位在"范式"里——引导研究、定义哪些问题是重要的，并设计适当的方式去回答它们的一组信念和期望。当一个范式瓦解，科学界集体进入一个新的范式里进行工作，科学革命（如从托勒密的宇宙观转变到哥白尼宇宙观）发生了。库恩认为，因为这样的转变是科学规则的变化，所以不可能有客观原因促成转变或者决定一种范式超越另一种范式。这是一个主观的选择。具有讽刺意味的是，实证主义科学界的大部分人在没有对库恩的工作有更深层意义的理解的情况下就接受了范式的总体想法。听到一个科学家说"工作在一个范式里"并非不寻常，尽管如此，科学家还是对库恩声称的科学范式没有客观依据感到震惊。

今天，许多社会科学家同意库恩的说法，即科学实证主义对科学的主张是一个神话。例如，1987 年社会学家特雷·福捏和韦博·比克写道：

> 存在一个广泛的共识，科学知识可以，而且确实已经被证明完全是由社会构建的……将科学知识作为一种社会构建，意味着科学知识的本质就认识论而言没有特别之处，它仅仅是全系列知识文化之一（例如，包括属于"原始"部落的知识系统）。当然，某些知识文化的成功和失败仍然需要诠释，但这被视为社会学的任务，而不是认识论的任务。

这样的评论激怒了许多科学家。物理学家尤其对社会构建主义者的结论持异议。是的，他们承认，科学知识的创建当然是一个共同努力的结果，但就认识论而言是特别的。例如，量子力学给出的预测，精确到小数点后十几位以上。他们坚持认为，这并非偶然，而是反映了一个事实，科学揭示和解释一些客观现实。

总之，物理学家在这个特殊的争论上表现得更好。社会构建理论在解释社会知识和信仰上是有用的，但它没有解释为什么物理学家将广义相对论和量子力学当作物理世界的准确画像而被接受。社会构建主义者涅尔和比杰克尔忽视科学和其他知识文化的关键差异，科学坚持它的叙述是可证伪的。只要科学以这种方式限制自己、对理论进行持续测试，并丢弃那些与实验不符的内容，那么科学的确在认识论上有特别之处。只有这种而不是任何别的方式能解释为何科学比其他知识文化更加成功。科学可能不是如同实证主义者相信的一样客观现实，但实证主义的方法比其他任何方法更接近捕获科学的本质。

这一切似乎是学术茶壶的一个风暴，除了哲学家和对认识论有兴趣的一些科学家，没有人对这个问题感兴趣，但它披露出对公众构成影响的一些科学问题的很多争论。思考一下 20 世纪 80 年代中期关于奶牛使用重组牛生长激素的争议。尽管科学界声明它是安全的，但反对方提出，研究人员受资助其研究的资金来源、自己固有偏见的影响更大，而不是证据。这个论点隐含依据科学不是客观的，是社会构建的假设。一般来说，如果科学以其客观性而被接受，人们会在很大程度上肯定科学界的结论和个别科学家的专业意见。但如果科学被视为社会构建的、容易受偏见和潮流左右，那么人们就会质疑甚至否定它的结论。

这让我们回到我们最初的问题。本质上，这是一本关于技术知识的书：这是什么？它是如何形成的？传统上，工程师已经在实证主义者的证据上看到了自己的工作。像科学家一样，他们理所当然地认为他们的工作是客观的，而且他们相信，要理解技术，所有人需要的是技术细节。他们看到机器的纯逻辑和主体性之间一个严格的二分法，他们必须处理其中的非理性世界。另一方面，越来越多的社会科学家认为技术是社会构建的。他们认为，它的客观性是由那些相信自己新闻的工程师创造和传播的神话。和科学一样，这不仅仅是学术争论。我们对技术的态度在很大程度上取决于我们所相信的隐含的知识本质。

本书认为，了解技术知识有必要结合实证主义和社会构建主义者的观点。技术将物理世界与社会、客观与主观、机器与人结合在一起。如果你想象在一个频谱里，一端是科学知识，另一端是社会知识，那么技术知识就在中间的某个地方。这在一定程度上是可证伪的，但无法逼近与科学相同程度。相反，大部分技术知识是社会构建的，但存在一些局限——不管一群人怎么想，或者怎么做，飞机设计不能飞，也不会飞。简而言之，物理世界限制技术。有些东西比别的好使，而一些根本就不能用。这导致技术知识有一定程度的客观性。但与科学家不同，工程师工作在自己创造的世界里，而创造行为在实证主义者的范畴里不能被理解。

　　最终，任何对技术知识的理解必须认识到知识的复合性质。我们的各类技术创造都附着着工程师和社会的痕迹。接下来，我们将关注这些载体，当它们相互作用时产生我们生活中的各种机器。

　　我希望，读过这本书的人永远不会再以与以前完全相同的方式看待技术。对于那些像我过去一样认为可以在工程教科书和手册中找到所有关于技术重要事情的人们，我希望这本书能让他们加深对理性局限的认识。对于那些已经意识到理性局限的社会科学家、哲学家、诗人——我希望他们开始欣赏科学和工程挖掘物理世界的独特能力。和其他人一样，我希望这本书提供一种思考技术的方式，有助于更好地理解今天的技术世界。

第1章 历史和势头

那是 1879 年的平安夜，新泽西门罗园区的小社区人满为患。从临近年底开始，这里每天都有许多外来者出现，越接近新年，人数越多。《新纱先驱报》派人到新泽西农村进行现场报道，到场的工作人员描述了一个介于县集市和一个就职典礼之间的场景："他们来自四面八方，来自数英里外城镇的人们使用各种交通工具到达这里，这些人里有农民、机械师、劳工、男孩、女孩、男人和妇女，从火车下来的人里有银行家、经纪商、资本家、观光客和急于寻找业务的代理。"起初有数以百计的人到达这里，到年终的最后一个晚上，大约聚集了 3000 人。

他们来这看未来。据说留声机发明者，电话、电报的大师托马斯·阿尔瓦·爱迪生，有一个新的、更加神奇的奇迹即将展示。如果报纸报道内容可信的话，门罗园区即将展示的奇迹是使用电力的魔法灯照亮黑夜。

这个消息是 10 天前传出来的。《先驱报》的一位记者采访了爱迪生，爱迪生展示了他的最新成果：一只可以发光几十个小时而不会烧坏的灯泡。1878 年 12 月 21 日，《先驱报》大肆报道了该成就，用整幅页面外加一个专栏来描述灯泡（"完美碳灯的完整细节"），爱迪生找到该制作材料的试凑法（"15 个月的辛劳"）以及供电系统（"他用灯、锅炉和发电机不知疲倦地进行试验的故事"）。其他报纸很快也报道了这个故事，而爱迪生这个从不错过宣传的人，宣布他将在圣诞节后打开他实验室的大门，公众可以自己来见证这个奇迹。

太令人震惊了！在这个年代，人们无法想象城市居民必须跑到数英里外的乡村去欣赏电灯，所以很难想象那个除夕之夜的奇迹带给人们的震撼。但在 1879 年，如果人们在太阳下山后想要光明，他们仍然要执行古老的仪式：点火。在户外，可能是木火，在室内，是蜡烛或煤油灯。在大城市，通过提供更便宜、更方便的火焰，天然气公司已经成为大企业。由地下管道供应燃料的气灯，照亮了城市的街道、工厂、商店和越来越多的富裕家庭。但这些都不是令人满意的替代日光的方式。木火释放的热比光更多，而蜡烛和煤油灯的光既暗淡又闪烁。气灯在当时看起来是最好的，但以今天的标准来看，还是暗淡，它们散发热量、烟，有时还有有毒气体。

一个新的、高科技选项——电弧灯照明——刚刚进入城市，但仅限于特殊用途。电弧灯的工作方式是在两个碳电极之间接通强大的电流，慢慢地焚烧碳而产生强烈的蓝白色的光。这些"电蜡烛"首先被用于灯塔，直到19世纪70年代末，它们已经取代了一些城市街道上的煤气灯，有一些甚至被安装在建筑物内部，但它们太亮、太刺眼，对于比工厂或大商店小的场所来说，它的使用成本都太高了。

事实上，电力本身在当时是一项新的且不熟悉的技术。尽管它点亮电弧灯，在电报线里穿梭，应用于新式电话（发明了不到4年），但它尚未进入家庭，甚至没有进入许多企业。它仍然遥远而神秘。

所以，爱迪生的访问者认为他的展览有些神奇之处是可以理解的，尽管按照现代或几年之后的标准，这没有什么特别的。当来访者接近时，他们可以看到一个发光的门罗园区。一步一步走近，他们可以数灯泡的个数：两只在大楼旁小房子的门口入口，其他8只沿路设置在顶部和地面上。暂时停步近距离欣赏灯光后，客人会穿过院子，进入大型实验室中的主展示厅。这里用30只电灯照亮了房间，用《先驱报》的话说，"一种明亮、美丽的光，就像意大利秋天的夕阳"。也许比灯光本身更新奇的是，它可以用开关打开和关闭。人群一遍又一遍地使用开关，使房间变暗又变亮，显得兴奋而轻松。正如爱迪生的传记作者马修·约瑟夫森所写的，一些观光客得到的超过了他们的期待："尽管被警告不能这样做，但还是有几个人冒险进入发电机室，他们的怀表被磁化了。其中一位穿着考究的女士，她弯下腰来查看发电机附近地板上的东西，她的发夹从头发上掉了下来。"

　　尽管存在这些小意外，但游客和报纸仍然认为爱迪生的展示取得了成功。"几乎所有人都承认，他们对看到的进展满意"。

　　所以在接下来的几年里，他们看到了一场技术革命的开始，这比其他任何事件对社会的改变都大。这场技术革命很大程度上是由爱迪生本人推动的。他改进他的原始灯泡，使它们可以燃烧数百小时；他设计灯泡的供电系统：高效的发电机、把电力从发电厂输送到客户的廉价方法、安全电路、电表，等等。在1882年这一年里，爱迪生申请了141项专利，其中大部分与他的电力照明系统有关。

　　1882年9月4日，爱迪生电力照明公司在曼哈顿珍珠街开设了第一家中央电站。服务区域位于金融区中心，大约半英里宽、半英里长。第一天，该公司声称为85家客户点亮了约400只灯。之后，在爱迪生及其众多竞争对手的推动下，这项技术迅速推广，其众多竞争者很无耻地从他那"借"了发明专利。今天，由于几十年的创新，当初原始的发电机和灯具系统已发展成为一个庞大的电力网络，给各种各样的机器和设备供电，其多样性甚至会使"门罗园区的精灵"惊讶不已。不仅仅是白炽灯和荧光灯照明，还有各种类型的汽车、收音机、电视、计算机、空调、冰箱、洗衣机、微波炉、搅拌器、搅拌机、面包机和卡布奇诺咖啡机——所有这些以及更多的东西都可以追溯到一个实验室，在这个实验室里，公众向电子开关致敬，并在人造阳光的柔和光芒下陶醉。

　　让我们继续爱迪生和灯泡的故事，这是一个精炼的故事。事实上太简洁了。如同前文所讲述的，电力技术的发展只不过是一系列的发明和技术进步，加上一些令人难忘的事件（如门罗园区的除夕）和对历史性的第一次（珍珠街电站的开张）栩栩如生的描述。此外，有时你可能听到过爱迪生的个人轶事——他具有工作几天只偶尔打瞌睡的能力，或者他的名言，"天才是百分之一的灵感和百分之九十九的汗水"。

　　灯泡并不是唯一的例子。一般来说，作家往往倾向于把任何技术的发展描述为技术创新进步的结果：A 导致 B，这让 C 发生，然后 D 和 E 为 F 打开门，等等。从表面上看，这是一个合乎情理的方法。如果不是首先开发了灯泡和许多其他设备，爱迪生的第一个商业照明网络不可能开启。反过来，今天的电力系统依赖于最近的一系列技术进步，如变压器，它将输送电线的高压电流变换为企业和家庭所需的低压电流。显然，任何技术关键都取决于发明家和工程师的想法和创新。

　　但技术的故事远不止于此。仔细看看任何发明的历史，你会发现不少巧合和意外，以及一些没有任何理由发生，但却实实在在发生并影响了之后一切的事。例如，在个人计算机行业，众所周知，微软公司在软件领域的主导影响力完全是靠运气开始的。当 IBM 决定创建它的个人计算机（PC）时，负责其研发的部门首先找到一家名为"数字研究"的公司来提供个人计算机的操作系统。而数字研究公司推迟了与 IBM 的合作，紧接着 IBM 研发部门走访了比尔·盖茨和他当时的小公司——微软。比尔·盖茨意识到这是一个巨大的机会，他尽其所能说服 IBM，微软才是正确的选择，但最终确定选择微软在一定程度上取决于个人关系：IBM 董事会主席约翰·欧宝曾与盖茨的母亲玛丽共同在"联合方式公司"董事会供职，他认为与玛丽儿子盖茨的公司做生意是不错的。微软开发的操作系统 MS-DOS 成为了行业标准，不是因为它本身的优点，而是因为它是 IBM 个人计算机套件的一部分，这样盖茨走上了成为亿万富翁的道路。

　　除了这些随机但决定性的事件，任何技术的发展还有很多其他不符合教科书的纯粹逻辑推断的东西。那些错误的转变和死胡同，回想起来似乎不值一提，但当时却对工程师的思维有很大的影响。有些怪癖和偏见对个人意见的影响不亚于任何理性的证据。外部环境限制着并塑造着发明家和他们的发明，还有社会如何接受一项技术以及使其适应自己需要的细节。

　　要真正理解科技为什么如此发展，我们必须把它们放在某种环境下，看过去的想法和工程的选择。发明者是谁？他们的优点和缺点是什么？以及他们如何与同龄人和竞争对手交流？实验室之外的世界发生了什么？政府参与了吗？媒体呢？发明家在什么样的组织里？商业因素是如何影响开发和创新营销的？回答这些问题是技术历史学家的工作，是仅在过去 10 年左右的时间演变成的专业化工作。这些技术历史学家追踪某项形成创新的技术和其他非技术上的各种因素。

　　这些学者之一，宾夕法尼亚大学的托马斯·休斯研究了电力的早期历史，通过他的视角，这个传奇呈现出一个完全不同的景象。让我们回到爱迪生和他的灯泡的故事来看看它们到底有多么不同。

1.1　灯泡、电力业务和电刑

　　如同大多数技术革命一样，电气革命的根源在于科学研究和发现。对电进行的一个世纪的工作（从本·富兰克林用风筝进行导电试验开始）提高了用电灯取代天然气灯的可能性。到了 19 世纪 70 年代，许多发明家曾试图造灯泡。做一只发出光的灯泡相对简单——只需要合适的灯丝，并将灯丝置于抽掉大部分空气的玻璃球内——但是做出一只实用的灯泡则是另外一回事了。刚开始的灯泡通常发光太少，耗电过多，并通常在几秒钟或几分钟时间内烧毁。问题在于发光的小元件灯丝，这种微小的发光元件被电流加热后断开或分解。

　　1878 年爱迪生决定加入这场角逐。他用他惯常的彻底性来追逐它，采用了许多不同的设计和材料并记录结果。这是一个出色的工程教科书范例，尽管爱迪生喜欢称之为"发明"。他确定了什么是好灯泡的特点——应该工作相对持久、制造相对便宜、使用电流相对较小，等等，并开始系统地去探索如何做一个好灯泡。到 1879 年 10 月底，只过了一年多的时间，他制造出了至少能够燃烧 40 小时才会被烧毁的灯泡，他相信他可以将时长增加到几百小时。第一种可行的灯丝是一根碳化的棉花线——棉花线被加热直到它的主要成分变成碳。

　　在某种程度上，这种灯泡是一个单纯的产品工程的产物，它的成功在于科学洞察力、先进的制造技术，以及来之不易的关于不同纤维材料和设计特点的经验知识。但是这项工作发生在该时该地，是因为爱迪生的灯泡既是自我推销能力的产物，又是他建立的"发明工厂"的一个产品。

　　发明是昂贵的，特别在涉及反复试凑的情况下，而爱迪生并不富裕。相反，他依赖于作为一个成功的、赚钱的发明家的声誉来吸引商人资助他的企业，这反过来使爱迪生意识到良好公共关系的价值。1878年9月18日，在开始认真投入电气照明工作之后不久，在第一次发现实用灯丝的一年多前，爱迪生对《纽约太阳报》的记者说："以我刚刚发现的方法，一台机器可以生产一千只灯，可以生产一万只灯。事实上，可以说这个数字是无限的。"他继续描述以发电机系统、地下线路和代替煤气灯的电灯这一整套系统将会如何点亮曼哈顿下城。这篇报道被其他报纸转载，不仅激发了公众对此类系统的需求，而且也引起了支持爱迪生的金融家们的注意。在一个月内，有12名支持者与爱迪生照明公司合作。没有这些赞助商，爱迪生将实用的灯泡产品化的进程会缓慢许多或者根本不可能实现。

　　但爱迪生取得成功的最重要因素并非他天才的发明，而是他所建立的帮助他的组织。到1878年，爱迪生在门罗园区聚集了30位员工，包括科学家、金属加工工人、吹玻璃者、绘图员和其他工作人员，他们在他的密切指导和监督下工作。在这样的支持下，爱迪生夸口说他能"小发明每10天一例，大发明每6个月左右一例"。1877年末的留声机是一件这样的大发明，另一个是灯泡。虽然每个发明的背后都是爱迪生的想法，但两者都是团队的心血。

　　顾名思义，这座"发明工厂"改变了创新的本质。门罗园区是现代工业实验室的先驱，园内的工作人员在同一屋檐下进行发明、研发、甚至生产等业务，帮助爱迪生做出越来越复杂的设备，没有门罗园区的存在，保持那样的发明速度是不可能的。

例如，除夕之夜的展览，电灯只不过是实验室演示。爱迪生学会了如何使细丝可靠地工作长达 100 小时以上，但灯泡的生产仍然缓慢，是劳动密集型的工艺。事实上，他实验室展出的电灯和几个在家里的电灯就是当时世界上供应电灯的大多数，在实验室开放的那周，有 14 只灯泡被游客盗走。但半年内爱迪生准备好了用于商业应用的一个简单系统，利用这个系统他在不到 3 年的时间内，点亮了曼哈顿的中心。这是工程史上无与伦比的创造迸发，因为爱迪生和他的发明工厂产出的不仅是改善的灯泡，还创新了发电、输送和配电。这么做的时候，他已经建立了一个全新的技术系统。

例如，在早期，他彻底改变了将机械能转换成电能的发电机。在此之前，最好的发电机效率仅 40%，甚至一些专家认为 50% 的发电机效率已经是理论最大值。但通过尝试各种构型，爱迪生创造了一型效率超过 80% 的发电机，发电燃料成本减少了一半。后来他发明了一种"支线和主线"系统用于分配电力，这使输电线路所需的铜减少到先前估计的八分之一（铜导线是配电系统最昂贵的组件）。但是爱迪生对此仍不满意，他发明了一种"三线"改进电线，将铜的需求又降低了 62.5%。所有这些改进都使电灯相对于气体灯具备了关键的经济竞争力。

爱迪生还提出了导线绝缘的方法，这样他们可以在纽约街道的地下走线而不危及地面上的人；他发明了一种仪表记录客户使用了多少电；他精心制作了一型保险丝，防止波动引起的过多电流通过电路。

在灯泡点亮门罗园区的那个晚上过去不到 5 个月的时间，爱迪生售出了其第一个商业照明系统给客船哥伦比亚号。配备发电机和电灯后，1880 年 5 月哥伦比亚号客船离开纽约，从合恩角航行到旧金山，整个过程电灯表现完美。接着，爱迪生成功地将类似系统卖到了工厂、办公大楼，甚至私人住宅。与铁路大亨科尼利厄斯·范德比尔特的遗孀一样，金融家 J. 摩根也给他的房子买了第一型的一套照明系统。

　　但爱迪生真正的目标，从他对电力照明的第一次实验开始，一直是创建"中央电站"发电厂，采用大型发电机发电并通过电线分配到周围地区。他正确地认识到，这些不是单独的系统，将引起社会的革命性变化。最初这些关键电气网络将与天然气公司竞争，主要提供照明，但最终他们将为马达和其他机械提供动力，做天然气所不能做的工作。

　　当然，天然气公司并不想参与竞争，他们的财富使他们对当地政府官员有足够的影响力。爱迪生对这些洞若观火，也知道由于电线要沿城市街道布置，因此电气照明系统成功的关键在于避免当局主动反对。有鉴于此，在规划曼哈顿第一套照明系统时，他邀请了纽约的一些市议员到他家吃饭，并演示了新技术。在电力吊灯华丽的灯光下，服务员戴着白色手套、穿着黑色外套给市议员献上大餐、美酒、香槟和雪茄，这些都让市议员倾向于更多地考虑爱迪生的请求。游说工作后，1882 年 9 月，爱迪生珍珠街站开始营业，但他让新技术得以接受的战斗才刚刚开始。

　　例如，公众认为爱迪生的新技术似乎是一个神秘和有潜在危险的"仆人"。首先，发电机的电力来自蒸汽机，该机器当时的声誉比现在的核反应堆还糟糕。一些蒸汽机的高压锅炉，特别是用于快速河流船舶的高压锅炉，在更好的工程技术和更严格的监管固定下来之前，爆炸司空见惯，并曾经造成数十人死亡。爱迪生的低压锅炉使用可能是安全的，但许多人不知道其与高压锅炉的区别。特别是科尼利厄斯·范德比尔特太太，签订了家用照明系统合同而没有意识到锅炉是合同的一部分。爱迪生后来写道，"范德比尔特太太了解到怪物在地窖后，'歇斯底里'地宣称她'不可能生活在一个锅炉之上'。我们不得不把整个安装工程搬了出去"。

　　之后，电力照明行业开始吸引了越来越多的天然气公司的客户，这些天然气公司通过演示电力系统会导致的不同的令人恐惧的糟糕后果进行反击。随着越来越多的电线串行在城市街道和建筑物房屋中，天然气公司警告称，意外的电刑正成为一种威胁。爱迪生照明公司则针锋相对，公告描述了致命的气体爆炸的血淋淋的细节。这场战斗平分秋色。

爱迪生最激烈的战斗不在电气系统的接受问题，而在哪种类型的电气系统将占主导地位上。从表面上看似乎是一个纯技术争议，但细节证明这场战斗并不那么简单。事实上，有时技术问题似乎完全消失在商业、法律、政治和个人问题的迷雾中。

斗争的根源在于爱迪生选择的技术有严重的技术缺点。出于包括安全考虑在内的各种原因，爱迪生将他的灯泡设计在相对较低的110 伏特电压下工作。这反过来又迫使他在 110 或 220 伏特下分配电力（三线制，一条 220 伏特的电路可以分成两条 110 伏特的电路，其中每条电路可以给 110 伏特的灯泡或电器供电）。但是，问题来了。在 110 伏特或 220 伏特下通过电线输送电力是非常低效的，而且功率损耗很大，传输电力超过一英里是不切实际的。解决这个问题的唯一方法就是用很粗的铜导线降低电阻，但这个选择使配电系统的成本非常昂贵。

由于选择在 110 伏特下工作，爱迪生因此被迫把发电厂布置在非常接近其顾客的地方。在曼哈顿这不是一个问题，在几平方英里内有足够多的潜在客户能够购买甚至一家大型电厂能生产的所有电力。但在人口不够稠密的地区，发电厂无法受益于非常大装机容量的规模经济。此外，爱迪生不能利用这个国家的许多地区的水力。水电站发电比他的燃煤锅炉、蒸汽机、发电机的标准系统发电便宜得多，但其水电无法输送。

1883 年，法国发明家吕西安·高拉尔德和他的英国商业伙伴约翰·吉布斯提供了一条思路。他们建造了变电装置来提高或者降低电压，所以电流可以提高到高压进行高效的远距离传输，然后降低到低压由客户使用。不幸的是，该系统仅对一种电流——交流电（AC）起作用，而不是爱迪生所使用的直流电（DC）。

这一创新使交流电成为替代直流电一个有吸引力的选择，尤其是在大城市之外和有水力的区域，但交流电也有自己的重大短板。虽然它能使灯泡工作得很好，但没有人知道如何制造一个交流电动机，而各种各样的电动机迅速成为中央电站电力的主要用户。在工厂，单独的电动机正取代一台大型蒸汽机通过皮带带动数十个或数百个设备的系统。与此同时，电车在美国的城市如雨后春笋般涌现。只要交流电无法带动电动机旋转，其使用将大幅受限，无论它远距离供电如何出色。最后，在1888年，在塞尔维亚出生的电气工程师尼古拉·特斯拉取得了交流电动机的专利，并在几年内，使实用的交流电机上市。突然间，交流电不但可以做直流电所能做的一切，而且还能做更多的事情。

如果只是技术问题，那么显然交流电是符合逻辑的选择。但是，正如历史学家托马斯·休斯指出，虽然单靠技术解决方案解决技术问题非常罕见，但技术问题终究需要技术解决方案解决。简单地开发使用交流电的一个新型和优越的电气系统是不够的。一系列的社会、政治、经济、商业和个人问题必须与技术问题一并解决，所以"电流大战"还会再拖延几十年。

爱迪生，从不犹豫接受新颖和未经验证的想法，但不包括交流电。部分原因可能是他过于喜欢自己的直流系统，在其上他曾花了很长的时间和大量的精力。另一部分原因，也可能是在于交流电需要复杂的计算，交流电下工作的组件设计具有一定的复杂性。而直流系统是由一群发明家开发的，这些发明家与其说是科学家，不如说是更老式的修补匠。交流电设计工作已被新一代在数学方面训练有素的电气工程师解决了，如特斯拉和德国出生的天才查尔斯·斯坦梅茨。

另外，爱迪生不信任交流电的另一个原因是他担心在1000伏特高压下输电太危险。在19世纪80年代初，一些城市已安装高压直流线路给电弧灯供电，但发生了一系列的致命事故。有几个布线工在公众的注视下在电极上触电。相比之下，爱迪生一直小心翼翼地让他的系统尽可能安全，甚至尽管付出额外成本，他的珍珠街电站也要从地下布置线路。他不相信高压交流系统的安全性和经济性。

但是除了这些可以理解的反对交流电的理由，爱迪生的反对有更多的个人的、甚至痛苦的方面。在 1878 年，当爱迪生首次宣布他打算开发一个电气照明系统取代煤气灯时，其基础是令人怀疑的。几十年来，一连串的科学家和发明家曾试图做一种白炽灯的尝试都失败了。为什么爱迪生会成功呢？电气工程师 W. H. 普里斯甚至认为爱迪生的计划是不可能实现的。普里斯说，科学理论证明了单个发电机驱动的电路只能同时给少数人供电。爱迪生正在追逐一个小精灵，字面意思是"愚蠢的火"。

然而，爱迪生取得成功之后，许多先前的怀疑者纷纷跳入现在他们认识到的这个有利可图的商业领域。虽然爱迪生申请了灯泡和其他设备的专利，但没有关系。一些新的竞争对手，是那些一直试图制造白炽灯泡而没有成功的其他发明家。看到爱迪生的灯泡后，他们修改自己的设计甚至直接复制他的作品，添加一个或两个小变化，然后申请专利。在其他情况下，爱迪生的竞争者会找到一个与爱迪生创造的东西有些许相似的专利，然后购买这个专利权并声称是之前的发明。碳丝灯的专利官司就一直持续到1891年，使爱迪生公司耗费了 200 万美元。

在新型电力照明产业的所有竞争对手中，爱迪生可能最不喜欢乔治·西屋。西屋最初以空气制动发明家和制造商的身份赢得了名声和财富，这种装置使高速铁路旅行更加安全。但在爱迪生的发明问世后，西屋迅速进入电气设备业务，生产和销售的许多产品几乎是直接拷贝爱迪生的发明项目。西屋通过从偷爱迪生发明的发明家那里购买专利权掩饰自己。一则西屋广告甚至吹捧这种做生意的方法是为客户省钱：

> 我们认为我们推迟到现在才进入电气领域是幸运的。从别人的公共经验获利，我们进入竞争，试验经费最少……总而言之，在很大程度上，其他电气企业的阻碍之处似乎对我们是不存在的……我们旨在与客户分享这些成果。

　　但西屋不是简单的模仿。他很早就认识到交流电相对于直流电的优势，因此他转移到开发使用新型交流电的电力系统。西屋成为美国最重要的交流电支持者，这又给了爱迪生顽固地坚持直流电一个理由。

　　在整个 19 世纪 80 年代，美国许多公司竞相安装电气照明系统，并在 80 年代的末，出现了三大公司——爱迪生电力照明公司、西屋公司和汤姆森-豪斯顿公司。爱迪生电力照明公司是成立最久、规模最大的照明公司和最重要的碳灯丝专利的持有者。与其一直对抗的是西屋公司和汤姆森-豪斯顿公司，他们购买了大部分非爱迪生专利，其中一些（后来）被作为侵犯爱迪生专利的证据。从 1885 年开始，爱迪生的律师对侵权提起了一系列的诉讼，但情况的复杂性——各种富有想象力而且合法的行为——使法庭的斗争持续了多年。与此同时，三家公司都急于尽可能多地安装系统。订单来得太快了，他们应接不暇。

　　法院和市场战斗正酣时，爱迪生开辟了第三条战线：公众舆论。他开始利用媒体的优势说服公众，交流电是危险的。在新泽西州的西奥兰治，就在他位于纽瓦克城外的实验室里，他为记者和其他受邀嘉宾展示了一个可怕的表演：对流浪狗和流浪猫实施 1000 伏特交流电的电刑，这样的表演日复一日地进行。爱迪生的传记作者淡淡地说："西奥兰治社区的猫和狗是以每只 25 美分的价格购买的，被处决的数量如此之多，以致当地动物种群处于将被摧毁的危险状态。"

　　第二年，1888 年 2 月，爱迪生集团出版了用红色封面装订的名为《一个警告》的刺眼小册子，其中描述了高电压的危险，列出了工厂、剧院以及用于电弧照明的高压输电线各种致命事故的清单，甚至提供了遇难者的名字。在这本小册子里，爱迪生对西屋公司和汤姆森-豪斯顿公司的侵权行为进行了抨击，称其为"专利海盗"。

　　同时，爱迪生争取用法律规定将电路的电压限制到 800 伏特或更低。例如，他一度前往里士满敦促弗吉尼亚立法机构保护其选民免受交流电的威胁。立法机关对这种企图施加的影响感到不舒服，于是拒绝了。

爱迪生反击西屋公司的过程中，有一个复杂和奇异的情节，涉及爱迪生实验室的一个前助理哈罗德·布朗。显然，在爱迪生和他助理们的指导下，布朗用猫和狗进行了一系列的"实验"来证明高压交流电作为一个"即时、无痛、人道"的处决方式的有效性。然后，他发起了一场运动来说服纽约州以"电椅"代替绞刑对死刑犯进行惩罚。在 1888 年的秋天，立法机构同意并聘请布朗作为顾问提供椅子。毫无意外的是，他认为最合适的杀人电流来自西屋的交流发电机，因此，他买了三台（没有告诉西屋它们的用途）来做这项工作。1890 年 8 月，杀人犯威廉·凯姆勒成为第一个被电刑处死的人。有人，很可能是爱迪生本人建议，称这个执行过程为"被西屋"。这个词从未被普遍接受，但很多人切实把西屋公司的电气系统和死亡联系在一起了。

但尽管爱迪生付出了最大的努力，交流电却仍然慢慢取代直流电成为了潮流。高压交流电机比在低压直流电下运行的电机更为强大，开始取代蒸汽机驱动工厂的大型机器。高压交流输电线路使发电厂扩展到越来越广泛的地区。1895 年，在尼亚加拉瀑布的美国第一座大型水电站投入运营，该水电站拥有一台西屋公司制造的 5000 马力的交流发电机。

不过，交流电气系统独霸天下的路径没有那么容易。在 19 世纪 90 年代早期，美国的电力系统是个大杂烩，一些是直流，一些是交流。许多大城市，如芝加哥，在其边界内有几个公用事业公司在运行，而其系统是不兼容的。工厂或大型建筑物可能有自己的直流电源系统，而它周围的区域可能由一个交流中央站提供服务。在那些地区的街道，可能由彼此不兼容的独立照明系统的弧光灯点亮。

局势进一步混乱，1891 年 7 月，爱迪生终于赢得了他的专利战斗，他的竞争对手被命令在 1892 年停止生产碳丝灯泡。专利将在 1894 年到期，但西屋公司和汤姆森-豪斯顿公司在两年内，要面对的现实是，不得不努力去寻找履行照明系统合同的方法。

　　这个混乱通过技术和非技术的处理方法逐渐得以解决。爱迪生公司反对交流电的力量在爱迪生自己失去权力后逐渐减弱。1889 年，爱迪生之前成立的制造其电气设备的各个公司并入爱迪生通用电气公司，控制权落入了将新资本注入现金短缺的业务的一个财团的金融家手中（与经常在迅速扩张的公司发生的一样，爱迪生有很多订单，但是经常很难筹集资金来建造新的设施，有时甚至难以兑现工资）。爱迪生保留 10% 的新公司股票，连同他三名过去的同事，有一个董事会席位，但是其余的席位属于金融家。爱迪生对公司的影响在 1892 年完全消失，那时 J. P. 摩根已经获得公司的控制权，将它与竞争对手汤姆森-豪斯顿公司合并构成通用电气公司。爱迪生的名字消失了，很快他也一样。爱迪生卖掉了股票并辞去董事会的职位，痛苦地宣布，他将不再与电力照明有关系。

　　这次合并创建了一家巨大的公司，控制了美国四分之三的电力业务。它将爱迪生的直流电技术和汤姆森-休斯顿的交流电专业知识带到了同一个屋檐下，同时整合其持有的专利。在新公司，交流电将逐渐占据主导地位，因为新一代的工程师接替了爱迪生的保守派。

　　爱迪生走了，通用电气也就能够与西屋达成停火协议。1896 年，两家公司签署了一项专利交换协议，使电气产品更加统一和一致。

　　问题仍然是如何处理在整个 19 世纪 80 年代和 90 年代安装的不同系统的混乱。主要投资在一种类型设备上的公用事业公司负担不起将旧系统像垃圾一样丢掉，并从头开始一个新型的、先进的交流电系统的处理方式的成本。也不能期望其客户愿意购买新设备。最终西屋电气工程师想出了一个方法，使用可将交流电转换为直流电的同步发电机把交流电和直流电设备整合到一个集成系统，并采用相位转换器，使不同的交流系统和谐协调。在这些新系统中，大型交流发电厂提供电力，在高压的状态下由广布的输电系统输出。给附近客户供电的老直流发电站，转化为子电站，在此，高压交流电降压，并转换为低电压的直流电，这样提供给客户的电力与他们之前收到的旧系统的电力没有区别。渐渐地，使用直流电的客户在一个相对无痛的过渡中切换到了使用交流电。

欧洲国家面临着类似的问题。特别是英格兰经历了一段艰难的时期。伦敦由使用直流电和不同电流、电压、频率的交流电的一大堆小公司提供服务。但是因为这些电力公司都分别服务于一些政治小团体，因此不可能整合这些系统。直到1927年，国会设立中央电力委员会来建立连接所有电站的国家电网，国家终于开始整顿电力秩序。

这个扩展版本的爱迪生和灯泡的故事有一个简单的寓意：技术的历史不仅仅是技术细节。从现在优势观点看，很容易将AC与DC插曲描述为一个简单的工程问题：交流电对电力系统更加适合，所以它成为了技术的选择。事实上，争论的双方都试图使它成为一个纯粹的理性争论：交流电更实用，直流电更安全。但是，正如我们所看到的，解决这一争端涉及的问题远远超过达成最好设计的工程共识。

这是规则，任何技术都不例外。托马斯·休斯通过描述技术及其技术特点的显著区别来强调这一点。对他来说，技术是"许多技术和非技术因素相互关联的一个复杂系统"。"技术主要是指工具、机器、结构和其他设备。其他因素嵌入技术，技术之外是经济、政治、科学、社会学、心理和意识形态"。例如，电力技术，不仅包括发电厂、输电和配电系统，以及由电力驱动的所有工具和设备，而且还有生产和维护所有这些的公司、其设计者、监管行业的政府机构和融资银行。

在现代世界，技术与其技术内涵之间的区别是特别重要的。休斯指出，现代技术有一个巨大的"势头"——倾向于继续朝着之前行进的方向前进——在某项技术中，这种势头主要来自非技术因素。在某一个特定技术方案上投入的公司都不愿意放弃该方案而转向支持一个新的方案，即使新的方案可能更好。那些花了数年时间磨练他们设计技能的工程师们不愿从头开始发展一套全新的技能。相对于未知风险和回报的一场赌博，经理们更喜欢一个已知的商品化。银行对未经检验产品的新贷款持谨慎态度。已适应某一特定技术优点和缺点的监管机构抵制新方法。而客户也是谨慎购买任何与他们所知道的好的产品差别太大的产品。

由于这种势头，历史环境可能对一项技术的发展非常重要，尤其是在早期。像一个雪球从白雪皑皑的小山滚下，会变得越来越大。相对较小的各种因素——有的是个人的冲突，有的是资金短缺——可以将新技术朝一个方向或另一个方向推动。但一旦建立起一定的规模和速度就很难转向。在这一点上，没有什么比核能的历史更为明显的了。

1.2　制造炸弹

1938 年底，德国化学家奥托·哈恩和弗里茨·斯特拉斯曼发现了原子能和原子弹的来源。当时欧洲处于动荡之中。希特勒统治下的德国收复了莱茵兰、吞并了奥地利，并在受威逼的法国和英国的默许下吞并了捷克斯洛伐克的德语区。许多科学家和知识分子，尤其是犹太人在他们还能离开的情况下离开了德国和奥地利。其中一位是莉泽·迈特纳，哈恩的一位老朋友和长期合作者。迈特纳离开了仅仅几个月后，哈恩和拉斯曼取得了突破，因此迈特纳错过了参加本世纪最重要的科学发现之一的机会。如果她呆下去——并能在希特勒计划中幸存下来——迈特纳几乎肯定会与她的旧同事分享1944 年诺贝尔化学奖。

事实上，当哈恩和斯特拉斯曼发现可以通过用中子轰击原子核来分裂铀原子时，他们一直独自工作。这完全是出乎意料的，两个化学家起初不太相信。那时，原子可以破碎成两半的科学理论还没有被接受。

科学家们知道，原子由原子核的质子和中子以及围绕的电子扩散云组成。质子是携带一个正电荷的微小粒子，电子携带负电荷，而中子没有电荷。例如，一个氢原子具有一个被一个电子环绕的质子。氧-16 原子有 8 个质子和 8 个中子的原子核（"16"指的是质子和中子的总数）和在轨道上的 8 个电子。一个铀-235 原子含有 92 个质子、143 个中子，92 个电子环绕的原子核。20 世纪 30 年代的研究曾表明，通过增加质子和中子，元素是可以改变的，可以从一种元素变成另一种元素。例如，将一个阿尔法粒子（两个质子和两个中子）射进一个铝原子的原子核（13 个质子和 14 中子）能产生一个磷原子（15 个质子和 16 个中子）。研究人员还知道一些原子不稳定——它们的核会自发地吐出一个中子或其他粒子。尽管如此，原子核被认为是相对可靠的"公民"，如果它们能改变也是逐步的。

相反，哈恩和斯特拉斯曼发现铀原子核只是勉强保持在一起的，它一直处于崩溃的边缘。向它投掷一个中子，它会"裂变"成大小大致相等的两小块，并释放大量的能量。

这个消息很快传遍核物理学界。这是一个惊人的发现，在任何其他时间，物理学家会愉快地度过未来几年探索其科学意义。但他们中的许多人已经认识到这一发现的实际后果可能掩盖其科学的重要性。如果分裂铀原子释放的能量能够被引导和控制，那么就有可能制造出比之前强大数百倍的炸弹。

这种可能性，让已经移民到美国的匈牙利物理学家西拉德特别担心。西拉德担心纳粹可能抓住铀裂变的重要性并制造一种超级武器。毕竟，它最初是被德国研究人员发现的，虽然（欧洲）大陆许多最好的科学家已经逃离，但仍然留下足够多的人跟进这一发现。西拉德认为，如果确实有可能研制出铀炸弹，那么必须尽一切努力来阻止德国发展它，除非确保德国人不是首先完成研制的。

为了帮助发出警告，西拉德接触了阿尔伯特·爱因斯坦。最新的发现对爱因斯坦来说是新闻，但他很快掌握了情况，同意提供帮助。西拉德有一位朋友的朋友，认识罗斯福总统，而且同意把爱因斯坦介绍给总统。1939 年 10 月 11 日，罗斯福收到这封信，6 周后纳粹入侵波兰。

在一周半的时间之内，铀咨询委员会举行了第一次会议，讨论铀的潜在军事用途。在德国，同一主题已经在一个月前开始秘密讨论。哈恩和斯特拉斯曼首次实现铀原子分裂不到 10 个月，他们的裂变研究已经转向了战争。

这是不可避免的。核裂变的发现提供了一种利用原子核能量的途径，与先前的"化学能量"相比，这样的"核能量"是极其强大的，是人类最强大的动力来源。简单的计算表明，至少在理论上，一磅铀提供的能量是一磅煤或一磅炸药的一百万倍。在 11 月 1 日提交给罗斯福总统的报告中，铀咨询委员会认为，正因为如此，可以证明，铀作为潜艇的能源可能是有价值的，也可能提供"远远大于其他现在已知炸弹的破坏力"。

在如此利害攸关的情况下，美国科学家们开始了一项应急计划，研究铀原子的裂变机理。到 1941 年初，在一年多一点的时间里，他们得到了足够多的知识，理论上是可以制造一个原子弹，其威力是有史以来最大炸弹的成千上万倍。研究人员继续他们的工作，此时日本偷袭珍珠港将美国拖入了战争，努力开发和制造原子弹进入了高潮。曼哈顿计划，成为了世界上最大的技术项目。

如果哈恩和斯特拉斯曼的发现发生在不同的时间，比如说 20 世纪 20 年代初，那时欧洲的大国已经被战争流血搞得精疲力竭，而美国也不想与更多的战争有什么关系，很难说可能会有什么样的结果。换一个说法，至少在一段时间内，也许它可能仍然是科学研究范畴的一个问题。但是，由于历史的机遇，两位科学家打开了核裂变之门，那时世界即将开始其历史上最具破坏性的冲突，因此裂变的命运是注定的。核能最早作为武器而被开发。

巧合的是，发现裂变的时候也正是大型科技项目来临之际。曼哈顿计划将使之前的任何事情相形见拙，但它的先驱者提供了很多科学家、工程师和工人在相应领域的重要经验。到了 20 世纪 30 年代，大型工厂到处可见，许多公司拥有重要的研发实验室，联邦政府深入建设水电站的业务。没有这样的企业培育的组织和管理技能，制造原子弹几乎是不可能的。

　　当讲述曼哈顿计划的故事时，设计和建造原子弹的科学家通常吸引了人们的大部分注意力，这是可以理解的。洛斯阿拉莫斯的男孩组成了有史以来最令人印象深刻的一群天才，他们聚在一起解决一个问题。他们用一个难忘的感叹号，即蘑菇云让他们的努力告一段落。但是我们更感兴趣的是了解曼哈顿计划其余部分的方向在哪。

　　只是为了找到一个可行方法去设计炸弹是不够的。炸弹是必须要制造的，制造它需要创建一整套技术基础设施。正是这种原子的基础设施——知识、工具和设备，以及组织——影响了战后核能的发展。

　　释放铀的能量——无论是炸弹还是核能反应堆——都依赖于一种链式反应的产生。当一个铀原子分裂时，其原子核分裂成多个碎片，其中包括大量的中子。中子可以轰击其他铀原子使它们分裂，释放更多的中子，等等。炸弹和一个核反应堆的区别主要在于链式反应的速度快慢。在炸弹中，链式反应进行得如此之快，以致锁在铀中的大部分能量在一瞬间被释放，而在一座反应堆中，链式反应被严格控制在一个水平上。

　　对于炸弹或反应堆，有一个重要的事实，该事实由物理学家尼尔斯·波尔在 1939 年 2 月首先发现：为创建一种链式反应，并不是所有的铀都是等同的。天然铀主要以两种形式，或同位素存在。大约有 99.3% 的天然铀是铀 - 238（U - 238），其中包含 92 个质子和 146 个中子的原子核，而 0.7% 的天然铀是铀 - 235（U - 235），其中包含有 92 个质子和 143 个中子。两种同位素对中子响应方式有很大的差别。U - 238 核更稳定，因为其中的一些中子太慢了，难以裂变。另外，U - 235 吸收一个中子就裂变，无论这个中子移动多么缓慢。基本事实是 U - 235 维持链式反应比 U - 238 容易得多。

　　尤其对于炸弹制造者，这是一个重要的区别。铀 - 235 的核能够如此有效地捕获中子并分裂产生其他中子，只有几磅就足以维持一种链式反应。这样一个"临界质量"，如果以正确的方式结合在一起，将发生爆炸，其威力相当于数百万磅的化学爆炸物。另一方面，铀-238对用来制造武器来说根本毫无用处。

炸弹制造者有另一个选项，该选项在1941年由加州大学伯克利分校一个年轻的化学家格伦·西博格发现。钚-239（Pu-239），用铀-238制造的人造元素，能与铀-235一样维持链式反应。无论U-235或Pu-239都可以造出超级武器。

完成炸弹设计任务后，曼哈顿计划的科学家和工程师面临的第二个挑战是：积累足够的U-235或Pu-239来真正制造炸弹。在项目开始的时候，没有人曾经积累超过一盎司的U-235或Pu-239，而研制和制造炸弹需要数百磅。

在天然铀中，每140个原子只有一个是U-235，剩下的几乎都是U-238。收集纯净或几乎纯净的U-235需要找到某种方法将其从同位素U-238中分离出来，这是一项艰巨的任务，因为它们有非常相似的属性。它们的化学属性几乎相同，因此几乎不可能通过化学手段将它们分开。它们确实对中子的反应不同，但这对分离它们没有帮助。唯一有用的区别是U-238比U-235略重，因为U-238的第一同位素的原子核所含的中子多了三个。1941年，化学家在离心机上通过重力旋转发现了几种分离同位素的方法，例如，较重的同位素向外侧积累——但这些方法被设计来生成进行研究的少量样品。没有人试过工业规模的分离。

钚提出了一组不同的问题。因为它是一个人造元素，每一个原子必须用中子轰击U-238从头开始制造。有时当一个中子撞击U-238原子核时，原子核不分裂，而是吸收中子，变成同位素U-239。然而，这种同位素是不稳定的，很快衰变为Pu-239。生产大量的纯Pu-239需要两个步骤：在核链式反应中将一部分的U-238转化成Pu-239，之后将钚从铀中分离出来。理论上，从铀中分离钚比分离两种铀同位素容易得多，因为钚和铀是不同的元素，实际困难是艰巨的。首先，钚是一种毒药，非常小的剂量就可以致命。更糟糕的是，当中子轰击铀时，各种同位素随同钚一起生产出来，它们包括在 1941 年以前没有人处理过的各种高放射性的副产品。用铀制造大量的钚所产生的放射性量级是从未想象过的。

曼哈顿计划开始时，预测铀炸弹或钚炸弹哪个会更快是不可能的，所以，项目的领导人决定都试一试。一个计划瞄准从天然铀中分离 U-235，而第二个计划以生产钚作为目标。两个战时计划将为国家和平时期的核电努力奠定基础。

为了给炸弹制造足够的钚，需要建设大型核反应堆——在其中发生可控的铀链式反应。当然，当时没有人建设过一座任何规模的反应堆，加之，尽管物理学家有很大的信心，但是维持链式反应仍只是一个理论上的可能性（当时存在的微量 Pu-239 是通过中子束射向铀目标制造的，而不是在反应堆上产生的）。因此，1942 年早期，在恩里科·费米手下工作的一群物理学家在芝加哥大学着手建设一座核反应堆来测试他们的理论。第一座反应堆是一个扁平的球体，直径 25 英尺、高 20 英尺，由 4×4×12 英寸的石墨砖在赤道上构建。因为除了参与小型原子弹项目的人之外，没有人知道它的存在，取花哨的名字没有必要，所以费米简单称它为"一座堆"。这个名称就保留下来，多年之后各种形状和设计方案的反应堆被称为"原子堆"，通过在石墨砖上钻一些三英寸的孔，并将铀球放进这些孔里，使铀分布在整个堆中。大部分的铀处于氧化铀的状态，但在施工过程后期产生了一些纯金属铀。完工的堆包含 385 吨石墨、40吨铀氧化物和 6 吨金属铀。

石墨不仅是结构材料，它作为一种"慢化剂"，即减慢裂变铀原子发出的中子的一种物质，使中子更容易被其他铀原子吸收。所以，尽管其名字似乎暗示了什么，但慢化剂实际上加速了链式反应。芝加哥堆设计成这样，当一个铀原子分裂时，产生的中子穿过周围的石墨，当它们通过其他铀的口袋之前，石墨将其速度减缓下来足以引发更多的裂变。

由于铀的放射性，在任何给定的时间内，堆中的原子将分裂并释放中子，其中一些会导致其他原子分裂。只要堆处于"亚临界"，很多中子会从堆中逃离，而没有轰击其他铀原子，所以链式反应不会发展，但堆达到一定规模后，将会有足够的铀为几个原子的自发裂变滚雪球，直到大量的铀原子分裂。费米那时已精确地预测铀-石墨堆必须有多大，才能产生这样一个自维持的链式反应。

世界上第一个可控核链式反应发生在 1942 年 12 月 2 日。与爱迪生第一次电气照明系统的演示不同，没有任何人群或报纸报道，只有设计和建设堆的物理学家在场，而且直到战争结束后，他们的故事才得以流传。

反应堆坐落在大学的旧足球场看台下的一个壁球场内。几年前，学校放弃了校际足球，所以可以利用该体育场；壁球场提供了一个大空间，既看不见又容易看守。12 月 1 日，研究人员放置最后一层石墨砖和铀，并进行运行测试，表明了反应堆几乎是临界的——它几乎到了铀原子裂变自维持点，而且一旦反应开始，将继续以自己的力量维持。事实上，唯一阻止反应堆到临界点的关键是控制棒的存在——插入反应堆的长镉棒。因为镉吸收中子，通过阻止一些中子去分裂铀原子，控制棒抑制裂变的速度。其中一根控制棒设置成自动安全装置。如果堆辐射变得过高，将驱动一个线圈，将棒插入堆中。作为一个备份，费米在反应堆之上放置另一根控制棒，这根棒由一根绳子吊着。握着斧头的物理学家站在绳子的旁边，如果有必要，就砍断绳子。他是"安全控制杆的持斧人"，这个名称今天仍然以缩写形式存在。反应堆的紧急停车被称为"急停"。

在 12 月 2 日上午，研究者进行了测试。费米下令退出控制棒，只留一根，并观察堆的性能。虽然肉眼看不到发生的事情，但反应堆内的活动可以通过探测器监测，计算逃离堆的中子的数量。中子越多，反应堆的反应就越快，当最后一根控制棒退出堆 6 英寸或 12 英寸时，活动将会加快，然后归于平缓。每次费米都会对比读数与他的计算值。上午 11 点 30 分，随着堆几乎达到临界，费米下令插入所有控制棒，告诉大家休息吃午饭。

他们返回后，将控制棒设置到午餐前的位置，并测量到更多的

（中子）。然后费米下令把剩下的一根控制棒抽出 12 英寸。在这一点上，记录仪上中子计数开始慢慢增加而不平缓。"堆已经超过临界"，费米宣布。他让反应继续了几分钟，强度慢慢增加，然后命令插入控制棒，停止反应。巨大的反应堆产生的能量微不足道——大概半瓦，不到标准照明灯泡的百分之一——但事件标志着原子时代的开始。人类第一次维持并控制了核链式反应。

虽然汉福德的三座核反应堆是为生产钚设计的，但他们拥有了之后核能反应堆的大量特性。特别是，因为每座反应堆产生 250000 千瓦的热能，它们需要冷却以防止铀燃料熔化并着火烧毁石墨慢化剂。选择水作为冷却剂，"每分钟从哥伦比亚河中抽出 75000 加仑水，通过 2000 根管道围绕铀燃料"。到 1944 年底，三座核反应堆一直在制造钚。

与此同时，正在进行一项并行的工作来获取铀 - 235。实践中，实际上不需要获得纯粹的 U - 235，80% 的 U - 235 和 20% 的 U - 238 的铀足以制造一枚核弹。与天然铀 0.7% 的 U - 235 相比，这样的铀被称为"浓缩的铀"。

曼哈顿计划的浓缩设施建立在绿树环绕的田纳西州克林奇河沿岸的丘陵地带，距离诺克斯维尔 20 英里。92 平方英里的保留地被命名为克林顿工程工厂，但后来为人所知的是，为成千上万的工作人员提供房子而在其附近建造的城市名称：橡树岭。新墨西哥州洛斯阿拉莫斯，是原子弹设计和制造的地方，田纳西州的橡树岭，将成为美国新原子城市之一，在制造炸弹并赢得战争之后，一部分原子设施仍保留着。

因为没人知道浓缩铀的最好方法，莱斯利·格罗夫斯，负责曼哈顿计划的将军，决定同时采取不同的方法，希望至少有一种起作用。最有前途的方法似乎是气体扩散，铀以气态的六氟化铀，或卤化物的形式处理。气体被推动穿过在薄金属板打微型孔形成的孔状栅格。由于 U - 235 比 U - 238 轻，含 U - 235 的气体分子比含 U - 238 的气体分子移动快一点，因此撞击栅格更多一些。按比例，含

U-235 的分子通过另一边会多一些，气体稍微得到浓缩，然而，效果并不大。为了得到足够的浓缩度，这一过程必须重复成千上万次。

橡树岭的气态扩散工厂，被称为 K25，是一座庞大的设施，数千扩散贮箱由数英里的管道连接着，一栋四层厂房，覆盖面积超过40 英亩。但一些小事情引起了一些问题。卤化物是一种腐蚀性气体，所以很难找到一种合适的栅格。栅板上的毛细孔的大小必须合适：太大，栅板分离不了同位素；太小，栅板材料又不能承受受压通过它的腐蚀性气体。最终，在 1943 年晚些时候，研究人员发现了基于镍细网如何制造合适栅板的材料，镍是能抗卤化物腐蚀性为数不多的材料。

工程师还需要防止六氟化铀逃离管道、泵和贮箱系统。确保泵和气体可能泄漏的其他部位密封，最终选定了一种全新的材料，战后它的名字家喻户晓——聚四氟乙烯。

如果气体扩散不起作用，也许电磁分离能奏效。最初由欧内斯特·O. 劳伦斯在加州大学伯克利分校开发的电磁方法，使用一束带电铀原子或离子。磁场引导离子进行圆周运动，而圆周的大小取决于磁场的强度（劳伦斯的早期工作，圆轨道大约 4 英尺，之后的机器会大得多）。由于粒子轨道的大小取决于它的质量，因为 U-235的质量比 U-238 稍微轻点，U-235 离子的轨道会稍微小一点，所以在 U-235 原子运行的路径上放置一只盘，可以收集浓缩铀。然而，样品不是纯铀-235，由于轨道不准确，一些 U-238 不可避免会混进来。

劳伦斯称他的设备为"电磁装置（calutron）"——"calu"指加州大学，"tron"指回旋加速器，是物理学家们利用圆周运动加速粒子束而使用的一种密切相关的设备。在橡树岭，距离气体扩散设施几英里的地方，预留了电磁装置设施区域。它被称作 Y12，和K25 一样，规模巨大。理查德·罗兹在《制造原子弹》中这样描述："最终 Y12 设施大大小小的永久性建筑 268 处——钢和砖及瓦结构的电磁装置、化学实验室、蒸馏水工厂、污水处理厂、泵、房屋、商店、加油站、仓库、食堂、城楼、小客栈和更衣室，出纳员办公室、铸造厂、一台发电机、8 个电力变电站、19 座水冷塔——最好的时候，每天的产出以克计。"

战争接近尾声时，橡树岭补充了第三套铀浓缩设施。它的热扩散过程涉及在两根同心管道之间使液态的六氟化铀流动。采用流过蒸汽的方法，内管一直保持很热，同时外管进行冷却。因为它们的质量差异，U-235 集中接近热的内表面，而 U-238 趋向于冷的外表面。通过利用铀液体接近内管，可以得到浓缩的样品。与气体扩散一样，一次运行浓缩效果并不大，但重复许多次就可获得含大量 U-235 的铀。

最终，采用所有三种工艺流程联合生产的 U-235，用于制造在广岛投下的原子弹"小男孩"。铀浓缩部分通过气体扩散、热扩散，或电磁装置，然后放入第二组电磁装置进一步浓缩到炸弹所需的 80%。

在国家的另一边，钚的生产被证明是非常成功的。反应堆和位于汉福德的化学加工厂给用于长崎的"胖子"提供了材料。

1.3 势头

战后，美国留下了一套致力于制造原子弹的巨大工业设施，但研制炸弹的知识和物理基础设施很容易转向核能发电。所以，核能这种新技术，严格地说当时还不存在——但当它进入战后的岁月时有巨大的发展势头。

这一势头以各种形态进入，其中一部分是智力。曼哈顿计划已经集合了前所未有的科学人才群体，包括三位诺贝尔奖得主和七名后来得到科学最高荣誉的人，他们的应急计划创造了一个在和平时期可能需要积累几十年的知识体系。

此外，曼哈顿计划产生了一批对核物理感兴趣的，并渴望应用核技术的年轻科学家。尽管战后许多科学家回到了他们先前追求的研究，也有很多人沉迷于原子的力量。在橡树岭负责电磁分离的昌西·斯塔尔回忆说："我很热情。我们曾同心协力，我曾经执行这个大项目……我有一个心理准备。我的同事也有同感。"

物理设施也做好了工作的准备。当时，曼哈顿计划创建的制造设施，其规模与美国汽车工业大约相同。这些设施包括生产钚的反应堆、分离工厂、测试反应堆和为它们服务的各种设施。随之而来的是运行它们需要的来之不易的实践知识。曼哈顿计划的成员在反应堆设计、同位素分离、铀处理技术和许多最终成为民用核能重要部分的其他技能方面都是开拓者。大部分设备和知识集中在位于芝加哥城外的橡树岭和阿尔贡的国家实验室，阿尔贡是芝加哥城外的一个地方，大部分的反应堆设计在这完成，而这两个地方将成为战后核工业的双内核。考虑到这一切，斯塔尔说，许多科学家的态度是："我们现在怎么办？"明显的答案是：起用战争机器，发展核能。"我想我们没有对其进行过深入的思考，只是'让我们试一试'。"

如果没有曼哈顿计划，会是什么样呢？斯塔尔，他一生中过去的大部分时间都在为核电行业工作，如今他是最具思想的技术评论员之一，"如果没有战争，（哈恩和斯特拉斯曼的工作）会被写在科学期刊上"，并被作为一个主要的学术兴趣话题，他推测甚至现在都可能没有核电站。核物理学家会花费数年时间形成理论并进行验证，同时为了他们的工作能得到资助，会与其他领域的科学家们竞争。最后，有人会试图制造动力反应堆，但是考虑到相对较小的非军事研究的资金水平，它将会花费很长时间才能使用。此外，战争之后的几年里，美国是拥有资源投入主要核电项目的唯一国家，而美国并不真正需要能源。它有大量的煤和石油。根据斯塔尔的预测，20世纪90年代会有低功率的核反应堆运行来生产医用同位素，但仅此而已。

当然，我们永远不会知道如果没有战时计划，搭配的发展会是什么样，但战时计划大力推动了和平时期核电的发展。然而，很少有人意识到，这个推动不是简单的一般性的加速，而是加速到了会发生些什么的程度。它给核电指出了不可能采用其他路径的一条特定路径。

建立动力反应堆有许多可能的方式，甚至在战争结束之前，曼哈顿计划的科学家们一直在思考并争论什么方式可能是最好的。"我们对设计未来核电站充满了各种想法和设计方案"阿尔文·温伯格，一名后来领导橡树岭国家实验室多年的物理学家回忆道，"疯狂的和不甚疯狂的想法都冒出来了，多得不计其数，因为整个领域处于未开发状态，而我们就像走入一家玩具工厂的孩子，大约在这一时期的一年前后，从 1944 年春到 1945 年春，诞生了演变成今天核技术的许多概念。"

对于所有电力核反应堆，其工作方式本质上是相同的——就是建立一个链式反应，使用产生的热来发电。但在设计反应堆的过程中，必须作出三项基本选择：燃料、慢化剂和冷却剂是什么？燃料可以是支持链式反应的任何东西：天然铀、浓缩铀、钍。中子慢化剂的选择是一项技术决策，一部分取决于不同的燃料，另一部分取决于反应堆所需的特性。同样，一个设计师在冷却剂的选择上有很大的余地。冷却剂必须流经反应堆堆芯并将热携带到辅助系统发电，有许多物质可以做到这一点。在沸水反应堆中，冷却剂是水，当它与反应堆堆芯接触时变成蒸汽，而蒸汽驱动涡轮机发电。其他反应堆使用气体或液态金属冷却剂，但不具有明显优势的选择——这些冷却剂皆有这样或那样的问题。

美国（以及后来的苏联）核武器设施的存在打开了有可能仍然关闭的核能选择技术之门：建立具有利用浓缩铀能力的核反应堆。到战争末期，美国政府花了数亿美元发展浓缩技术和建设铀浓缩工厂。战争结束后，随着美国和苏联竞相建造更多和更大的原子弹，两国发展了大型浓缩能力。到 20 世纪 50 年代中期，美国在不同的地方拥有三处大规模浓缩设施，分别位于橡树岭、肯塔基州的帕迪尤卡和俄亥俄州的朴茨茅斯。虽然建设工厂的主要目的是为炸弹提供浓缩铀，但产量足以让民用核能项目得到一些配给份额。

　　这大幅增加了反应堆类型的选择余地。如果采用非浓缩铀作为燃料，对于慢化剂来说，只有两个现实的选择：石墨或重水。重水是水的一种形态，其中氘原子代替氢原子。两者都有它们的缺点。石墨并不是一个特别好的慢化剂，因此反应堆堆芯必须做得非常大才能得到补偿，这就是为什么芝加哥和汉福德的那些反应堆的规模那么大了。大型堆芯的必要性对设计的其他元素有限制。重水是一种更好的慢化剂，但它必须从海水中提取，工艺流程昂贵而又费时。

　　另一方面，如果浓缩铀可作为燃料，慢化剂的选项几乎是无限的。如果在反应堆的堆芯有更大比例的容易裂变的 U-235 原子，产生的每个中子有更大的机会去分裂另一个 U-235 原子，那么慢化剂的效率将变得不那么重要。例如，如果铀燃料含有超过 1% 的 U-235，那么一般的水——H_2O，即"轻水"就可以被用作慢化剂。作为天然铀反应堆的慢化剂，轻水不起作用，因为它吸收的中子数量足以使链式反应无法自持。

　　由于可将铀浓缩到 1% 或 2%，甚至接近 100%，及其之间的任何值，给设计师几乎无限的方法来匹配燃料、慢化剂和冷却剂。例如，高度浓缩的燃料，反应堆可以相对较小，因为需要维持链式反应的量更少了。略浓缩铀有时用于石墨或重水反应堆来改善其性能。而浓缩铀可以采用更多的材料作为慢化剂和冷却剂，如液态金属。采用高浓缩铀，甚至可以建造一座没有慢化剂的核反应堆。

　　然而，尽管拥有这种灵活性，但其他国家的核项目的证据依然表明，没有核武器的推动，没有任何一个国家会去建造铀浓缩设施。相反，会去建造能燃烧含 U-235 0.7% 的非浓缩铀的核反应堆。加拿大对原子武器没有兴趣，其核能项目是以天然铀、重水慢化、轻水冷却的反应堆为基础。尽管英国确实选择制造原子弹，仍然回避浓缩铀的费用和困难，相反，它选定了用石墨做慢化剂和高压气体做冷却剂的反应堆，既可以生产电力，又可以为炸弹制造钚。法国也采取了类似的路径。

　　所以在早期，只有美国和苏联选择使用浓缩铀做燃料建设核反应堆。最终，美国核工业选定了轻水反应堆，这进一步促使轻水反应堆成为全世界的主流设计（加拿大一直被重水反应堆缠身，是唯一的例外）。如果没有曼哈顿计划提供的这个势头，没有战后建造核弹计划提供的浓缩铀，轻水反应堆不太可能成为重要的竞争者，设计选择会少得多。

曼哈顿计划的遗产也没有就此止步。它提供该势头一个更微妙、但同样重要的例子是，在其早期政府控制核能。战争迫使核研究在严格保密下进行，政府负责所有的决策。当战争结束时，曼哈顿计划的一些科学家——包括罗伯特·奥本海默，曾领导设计原子弹——认为知识应该公开。其他国家将学习如何制造核武器，他们说，从原子的威胁拯救出来并不在于保密和竞争，而在于开放和合作。在政府领域持这一观点的人很少，然而，1946 年原子能法案正式规范化了战时设置：政府会垄断所有原子能事物。法案将控制权从军队手中夺过来，并将之还给平民——由议会监督的原子能委员会——但原子政策仍将由华盛顿制定。

近 20 年来，政府以自己的各种目的塑造原子能——这不仅在美国，还在俄罗斯、法国、英国和其他国家——这些目的一般集中在国家安全与威望方面。早期的工作主要针对发展核武器，后来针对其他军事项目，如发展核能潜艇和飞机。最后，民用核能得到一些关注，但即便如此，我们的目标是提供尽可能多的共同防务，促进公共福利。政府认为先进的核电项目将提供政治和经济回报：与无核国家打交道的威望和讨价还价的能力，以及出售核产品的数十亿美元的利润。在下一章中我们将看到，政府对核能感兴趣会推动技术以更快的速度向前发展，但方向有所不同。

此外，政府早期控制核能创造了一个贯穿整个行业的保密文化，即使在商业业务已经接管了除军事方面之外的所有领域之后。通常，政府官员和企业管理者的第一直觉是隐藏信息、误导，甚至谎言。最终结果是可以预见的：一部分公众认为核官员一直隐藏着什么或撒谎，即使他们没有。

最后，曼哈顿计划给核电留下了复杂而矛盾的心理遗产，与该主题最密切的人知道，制造原子弹是多么令人印象深刻的。例如，许多德国科学家曾得出结论，在战争期间建造这样一种炸弹几乎是不可能的，直到知道美国人确实做到了，他们仍难以置信。之后看来，通过努力工作和智力工程，什么都是可能的，而在战后核潜艇计划的辉煌成就强化了这种认知。像阿波罗计划后的美国国家航空航天局一样，20 世纪 60 年代的核工业也骄傲、自信，甚至自大。同样和美国国家航空航天局一样，核工业注定也会面对衰落。

炸弹在广岛和长崎给公众留下了不同的印象。原子能显然是强大的，但其危险也是显而易见的，专家保证核反应堆与炸弹几乎没有共同之处，炸弹给人们造成的印象比蘑菇云更少。瓶中精灵只有在服从它的主人的情况下才是祝福，可是，公众对它是否能一直保持在管控之下不会与专家一样乐观。

1.4　潜水艇和航运港

1946 年，原子能法案将原子的控制权从军队手中剥夺过来并把它交到了平民手中。由五人组成的原子能委员会指导原子能研究，无论是否用于军事目的，它会生产和拥有所有的可裂变材料，特别是原子能委员会的任务之一将是为商业或民用开发核能。

原子能委员会和国家的各个核实验室（如橡树岭）的领导人认识到了他们面临的机会。通过曼哈顿计划留下所构建的知识和基础设施，他们可以从头开始创建一项本质上新的技术，他们决心以最符合逻辑的、高效的方式进行。未来的 15 年，该委员会资助各种类型反应堆的研究：轻水、重水、液态金属冷却、气冷式和石墨慢化、增殖反应堆，甚至由有机（即碳基）液体慢化的反应堆。这个想法是为了测试不同的设计，看看哪些有用，哪些没用，最终确定最好的商业类型的核电站反应堆。这是一个很好的计划——确实是那种殚精竭虑设计的——能给正确的技术决策提供最佳选择的研究计划。

　　但是民用的努力被第二个计划搞得措手不及，该计划对塑造商业核能的影响比原子能委员会所有的原型、研究和测试的总和更加强烈。偷袭会从海上来。

　　海军对核反应堆的兴趣几乎可追溯到裂变发现之初。1939 年 1 月，当原子分裂在乔治•华盛顿大学发布会上宣布时，最兴奋的是海军研究实验室的物理学家罗斯•耿，他意识到原子能潜艇会变成真正有效的水下武器。

　　当时，潜艇是尴尬的复合体，无论在水面或水下都不完全舒适。它们的主发动机与驱动水面舰艇的柴油机是一样的，但当潜艇下潜时这些无法使用，因为它们需要持续供应新鲜的氧气，加之产生的有害废气必须从潜艇里排出，所以柴油潜艇在海底时依赖低效的电池驱动的电机。这种电机没有柴油发动机强大，所以潜艇水下速度相对缓慢，而且无论在任何速度下移动，电池很快就会放完电。潜艇在返回水面上充电之前只能在水下呆几个小时，因此潜艇的策略是，大部分时间呆在水面上寻找猎物并进入位置，然后在行动中下潜。这不仅对潜艇是危险的，还产生了一个设计难题：潜艇大部分时间在水面上，其船体形状是应该有利于水面有效操作，还是最好适合狩猎时的水下运动呢？

　　核能可以提供一条出路。核反应堆既不需要氧气，也不排放任何必须排放到大气中的东西，所以一艘核动力潜艇可以大部分的时间呆在水里。作为红利，因为一磅铀的能量是一磅煤或一磅石油的一百万倍，核动力潜艇可以旅行更长时间而无需加油。

　　在 1939 年和 1940 年，这一切还只是猜测，但冈恩鼓励海军，这值得去深入研究。虽然海军被曼哈顿计划拒之门外——这是陆军的表演——但它也为研究铀同位素分离提供资金。铀浓缩的热扩散方法最初是拿海军的钱开发的，但曼哈顿计划领导人听到风声之后，他们接管了这个项目并转移到橡树岭。

　　战后，美国海军对发展核动力潜艇比之前更感兴趣。常规潜艇在战争中发挥了重要作用，攻击补给船和战舰，但声纳和反潜技术对消除它们的有效性构成了威胁。能在水下高速移动并能在水下停留很长一段时间的潜艇不会只是赌运气的事情。

美国海军核潜艇项目的历史，在任何现代技术中几乎都是前所未有的，是一个人的历史：海曼·黎克柯。1946年美国海军派出一群军官和文职人员去橡树岭学习有关核能源的知识。那时，黎克柯是海军上校，该小组的高级官员。作为一名有27年从业经历的资深海军人员，他有一个优秀的业绩记录，但他的行事风格很少体现"海军模式"，他自由地表达自己的思想，常常指出在做事方法上的缺陷。这并未使他得罪他的许多同僚。橡树岭团队组建时，他的一些批评者设法阻止他得到小组的官方领导权，尽管他有高级军衔。他们担心他可能控制羽翼未丰的核项目。他确实做到了。

在橡树岭，黎克柯很快相信核反应堆是潜艇的未来技术，而且他是开发这项技术的合适人选。个性强势、工作努力和他的高级军衔，使他成为了团队的实际领袖，推动成员尽可能多地学习。他自己花了一年时间在橡树岭和政府的其他原子实验室学习，到1947年中期，他已成为海军在核能驱动潜艇需求方面的主导专家。

经过另外一年半的运作，除了做研究之外，黎克柯还取得了能够做很多事的地位。他被安排到海军船只局研究部门新创建的海军反应堆分支负责人的位置，还被任命为原子能委员会反应堆研制部门海军分支的领导人。从那时起，开发潜艇核反应堆的工作全速推进。

潜艇对反应堆的要求与那些陆基反应堆有很大的不同。最重要的一要求是，反应堆必须紧凑以适合潜艇的船体。这是可能实现的，但并不容易，大小的要求使一些反应堆类型不在考虑之列。例如，采用石墨作为慢化剂时，中子必须旅行相对长的距离才能减慢到足以做好分裂铀原子的工作。在水中，中子旅程只有十分之一。因此，石墨慢化反应堆规模太大是不可避免的，而水慢化反应堆可以相对紧凑。从一开始，黎克柯将研究范围缩小到三个选项，即可以小到装进一艘潜艇的反应堆：气冷堆、液态金属反应堆和轻水反应堆。

所有三个选择将使用高浓缩铀燃料，这能缩小反应堆堆芯的规模。

　　由于坚信核潜艇对美国安全至关重要，黎克柯如同美国处于战争状态那样推动该技术发展。通常情况下，一个新的推进系统有几个发展阶段。首先，设计和制造试验件，以观察其各个组件的性能。在返工并解决所有问题后，将组装一个全尺寸原型。此原型将被测试和评估数年。推进系统只有在成功完成这些试验后才能安装到潜艇上。

　　黎克柯将这压缩成两个步骤，而且是并行进程。首先，他建造一个陆基原型推进系统，其中所有组件——反应堆、蒸汽发生器、管道、泵、阀门等——布局完全就像在潜艇上。然后，虽然这仍在施工，他开始组装潜艇的反应堆，改进原型组件出现的任何问题。与此同时，潜艇本身会在一家海军造船厂成型。世界上第一艘核潜艇"鹦鹉螺号"的龙骨，于 1952 年 6 月 14 日铺设，直到一年后，原型反应堆——西屋建造的加压轻水反应堆完工并开始测试。

　　这种方法通常会以灾难而告终，加之核推进系统非常复杂，每座反应堆都是从头开始设计和建造。凡人不可能期望第一次就搞对——当然没有正确到足以把它全部放到潜艇，并带乘员首航。但黎克柯和他的组织成功了。他要求全面测试装进反应堆的一切事物，并毫不留情的要求返工，甚至当问题出现了，如果有必要，就重新开始。从所有统计来看，为黎克柯工作是痛苦、但令人兴奋的经历。他给了人们自由，可以采取自己认为最好的方式工作，但作为回报，他要求完整的问责制。如果有错误，总要有人最终负责任，黎克柯的管理风格没有声称"我只是根据文本做我的工作"的空间。

　　1955 年 1 月 17 日，"鹦鹉螺号"出海。理查德·休利特和弗朗西斯·邓肯在《核海军》是这样描述结果的：

　　　　在第一次试验中，"鹦鹉螺号"仅限于水面航行，这艘船下海时过重，发生了猛烈滚动。船上许多工作人员和技术人员晕船了，挣扎着测量该船及其推进装置的性能，好在都运行完美。几天后的水下测试更舒适。核推进装置功能再次表现完美。对一些官员来说，"鹦鹉螺号"的性能几乎是难以置信的。潜艇不再需要两个推进系统——电系统用于水下航行，而柴油机用于水面航行。

在西屋开发"鹦鹉螺号"轻水反应堆的同时，通用电气正在开发第二种潜艇反应堆。这种反应堆采用铍作为慢化剂，液态金属（首先是钠，然后是钾钠合金）作为冷却剂。黎克柯打破了进度安排，建立一个原型，然后是潜艇反应堆，而潜艇本身也正在建造。1955 年 7 月 21 日，"鹦鹉螺号"下海后的六个多月，"海狼号"下海。当时，美国海军有了由两种完全不同的核反应堆驱动的两艘核潜艇。

纸面上，钠冷却反应堆相对于"鹦鹉螺号"水冷反应堆有一个主要优势：液态钠传热比水好得多。发电的核反应堆，必须将分裂原子产生的热量从反应堆堆芯提取出来，并做些什么——譬如，把水变成蒸汽，让蒸汽驱动涡轮机的叶片。纯粹从这个角度来看，钠作为冷却剂液态金属显然优于水：它比水更容易吸收热量，在给定的体积下，金属比等量的水拥有更多的热量，而且液态金属可以比水有更高的温度而不沸腾。

但是，黎克柯发现，钠冷却反应堆有大量的令人头痛的问题。最大的担忧是如何防止钠与水接触，因为这两种物质起爆炸反应。尤其在蒸汽发生器上是个问题，从堆芯携带热钠的一根管到与水接触并把水变成蒸汽驱动涡轮机。泄漏可能是灾难性的。为了防止这种情况，蒸汽发生器做成双壁管的，汞被放置在双壁之间。如果发生泄漏，在蒸汽中出现汞或汞中出现液态钠将提供一个警告。

尽管有这些预防措施，在原型和"海狼号"上安装的反应堆的泄漏都是一个问题。有一次，下海一个月后，"海狼号"被绑到码头进行反应堆测试时，冷却剂泄漏引起蒸汽管道两处裂缝，并关闭蒸汽系统。黎克柯没有惧怕。在确定了液态金属反应堆是"制造昂贵、操作复杂、对小故障导致长时间关闭敏感、修复困难而又耗时"后，他命令将"海狼号"上的反应堆替换为"鹦鹉螺号"的轻水反应堆。

海军对液态金属反应堆的实验已经结束（气冷堆作为第三种反应堆正在被考虑，过去从未进行过初步研究）。

　　在"鹦鹉螺号"初步成功的基础上，黎克柯监督整个核水下舰队的发展，最终增加到超过 100 艘潜艇。其上都装有像"鹦鹉螺号"的压水反应堆，这些反应堆的操作和安全记录几乎完美无缺。仅以潜艇推进器技术判断，核能已经非常成功。

　　然而，潜艇推进与发电几乎没有共同之处，轻水反应堆在潜艇的成功并不一定意味着选择它们作为商业核能将是最好的选择（事实上，黎克柯没有声称他们本质上得到了潜艇的最佳选择。它们是可行的，并取得了比其他选项更快的开发速度，这就足够了）。在海军确定选择压水反应堆的多年之后，核工业界还在争论哪些反应堆类型或哪些类型对商业部门最具有意义。工程师制定了众多的设计方案，进行了无数的计算，构建了大量的测试反应堆和原型，但最终并不是工程师说的什么起到了什么作用，而是黎克柯的选择起了决定性的作用。

　　潜艇反应堆项目进展顺利后，海军将注意力转向水面舰艇。核能不会是航母或巡洋舰上的革命性因素，但在潜艇上是。核动力舰艇能够比柴油舰艇巡航更远和更快。1951 年底，美国海军已决定，下一个项目将是航空母舰的反应堆。要求西屋研究适合航母的反应堆类型，而且报告至少五种不同的可行反应堆（包括"鹦鹉螺号"计划的轻水反应堆的扩大版），这将采用哪种类型的决策留给了黎克柯。他的选择并不令人意外。水冷式潜艇反应堆是不错的，其他的可能性只不过是纸反应堆，最终选择非轻水反应堆莫属。得到原子能委员会的批准，黎克柯要求西屋开始航母反应堆的设计工作。

　　西屋刚刚开始时，航母计划就搁浅了。原子能委员会对民用核能越来越感兴趣，并希望建造一座陆基发电反应堆作为朝着这一方向迈出的一步。也许，委员会认为，黎克柯将为航母反应堆构建的原型可以稍微修改用于发电，同时做还会节省成本。黎克柯却有不同的说法：一次做两件事情将不可避免地意味着哪件都不会做得很好，因此他反对合并项目。当艾森豪威尔1953年1月上台后，这一点成为定论。他的竞选纲领是削减联邦开支，而要执行的第一批项目之一是提议的核动力航空母舰。

这使原子能委员会陷入了困境。它唯一的其他实验电力项目，提出的石墨慢化、钠冷却反应堆，成为削减预算的另一个受害者。由于该反应堆和航母原型反应堆都泡汤了，该机构的民用核能项目就已经一无所有。艾森豪威尔表示同情并达成妥协：航母原型堆将转为民用电站反应堆。黎克柯和西屋电气公司将继续研制反应堆——剥离海军的特点——而原子能委员会将找一家愿意用它来发电的公用事业公司。委员会将得到其民用核反应堆，但本质上必须是"鹦鹉螺号"上机器的一个升级版。

对核项目给出最好报价的公司是匹兹堡迪凯纳照明公司。迪凯纳将在宾夕法尼亚州航运港提供一块场地，该场地距离匹兹堡25英里，在那将建设一家工厂，利用反应堆提供的蒸汽发电，甚至将支付500万美元的反应堆成本。原子能委员会将拥有这座核反应堆，以固定价格出售其蒸汽给迪凯纳。电站的发电量将为60兆瓦，或6000万瓦——相当于那个时代一家中型燃煤热电厂的发电量。

黎克柯以"鹦鹉螺号"反应堆相同的方式建造航运港反应堆。这意味着一切都是正确的，但这也意味着成本不是一个重要的考虑因素。核海军不习惯为了省钱而接受一个劣质产品，当航运港按计划在1957年12月23日进入满负荷运行时，制造成本已经比当初预计的有了相当大的飙升。在航运港发电的成本大约每千瓦时6美分，约为燃煤发电成本的10倍。

不管怎么说，航运港表现良好。它证明核电站可以长时间连续运行——如果用于公用事业这是至关重要的。该电厂可以迅速增加或减少产量以应对需求的突然变化。比传统发电厂关闭或启动速度快，操作安全，没有工作人员暴露于危险的放射性水平，也没有危险释放到环境中。简而言之，航运港确实做到了其要做的。它证明了核能发电在商业上的可行性。尽管它太贵了，但成本应该可以降下来。最重要的是，它起作用了。

然而，航运港做了比它应该做的多得多的事情。在原子能委员会的眼里，航运港项目以一个快速和肮脏的方法将核电站带了出来。委员们有许多理由希望工厂快速进入服务——保持核能热情让国会高兴、证明核能的和平利用、在预期的国际核电市场确立一个地位——但他们也有长期计划，并且航运港只是几个竞争类型反应堆其中之一。在接下来的 10 年，原子能委员会将发起一系列的核反应堆研制计划，在这些计划中，原子能委员会将与公用事业公司合作，建设采用不同规模和类型的反应堆的电厂。例如，1963 年，内布拉斯加的哥伦布区消费者公共电力，在内布拉斯加的哈勒姆附近建成了一家 75 兆瓦的发电厂，采用北美航空公司建造的钠石墨反应堆。1964 年，在密歇根州梦露，底特律爱迪生公司命名了一座 100 兆瓦的快中子增殖反应堆（它使用"快"，或非慢化中子生产钚和电）。也在 1964 年，农村合作电力协会在明尼苏达州麋鹿开设了一家 25 兆瓦的沸水堆电厂，俄亥俄州皮夸的一座 12.5 兆瓦有机减速剂反应堆开始运营。每种反应堆类型都有其优点和缺点，原子能委员会要对其进行评估。只有用这种方法才能客观判断出最好的商用反应堆。

但由于航运港从来就不是一个平等的竞赛。稍后我们将会看到更多的细节，黎克柯的影响力以及与海军反应堆项目的关系给了轻水选项的势头，其他各种选项从来没有能够超越这个势头。

其中一部分与航运港只有一种间接的关联。早在 20 世纪 50 年代，原子能委员会在军事核反应堆研制上花掉了几倍于民用核反应堆的经费。例如，1952 年，军民比率是 3950 万美元比 160 万美元；到 1955 年，差距较小但仍然显著，分别为 5300 万美元和 2140 万美元。军方资助的海军反应堆两家主要承包商西屋和通用电气，在建设轻水反应堆上积累了大量的专业知识，进而在民用市场上取得了先机。当他们开始建造商业反应堆时，坚持轻水堆是很自然的。即使原子能委员会远离商业核能，航运港从未建成，轻水堆在军用助推后，其他反应堆类型也很难赶上。

　　但航运港的建设和运营给了轻水反应堆技术上一个几乎不可逾越的地位。当黎克柯被指派负责建设工厂的任务时，他认为这只不过是一个建设工作。这是一个使民用核项目走上一条与海军项目一样经过深思熟虑和精心设计道路的机会，所以设计和建造航运港时，黎克柯确定尽可能多地记录和分发信息。在 1954 年和 1955 年，例如，西屋公司、迪凯纳和海军反应堆分支举行了四次研讨会，在技术方面对航运港项目进行讨论，来自原子能委员会和行业的数百名工程师出席。施工期间及之后，成千上万的技术报告分布在建筑细节和使用经验上。工厂开始使用之后，迪凯纳提供了一系列关于反应堆使用和安全的培训课程，反应堆运行了 6 年。

　　最终的结果是创建关于轻水反应堆——它们的设计、建设和使用的一个大型和广泛的理论和实践知识体系。如果其他反应堆设计要竞争，就必须克服海军轻水反应堆的领先优势。竞赛还没有结束，并且在 10 年内也不会结束，但最终潜艇计划和航运港技术将占上风。轻水核反应堆将成为商业核能几乎普遍的选择。

第 2 章　理念的力量

当爱迪生介绍他的新奇电力照明系统时，他找到了知音。除了煤气灯行业的竞争对手外，公众和媒体都认识到这是一项未来的技术。

另一方面，亚历山大·格雷厄姆·贝尔的日子就不好过了。1876 年，就在爱迪生发明实用灯泡的前三年，贝尔的电话发明失败了。"一个玩具"，他的批评者怒喝道。"它有什么好的？电报已经能很好地处理通信，谢谢你，明智的发明家应该试图去降低电报的成本，提高质量"，事实上，这正是贝尔的对手之一，以利沙·格雷所做的事，他为此抱憾终身。格雷几个月之前已经想出了与贝尔几乎相同的电话，但是他没有申请专利。相反，他把注意力转回电报，寻找在一根线上承载多个信号的方法。当格雷最终去专利局申请他的电话应用专利时，他比贝尔晚了两个小时。这两个小时使他无法青史留名，并失去了有史以来最有利可图的专利之一。

几个月后，贝尔把自己的专利以 10 万美元的报价提交给电报巨头西方联盟，但公司官员拒绝了他。他们认为，电话没有未来。直到第二年，当贝尔融资自己发展他的创造时，西方联盟开始有了不同的想法。然后公司接洽托马斯·爱迪生，以得到一型不同工作原理的类似机器，这样就可以避开贝尔的专利并制造自己的电话。最终，竞争对手联合其专利创建了第一型真正实用的电话，这样，电话行业起飞了。到 1880 年在用电话有 48000 部，10 年后这个数字达到近 5 倍。

当高温超导体在 1986 年第一次被创造出时，专家们竞相预测超导产业的光明前景。超级动力发动机、超高速计算机、磁悬浮列车、无线路损失的电力传输——所有这些和更多的想象被认为是可能的。

许多人将新材料的潜力与 40 年前发现的晶体管相提并论。众多公司涌入成为革命的一部分。10 年后，到 1996 年，人们仍然在等待。高温超导体在一些商业设备，如在磁场的敏感探测器上得到应用，但由于许多实际困难，大多数真正革命性的应用，如电力超高效、远程传输，似乎比 10 年前更遥远了。许多应用可能永远不会实现。

相比之下，当卤素公司在 1959 年完成了一种新型的普通纸复印技术的研发时，它没有激起什么兴趣。由于需要额外资金将其产品推向市场，公司接洽了其他公司，包括巨头 IBM，但没得到一分钱。咨询公司的小亚瑟·D，受雇于 IBM 评估新技术的潜力，没有看到该项新发明的未来，建议不要投资。受到此轻视，卤素公司最终通过出售额外的股票自行筹集资金，继续研发并于 1960 年售出第一台复印机。8 年后，卤素公司（现更名为施乐）销售额超过 10 亿美元，并顺利按其方式去革新办公室的运行方式。

为什么有些新技术立即被接受，而其他的则遭到反对，甚至被拒绝呢？答案在于可能被称为"理念的力量"里——个人和团体在自己生活中所秉持的思维方式、态度、信仰。这种力量的重要性经常被人低估了，认为理念是无足轻重的东西，在新发现降临时能被改变或重新定向。不过，事实上理念的力量如同历史环境的潮流、技术基础设施的效能或科学知识的力量塑造着技术。

这方面最明显的例子就是人们在认识一项创新价值上的频繁失败。技术的历史充斥着很多有价值的发明都遭受着电话和复印机一样的处境。当第一种雷明顿打字机在 1874 年进入市场时，它们被忽视了。商业界花了十几年的时间才第一次接受它们，然后确认它们是至关重要的。在 20 世纪 50 年代末，科学家在贝尔实验室进行现在光纤长途电话系统的核心技术——激光的早期工作时，公司专利律师认为没有必要申请专利。光在通信上从来没有发挥过作用，贝尔为什么要感兴趣呢？而计算机在其早期，被视为一种大型、昂贵的机器，由一个牧师般精心训练过的程序员操作运行，用于解决复杂的数学问题或跟踪和处理海量数据。没有人预见到其将成为最具革命性的角色，将作为个人通信工具，成为记账、文字处理、信息收集、游戏和许多其他应用。

不足为奇的是，人们很难摆脱旧思维方式的困扰。面对一项新发明，他们的第一反应是看看它如何适应旧系统。马尔凯塞·古格列尔莫·马可尼开始无线电通信研究时，他认为这是电话和电报的现有系统的一个补充，将用于有线连接不可能达到的地方。从中央广播发射机发射，而许多接收器接收的想法直到后来才出现。这种惯性解释了为什么贝尔的电话起初比爱迪生的电灯更难被欣赏。电灯将取代现有的技术（气体照明）被认为是天经地义的，因为气体照明被广泛认为是不令人满意的，但是电话的作用人们从未见过，其价值难以预料。识别人类未满足的需要是什么或人类想要什么，需要比大多数人拥有更丰富的想象力，并认识到一个特定的发明将会满足它。

那么为什么有些创新受到大张旗鼓的迎接呢？以互联网为例。约翰·佩里·巴洛，"电子前沿基金会"的创始人，该团体致力于捍卫自由电子通信，其于 1995 年宣称，"自取火以来，我们处于技术革新事件最多的时代。我曾经认为这只是古腾堡以来最重要的事情，但是现在我认为你必须回到更远的年代"。巴洛可能是极端的，但有这种极端想法的人绝不只有他一个。似乎每个人都在预测互联网伟大的未来。正如所描述的那样，由于用处越来越多，互联网正成为一个越来越重要的工具，但其影响是否能战胜印刷媒体还有待观察。无论以哪种方式，这不是不经意就溜进我们生活的一项技术。

令人惊讶的是，围绕互联网做乐观预测的那些人都是根植于同样的思维，这种思维对待电话或复印机保守、而又缺乏想象力——也就是说，人们只是简单地将过去的情绪投射到未来。对于互联网，炒作源于多年来一直滚动的理念和信念。适度熟悉历史的人都知道，15 世纪初印刷机的发明和由此产生的信息传播创造了西方社会无与伦比的变化，那时没有人能详细预测这种变化。最近，人们已经亲身体会到了个人计算机和电子通信通过把信息控制在个人手中改造了社会。从这些前提推理，对互联网作出下面的结论八九不离十——通过为更多的人提供更多的信息，通过创建操作信息的新方法，描绘人们之间的连接途径，将在人类历史上开辟一个全新的时代，这个时代的特征我们只能猜测。

高温超导体发现后的兴奋也有类似的解释。技术有让科学发现发挥作用的历史。例如，电和磁的研究导致了电力行业在 19 世纪 00 年代末诞生。理解电磁波发明了无线电。核裂变的发现带来了原子弹和核电。现在，每当发生一项科学突破，人们都寻找能将它转化为技术的各种方法。对于高温超导体，他们无须找得太远。低温超导（失去电阻之前必须冷冻到接近绝对零度）已经投入使用，如强大的磁铁，而且科学家早就推断，如果发现超导体能在更高的温度下使用，将开辟额外的应用。所以一旦研究人员宣布这样的高温材料被发现，爆炸式的推测和乐观的预测也就顺理成章了。

简而言之，技术的预期，无论是积极的还是消极的，通常是过去经验的产物。它们源自理性推断不受限制地与偏爱和直觉撞出的火花。有时，偏见和直觉似乎完全占主导地位，而理性的计算反过来用于证明一个已经确定的看法。但无论理性和非理性之间的混合是什么，都萌芽于过去的知识的认知，以及对这一切意义的信念——而知识和信仰的分量很大。一旦有人"知道"什么，就很难忘却。一旦信仰形成，就需要很多的相反证据来扭转。

对于每个个体来说这都是真实存在的，当个体的思考和行动发生在群体中时，这种作用会放大。当一群人持有同一个观点，他们会加强彼此的观点。社会学家告诉我们，我们想的和相信的很多东西都是社会构建的——它出现在群体世界观更大的内涵里，也只能从那个世界观来理解——所以社会建构信仰有特殊的动力。不仅他们确实有分量，而且也很少受审视或质疑，因为它们看起来是完全自然的，作为社会化过程的一部分被一个人无意识地吸收。

个人和团体的态度在许多方面决定技术的发展。100 年前，美国人普遍认为技术是一个"好东西"。在过去的几十年，人们物质生活水平的改善大部分归功于技术的发展，所以人们以继续"进步"标识来欢迎（技术）新进展。一方面，完全开放的资本主义时代，政府干预相对少，创造了这样一个环境，技术越来越像野葛，蔓延到社会的每一个角落。今天，从另一方面来说，由于伴随着西方的技术发展，环境恶化、传统就业岗位的减少和经济不平等，人们对新技术持更谨慎甚至怀疑的态度。在一些国家，这种谨慎和疑心已经使基因工程和核电等技术的发展减慢甚至停止。

在较小的范围内，个人和小团体中的人们，基于技术未来前景的信念不断地做出关于这个或那个技术的决策：一家公司决定投资研发高温超导体的应用；一群企业家成立一家公司通过互联网提供服务；一家农业公司在牛生长激素受到批评后放弃基因工程。

只要技术在明天仍然无法接近我们，技术决策只能基于我们今天所能看到的事物而进行猜测。但这种思想的势头——或通常说的思维惯性，意味着决策通常基于昨天的而不是今天的事实。这很可能是不可避免的，但不应该不去识别。

2.1　技术革命

尽管预测如何应用创新提供了最清晰的例子，说明思维惯性是如何塑造技术的，实际上存在一个更基本的方式。发明过程本身是由多年的反复试验的经验而产生的信念和实践指导的，而这如同西方联盟在 1876 年或 IBM 在 1959 年一样，是抵制激进新思想的。

例如观察一下空气动力学工程师对 20 世纪 30 年代的喷气发动机是如何反应的。根据历史学家爱德华·康斯坦特在《涡轮喷气革命的起源》中叙述，四个人，三个德国人和一个英国人独立地得到了导致喷气发动机发明的想法，每一个人在不同程度上发现自己与航空机构格格不入。

弗兰克·惠特尔是个英国人。在 20 世纪 20 年代末，他正在寻找一种方法突破传统活塞式发动机和螺旋桨对飞机速度的限制。通过流线形化机体、制造更强大的发动机，通过精细化螺旋桨设计，航空工程师不断地改进飞机的性能——到 1929 年，航空速度纪录是每小时 357 英里——但计算表明，进一步改善将会越来越困难。使用螺旋桨对一架飞机可以飞多快设置了严格的限制，这是由于螺旋桨在 500 英里或 600 英里每小时的速度时变得不那么有效。所以惠特尔开始寻找一种新型推进系统。他想过使用火箭推进，但最终提出了涡轮喷气发动机方案。这种发动机将采用压缩机、涡轮机和燃烧室。空气会被吸进发动机并压缩到几倍的大气压力，然后与燃料混合、燃烧，产生的热燃气驱动涡轮和压缩机，然后燃气被导向发动机尾部，产生推力来推动飞机。

由于完全不同于任何飞机设计师很熟悉的概念，所以，惠特尔发现，作为一个年轻的、未经证实的工程师，很难说服任何人他的想法是值得去实现的。虽然他想出涡轮喷气发动机时在英国皇家空军工作，但惠特尔没能打动空军部，所以在 1930 年 1 月，他自己申报了发明专利。经过 5 年的进一步工程训练并精炼自己的设计，他仍然没有得到接受，当空军部拒绝支付 5 英镑维护费保持他的专利后，惠特尔让专利失效。涡轮喷气发动机对任何人都是免费的，任何认可其潜力的人都可以去发展它。然而不久，英国皇家空军的一个朋友让惠特尔与愿意出 5 万英镑的一些金融家联合，他的热情再次被点燃。惠特尔提出了足够"改进"的涡轮喷气发动机，重新申报并获得了新专利，接着他建立了一家公司把他的蓝图变成喷气发动机。两年后，第二次世界大战临近，惠特尔有了一个工作得足够好并能打动空军部的原型。1937 年，空军部开始投资研发该发动机，1941 年首飞，1944 年中期，第一架皇家空军喷气式战斗机服役。

在德国，汉斯·冯·奥海恩，与惠特尔几乎同时独立地发明了涡轮喷气发动机。他也几乎得不到传统航空产业的支持，但他比惠特尔幸运，他遇到了一个打破旧习、热衷于激进的新飞机设计的赞助商：飞机制造商恩斯特·海恩科尔。海恩科尔已经支持了沃纳·冯·布劳恩建造火箭动力飞机的工作，他立即对冯·奥海恩的涡轮喷气发动机感兴趣。在海恩科尔的支持下，冯·奥海恩建造了第一架只依靠涡轮喷气发动机飞行的飞机，该单发动机测试飞行器在德国入侵波兰引发世界大战的 4 天前，即 1939 年 8 月 27 日首航。不久之后，德国政府将他的工作与也开发了涡轮喷气发动机的另外两个人，赫伯特·瓦格纳和赫尔穆特·舍尔普的工作合并，形成一个喷气式发动机项目。在战争结束之前，德国建造了超过 1000 架的喷气式战斗机，它们远远优于任何可用的盟国飞机，但其中大部分都浪费在它们不适合的任务上，比如低空轰炸，它们对战争的结果几乎没有影响。

康士坦特说，涡轮喷气飞机的发明，是一场技术革命，但在某种意义上这是不同于大多数人如何使用这个词的一场革命。康士坦特所说的技术革命并不是指新的涡轮喷气技术对社会影响的变化：旅行更快、更便宜，让更遥远的地方紧密接触，战机更加致命，等等。相反，他说的是，在涡轮喷气发动机能被接受之前，工程界的思维必须发生根本性的转变。以螺旋桨飞机成长起来的这个行业不得不认真对待丢掉螺旋桨和活塞式发动机的想法，代之以一种完全不同原理的推进系统。这个过程的变化是如此巨大和痛苦，它只能被描述为一场革命。

康士坦特指出，大多数技术变化是一个缓慢过程的结果，改善现有设备和系统的不断累积——他称之为"正常的技术"。20 世纪20 年代和 20 世纪 30 年代是飞机行业正常技术的一个时期，每个人都知道不得不做些什么事情来改善飞机——使其更符合空气动力学；建造更强大的发动机；制造加强飞机机体的强度更高、重量更轻的材料，用于发动机的耐热材料；减少阻力的结构设计方法，等等——因此，找出如何做这些事情的方法是工程师的工作。多年来，航空工程专业已发展出了一套指导工程师如何处理这样任务的经验方法。

但是涡轮喷气发动机的发明把那些东西的大部分扔出了窗外。一旦航空界，或者至少一大部分接受涡轮喷气发动机作为未来的发动机并着手开发，工程师发现自己进入了一片未知的海域。涡轮喷气发动机提出了一组全新的设计问题，这些问题所要求的技能不同于那些工程师在螺旋桨飞机工作时积累的。渐渐地，工程界明白这些问题之所在，并对这种新模式有了头绪，感到与革命之前就已存在的模式一样老道和舒适。康士坦特认为：正常的技术、技术革命，然后更加正常的技术是创新遵循的通常模式。工程师大部分时间要做的就是根据建立好的规则，在现有的设备上做一些相对较小的改进和完善。这些修改可能会累加成重要变化（考虑飞机在第一次世界大战和第二次世界大战期间或个人计算机在 1980 年和 1995 年之间的进化），但机器背后的基本原理是相同的。然而，时不时有人提出一种全新的方法，涉及主要概念上的飞跃。如果该方法被证明是成功的，那么，这个新概念将作为全新一轮正常技术的基础。

一场技术革命往往受到抵制，因为它违背正常技术期间建立起的势头。这个势头，或者说惯性——在正常技术上工作的工程师和雇用他们的公司都有其根源。例如，飞机制造商在 20 世纪 30 年代已经花了几十年的时间建立了螺旋桨飞机专业系统。该系统从里到外了解它们，知道它们的优点和缺点，知道它们成本是多少，有多少利润可以期待。如果有人以某种方法处理一架完全新型的飞机，他不可能遇到太多的热情，而且想法越激进，热情就会越少。大多数公司不喜欢不确定性，没有什么比以一个全新类型技术的前景，寻求取代现有技术的不确定性更大。

一个在 20 世纪 20 年代和 30 年代都专注于提高活塞式发动机性能的工程师，他已经将大部分职业生涯用于钻研这个问题，可能很难会相信一些新型的、未经考验的发明能使活塞发动机过时。即使他愿意承认新方法有长期的潜能，他也很难去说服他的老板以及老板的老板，这是值得去追求的。他可能不会很努力。通常至少在短期内致力于旧的、容易理解的技术似乎更聪明一些，因为其投资回报率更可预测。

工程师是想象力丰富、敢于承担风险的人，但大多数时间里

（无论因雇主的要求或自己的倾向）他们喜欢照章办事。他们坚持尝试和实事求是，并限制性地把创新应用在支撑正常技术的一些小事情上，这种保守主义通常是一件好事。如果工程师采取太多的选择，机尾可能会从飞机掉下来或发动机在半途中停止工作。但是按规则玩法的习惯还会常常无意识地产生偏见，偏好靠得住的方法，并反对任何完全不同的事物。这种偏见给技术一个倾向于保持它前进方向的一个动力。

所以毫不奇怪，科技革命往往是由门外汉——与业内联系不太紧密的人发起的。是亚历山大·格雷厄姆·贝尔认识到电话的价值，而不是与电信行业协会关系密切的以利沙·格雷。四个涡轮喷气革命的发起者，都不是航空工程机构的业内人士。惠特尔只有 22 岁，刚从工程学院毕业，他首先想到了涡轮喷气飞机；奥海恩年纪大点，但与业内的联系更少——在大学学习数学和物理，他想出涡轮喷气飞机的概念时，正攻读物理学博士学位；瓦格纳在飞机设计上做了大量的工作，但他的专业是飞机结构本身，而不是发动机，但他有一个广泛的背景，熟悉汽轮机；舍尔普是一个多面手，具有燃气轮机的知识。

康士坦特说，技术革命成功之日，是在工程界大部分接受创新值得工程化之时。根据这一尺度，"到 1939 年底，涡轮喷气革命是一个既成事实：英国和德国的航空工业最为先进，就是在这个时期坚定地致力于研制涡轮喷气发动机"。建造一种优于传统飞机的喷气式飞机是没有必要的。革命成功来源于对螺旋桨飞机的局限性的认识，加上相信涡轮发动机能绕开这些局限性；一旦计算和初步测试表明涡轮喷气飞机的确是可行的，人们就开始进入这个领域。

康士坦特对科技革命的看法与更熟悉的托马斯·库恩在科学革命上的作品有许多相似之处。在《科学革命的结构》中，库恩认为基本科学假设周期性动荡变化，但这期间，科学家们集中精力于"正常的科学"——发展和扩展现有的广为接受的理论。

这种模式最著名的一个例子是天文学从托勒密体系到哥白尼体

系的转变。古希腊天文学家托勒密在公元前二世纪建立了太阳、行星、恒星的运动模型，该模型在过去的几个世纪逐渐得到发展。在地心说的宇宙中，所有的天体以椭圆形或圆形轨道围绕地球旋转。那时，由于观测的准确性有限，他的模型预测的结果与天文观测吻合相对较好。在接下来的几个世纪，随着天体测量技术的提高，天文学家们修补托勒密模型以保持一致。模型变得越来越复杂，然而，到 16 世纪这种修正达到了其极限。将其修正到与一套观察吻合必然打破与另一套观察的吻合。

1543 年，波兰天文学家尼古拉·哥白尼提出了一条出路。他把太阳置于宇宙中心，地球绕太阳运动并绕其轴旋转。同样其他行星围绕着太阳旋转。不幸的是，哥白尼认为轨道将是完美的圆（其实是椭圆），因此由他的模型预测的结果实际上没有高度进化的托勒密模型准确。尽管如此，相对准确的预测可以来自一个简单的模型，因为哥白尼模型足以让许多科学家相信正确的路径在于这个更简单、精确度更低的模型。没有明确的正确答案，科学家的选择可能取决于心理因素，如宗教信仰程度如何（教会坚持认为地球是宇宙的中心），愿意接受新思想的程度如何，以及他对简单模型的评价如何。直到几年后，哥白尼体系是一个正确方向的一步才完全清楚，那时约翰尼斯·开普勒展示，用椭圆代替圆轨道，该模型与观测的吻合近乎完美。之后，天文学家可以回到正常的科学，依据越来越多的精确测量调整开普勒模型使其与观察更为一致。

库恩指出，如"从托勒密到哥白尼"革命的改变为"范式转变"。科学家在一个给定的范式里——确定如何处理科学问题甚至要问的问题的一组基本假设和信念——做正常的工作。为了符合他们的数据，科学家们将理论修修补补，直到拓展到不再足以涵盖所有的观察为止。各种异常开始堆积起来，最后，有人提出一种全新的方法。如果这种方法被足够多的科学家认可，它会取代旧的（范式），开始一种新的范式。

科学哲学家在很多基本面上挑战库恩。他的论点最弱的部分是他关于范式转换标志着科学在如何运行上完全被打破的论述。对库恩来说，科学家们在范式转换之前和之后的工作完全基于不同的假设，试图解决不同的问题，并且，实际上，说不同的语言。然而，这显然是夸大了。爱因斯坦的广义相对论产生了第一大的范式转变，改变了科学家思考时空的方式，但作为教育的一部分，物理学的学生仍然要学牛顿力学。旧的牛顿范式不是科学的一些多余、被遗忘的一部分，而仍然是广义相对论的一个特例。它已经被吸收，而不是被遗弃。

尽管如此，库恩的分析对理解技术革命提供了一些有价值的见解。特别是，他认为没有完全理性的方式决定去放弃一个范式，而代之以另一个。最终，尽管选择的原因可能在逻辑上完全解释得通，科学家必须在某种程度上依赖直觉。这基本上是事实——对于一场技术革命——程度可能比这更高一些。因为，不去开发一项技术，就不可能知道其真正潜力，推动一项技术发展，必须在信息不完整时作出决策。工程师可以进行计算和测试，但最终他们必须依靠自己的判断。

就是在事实与猜测吻合的灰色区域，这一势头变得尤其重要。当没有明确的理性决策的基础时，人们转而依靠他们的直觉、他们的偏爱、他们熟悉的思维模式。通常这会导致谨慎和保守，而只有在证据是压倒性的、值得一试的情况下，工程界才会追逐新技术。然而，有时势头作用在另一个方向，提前引发一场革命。核能就是这种情况。

2.2　原子的突变

广岛和长崎的破坏以最有说服力的方式演示了原子的力量，但是除了毁灭，没有证据证明这种力量将有利于任何事物。曼哈顿计划的一些科学家梦想在战后他们可以建造的各种核电站上花去他们的业余时间，然而他们无从接近一个蓝图，更没有试验型反应堆或原型。他们认为能使这样的电厂工作，但他们没有办法知道它会花多少钱、是否安全、如何处理这类工厂产生的辐射。核技术比1876年初的电话或1935年的喷气发动机更加远离现实，而且没有燃烧它的需要——美国其他能源并不短缺。

然而，几乎一夜之间，原子能从一个人们知之甚少的物理现象变成了下一个伟大的事情。爱好者呼吁将核能不仅用于潜艇和发电厂，还要用于每一个可能的情形，从驱动飞机和火箭到挖运河和生产化学物质。而且不只是说说而已，所有这些想法都认真探索过，有些花销高达数亿美元。到20世纪50年代中期，没有通常的广泛斗争和辩论，核能作为可接受技术已站稳脚跟。决策做出了，革命胜利了，核能登场了。

事情为何发生如此之快，而怀疑或不同想法甚少呢？回到20世纪40年代末和50年代的报纸和杂志，看看当时对关于核能写了些什么，你会被对原子决策的分析是如此之少感到震惊。精明的商人可能会提出核能多久才能与煤炭或石油发电竞争的问题，而对其即将来临几乎没人提出过任何质疑。工程界对核能源的接受——第一大的范式转变——与其说是一场革命，不如说是一个突变。另一个是，来自曾质疑核电反应堆可行性的保守工程师的抵抗迹象看起来是徒劳的。

毫不犹豫地接受核能，其原因归结为多个因素建立起的势头。它们包括那时普遍的技术乐观、长期以来释放原子能的梦想、希望找到原子弹破坏性的一些平衡，以及冷战的政治策略。一旦这种知识投入到核能，就会发挥自己的生命力。

故事始于世纪之交的1896年，法国物理学家亨利·贝克勒尔发现可以用摄影板块检测到铀自发发射某种辐射。玛丽·居里把这种现象称为"放射性"，但没人知道到底是怎么回事。然后，在1900年，在贝克勒尔的发现之后，欧内斯特·卢瑟福发现事情比他们原本看来的更加复杂。他发现与铀密切相关的放射性元素钍，散发出一种本身就有放射性的气体。这是什么？一种以前未知的钍吗？或者完全是其他东西呢？为了找到答案，卢瑟福聘请了化学家弗雷德里克·索迪，他们一起发现，这种气体是氩，与钍元素完全不同，他们得出的结论是，钍必然慢慢瓦解，把自己变成另一种元素（或多种元素）。两位科学家第一次观察到放射性元素的自发衰变。

这本身是一个革命性的发现。几个世纪以来，科学家们一直尝试将一种元素变成另一种元素，但终究未能如愿。现在他们发现它自己发生了。当然，钍变成氩没有铅变成黄金的吸引力大，但 19 世纪末期的物理学家与 14 世纪的炼金术士一样兴奋。

一个更非凡和意想不到的发现很快就使其黯然失色。1903 年，继续在放射性元素上工作的卢瑟福、索迪揭示了一个事实，世界将开始迈进原子革命。镭或钍等放射性原子解体时，释放出巨大的能量——远远超过那时所知的任何过程。如卢瑟福、索迪所述：

> 因此可以这样表述，一克镭解体辐射的总能量不可能少于 10^8 克 - 卡里路，并可能在 10^9 至 10^{10} 克 - 卡里路之间……氢气和氧气的化合，产生每克水时释放大约 4×10^3 克 - 卡里路，对于一个给定重量的其他任何化学变化，这种反应释放出更多的能量。放射性变化的能量是任何分子变化能量的至少 2 万倍，甚至可能 100 万倍。

这是一个惊人的、惊心动魄的事实。锁在某些放射性元素原子中的能量，如果能以受控的方式释放出来，那么煤炭、石油或枪火药的能量就小巫见大巫。然而，当时没有人知道如何才能做到。科学家们甚至不知道，原子由原子核、围绕原子核轨道的电子组成。直到 1911 年卢瑟福发现原子核，假定一个原子的带负电的电子被嵌入、扩散在带正电的物质中，就像葡萄干分散在一个布丁上。尽管如此，索迪很高兴推测原子的能量对于人类可能意味着什么，因此他成为期待一场基于原子技术革命人们中的第一人。

1903 年，在他和卢瑟福计算镭衰变释放的能量后不久，索迪告诉一本流行杂志的读者，放射性物质可能会被证明是"取之不尽的"能量之源。第二年的一次演讲中，他给出了一个具体的例子。他说，一瓶一品脱的铀有足够的能量推动一艘远洋班轮从伦敦到悉尼走一个来回。1908年，他出版了一本名为《镭的解释》的书，书中描述了他的许多猜测，多年来变得更加宏大。"一场可以转化物质的比赛"，他写道，"几乎不需要用额头上的汗水挣面包，这样的比赛能使沙漠变成绿洲，冰冻的两极冰雪消融，并使整个世界成为一个微笑的伊甸园"。

索迪的书很受欢迎，出了好几版。对索迪信息相当理解的一个人是H. G. 威尔斯，以出版科幻小说出名的英国作家，他的作品如《星球大战》和《齿机》。由于对核梦想天堂着迷，威尔斯写了一部小说，书中的未来人类已经学会释放锁在原子核中的能量。《世界弗雷德》一书在1914年出版，书中设想动用原子弹的一场大战，之后，原子能被用来创建一个没有欲望的世界。在这本书的序中，威尔斯让一名教授（明显以索迪为原型）在一个讲座中描述利用原子能的回报：

> 这将意味着人类环境的改变，我只能用发现火与之相提并论，火是使人脱离野蛮的第一个发现。然后为生存而进行的永恒斗争，为生活在大自然能量贫瘠的供应而无休止的争斗将不再是人类的重要关注点。人类将从这种文明的顶峰迈向下一个的开始……。我看到沙漠大洲的改造，两极不再是冰的荒野，整个世界再一次成为伊甸园。我看到人类延伸到星星中的力量。

这是一幅壮丽的景象，原子伊甸园的这个梦想，在卢瑟福、索迪的发现之后，已经存在和成长了30年，尽管还没有人能提出提取原子能量的方法。在1921年，例如《科学的美国人》杂志，讨论如何满足人类日益增长的能源需求。之后提到煤炭、石油、天然气、水电、风能、太阳能、波浪和潮汐能，它总结道："但这些可能性没有一种拥有原子能如此大的吸引力。这正是卢瑟福说的，'比赛定于从发现利用原子能方法之日的研发算起'，这是如此巨大的能量，它将赋予人类或国家学会释放和控制的能量，仅次于无所不能。"人类和近似无所不能之间只有一个障碍，但它是巨大的：尽管放射性原子自发衰变并释放能量，衰变是一个随机和统计过程，而科学家还无法知道如何触发或控制它。

触发器终于在 1932 年出现了，当时与卢瑟福一起工作的英国物理学家詹姆斯·查德威克发现了中子。这种粒子与之前发现的质子质量大约相同，但它不携带电荷。这使它适合于处理原子核。由于原子核带正电，排斥其他带正电荷的物体。例如，一个质子要穿过原子核，必须加速到高速。但中子能畅通无阻地进入原子核。这样就可以做几件事情。如果它有足够的能量，它可以从原子核中敲出一个或多个质子和中子，使该原子核变成其他元素的原子核。较慢的中子可能被吞掉，产生比以前多一个中子的原子核。1934 年，恩里科·费米在一系列的实验中展示，一些原子，吞下中子成为放射性和自发衰变的元素，正如镭、钍等自然放射性元素。这暗示中子可以让原子核释放能量。卢瑟福在 1936 年写道，实际意义是显而易见的：中子是利用原子能量的关键，"要能找到一个方法，以较小的能量产生大量的慢中子"。

这种方法在哈恩和斯特拉斯曼发现铀原子裂变两年后发现。因为裂变的铀原子释放中子，使别的铀原子发生裂变，就可能会发生链式反应。这些中子无须来自外面，因为在适当的条件下，分裂的原子本身将释放大量的中子。在卢瑟福、索迪发现原子核能量的 35 年之后，似乎终于有办法释放它了。

一旦清楚铀链式反应是可能的，科学家不必停下来思考这到底意味着什么。几十年的猜测和预测已经创造了一幅核能世界的图像。例如，物理学家西拉德后来回忆，当他听到哈恩和斯特拉斯曼发现裂变，"H. G. 威尔斯预测的所有事情，对我来说突然成真"（就是这个西拉德后来鼓励爱因斯坦写信给罗斯福总统发出纳粹发展原子弹危险的警告）。对西拉德和其他人来说，这是理所当然的，原子能是无限动力的源泉——为善为恶取决于人类的路径选择。

不幸的是，这个引人注目的形象是从原子核持有很大能量的基本事实创建的，但并没有在考虑之列——因为没有人知道——做什么事情才可能释放这样的能量。愿景中没有核废料的问题或放射性的危险，因此，至少在一开始，他们没有得到应有的重视。回顾早期，阿尔文·温伯格回忆说，即使在战争结束之前，恩里科·费米警告他的同事，核电的成本可能高于人们想支付的。"还不清楚"，费米说，"公众是否能接受产生如此大量辐射的能源，而且还可能遇到制造炸弹材料的扩散问题"。但很少人重视。纯粹、整洁的愿景太强大了。

因此，第二次世界大战结束后出现了一小群有核远见之人，主要是曼哈顿计划的核科学家，他们相信核能将是人类的一个巨大福音。虽然他们本身所做的甚少，但是他们发现，战后美国核迷很多，他们对技术力量的迷信好像近乎宗教狂热。

当然，美国人相信技术不是什么新鲜事物。150 年或更久之前，美国人将技术作为物质进步的源泉。但是第二次世界大战将这种信仰带到了一个新的高度，尤其是对制定公共政策的精英。这些精英主要是来自产业、政府或军队，而他们刚刚见证过，战争的胜负由先进技术决定——雷达，赢得了不列颠之战，先进飞机和战舰，扭转了对轴心国的局势，大量的武器和材料由工业化经济体全速工作生产，而且，更重要的是原子弹。对许多人来说，曼哈顿计划似乎是人类塑造自然的极致能力的最终证明。如果我们能仅在几年内构思、设计和制造这样一种不可思议的武器，还会有什么事情超出我们的掌控能力吗？

曼哈顿计划的成功也赋予了核物理学家特殊的力量，当他们中的一些人谈论到核能源的潜力时，有很多其他人是赞同的。这些人可能没有鉴定核技术的技能并发出自己的声音，但他们对技术有信心并相信物理学家，所以核势头从一小群科学家被转移到更大的社会。

大卫·迪茨，霍华德新闻社报纸的科学编辑，是那些最早感染未来原子统治热情的人当中的一个，1945 年，蘑菇云出现在日本的几个月后，他出版了《未来时代的原子能》一书。在他的预言中有：

> 所有形式的交通工具将会立刻从现在限制在它们身上的燃料重量中解脱出来。现在只适合于跨越一个国家的私人飞机，将有希望跨越大西洋。构建任意大小的客运和货运飞机不应该存在困难。拥有豪华游艇舱室般空间的飞机，载着数千名乘客能从纽约直飞印度或澳大利亚。

> 你能够以维生素药片颗粒大小的原子能丸子旅行一年，而不是每周两到三次加满你的汽车油箱……国家之间为石油而战的日子不复存在……大颗粒的丸子将用于驱动工业的轮子，当它们这样做时，将把原子能时代推进到多彩纷呈的时代……

> 在原子能时代，没有棒球比赛因下雨而取消，没有飞机因为大雾而降落到旁边的机场。没有城市因为大雪而经历一场冬季交通堵塞，夏季度假胜地将能够保证天气，人工太阳会使在室内种植玉米和土豆如同在农场一样容易。

> 他唯一遗漏的是所有孩子都将在原子能时代吃蔬菜，垃圾邮件将被智能的核动力邮箱蒸发。

正如记者有时做的那样，尽管迪茨可能有点言过其实，他隐含的信息依旧得到了很多人的响应，包括那些在做原子能事情的一些人。例如，詹姆斯·R. 纽曼，杜鲁门总统的科学顾问、国会委员会的特别法律顾问，该委员会起草了麦克马洪法案，而该法案是 1946 年原子能法案的基础。除去核动力汽车和人造太阳外，他关于原子能潜力的观点与迪茨的没有多大区别：

> 这种新的力量为改善公共福利、对改进我们的工业方法和提高生活水平提供了巨大的可能性。通过合理开发和利用，原子能可以取得相当于、甚至超过电的发现和利用所取得的巨大的成就。

这样的热情可能会因发展原子能的困难变得更明显，以及人们因新的激情而放缓，但从来没有这个机会。美国国会以一种前所未有的行动对核应用进行了制度化。相信核能的重要性不再只是看法不同的问题。这是法律。

事情是这样的，随着战争的结束，联邦政府发现自己拥有巨量的核设施和懂核能科学和技术知识的规模巨大的群体。应该做些什么呢？当然，核武器项目将继续——随着与苏联战时同盟的解体以及战后世界似乎越来越不友好，这是一个定局。但还能做什么呢？

其中一个选择是，开放曼哈顿项目的文档，将新知识公布于众，谁都可以使用，并让行业决定如何处理核电。但国会还是不愿意分享国家来之不易的核技术。如果保密工作做得好，运气也好，在长达 10 年的时间里，美国可能仍是唯一一个拥有核武器的国家。另一方面，给国会提建议的专家（曼哈顿计划的主要参与者，对史上最雄心勃勃的技术计划的成功仍然很激动）认为潜在的民用核能太重要，不容忽视。只有一个选择：联邦政府本身必须参与发展核技术的业务。

1946 年的原子能法规范化了这一政策。将核武器的设施从军事部门转移到民用部门手中——这个法案的主要目的——使美国担负起开发其公民几乎没有听说过的一项技术。法案序言读起来好像其作者一直在研究索迪和威尔斯：

> 核裂变领域的研究和实验已经达到了原子能大规模释放的实用阶段。原子弹用于军事目的的重要性是显而易见的。民用目的的原子能利用对社会、经济和政治结构的影响今天还不能确定。不过，可以合理地预期，利用这种新能源将对我们目前的生活方式带来深刻的变化。因此，特此声明这是美国人民的政策，原子能的开发和利用应当是为了提高公共福利，提高人民的生活水平，只要可能，就要加强私营企业之间的自由竞争，并巩固世界和平。

当然，很难知道序言的词句有多少分量。国会经常以这样夸张的语言来证明其措施，没有人把它太当一回事，但在这种情况下，行动比言语更为有力。根据 1946 年的法案，国会成立了原子能委员会，并赋以其设计和促进原子能和平利用的职责——虽然没有人知道那些用途是什么，或者它们是否会被证实是可行的或有价值的。

根据该法案，原子能委员会，其 5 个平民成员将由总统任命、参议院批准，将在美国原子能上享有独断的权利。它将拥有所有的可裂变材料，用来制造可裂变材料一切东西，包括专利和技术信息；将拥有和使用核武器的设施，它将负责原子能的研究和开发；它将被委托控制和传播有关原子能的科学技术信息。

新法律将核能的势头推动到了另一个高度。它中止了可能发生在核能优点上的任何辩论，并宣布美国正式致力于发展这项技术。事实上，它把核能注定要用于伟大事情的信念制度化了。此外，该法案建立了一个系统来找出那些伟大的事情，然后去开发它们。用康奈尔大学社会学家史蒂文·德尔·塞斯托的话说，（该法案的）结果是去创建一个"无限制的和肥沃的核能源项目发展环境"。

该环境由两个强有力的保护者监管，两者一道推动核技术以技术上可行的速度尽快发展。第一个是原子能委员会本身。它从来就没想成为一个中立组织。它的一项工作是促进原子能的发展，纵观其历史，为了更好地改造世界，它由真正的原子能信徒执掌。

刘易斯·施特劳斯是原子能委员会里技术爱好者的一个典型人物，他接受核科学家的愿景，甚至将该愿景推动到比科学家们设想的更远的地方。20 岁时，施特劳斯曾帮助组织赫伯特·胡佛人道主义食品管理局。后来，在国际银行公司的职业生涯期间，他取得了各类业务凭证。在第二次世界大战期间，他曾在海军预备队服役，战后以海军少将军衔退役。1946 年原子能委员会成立时，杜鲁门将施特劳斯选为五名委员之一，1953 年，艾森豪威尔任命他为委员会主席。

施特劳斯的核动力未来愿景非常类似于 40 年前 H. G. 威尔斯所描述的。1954 年，他在科学作家协会扼要地描述了他的观点。施特劳斯预测，在 5～15 年内美国可能期望看到来自原子的电力，这取决于这个国家对其工作的努力程度。之后，世界将永远改变。"元素转化成无限的电力……这些和许多其他的结果都在短短的 15 年内取得。我们的孩子，将享受家中电能便宜到可忽略不计的福利，世界上周期性区域大饥荒将只是作为历史事件去了解，人类将在海上和洋底轻松旅行，以最小的危险、极高的速度穿越空中，寿命将远远超过我们，这些预测，并不过分……这是一个和平时代的预测"。

几十年后，当核电被证明比煤炭电力更昂贵时，施特劳斯的"便宜到可忽略不计"的预测只是作为不可救药的乐观和天真的嘲笑回忆。但他对核能技术潜力的信念并没有比很多其他人更过火，他只是措辞更夸张，并且说了出来。

原子能委员会在促进核愿景方面有一个伙伴，核热情的第二保护者。虽然不是有意这样的，已经通过的原子能法案事实上是在国会建立了一个永久的核游说团体。由于原子能的特殊重要性，1946 年法案提出了一个创新的方法来处理它。原子能联合委员会，由 18 个成员组成，其中 9 个来自国会的每个分支，负责启动处理原子能的所有立法。这是前所未有的。在每个其他领域，参众两院都有一个立法工作的委员会，所以提交到两个分支关于国防、犯罪和其他情况的提案是不同的，有时候差异很大。会议讨论不一致的会被剔除，取得一致的发送回专门机构批准。但有了联合委员会之后，提交给众议院和参议院的原子能立法是一样的，该委员会比国会通过的普通立法影响更大。此外，由于处理原子能要求大量的专业知识，联合委员会成员逐渐建立起一个专业知识体系，给他们的建议进一步提高了分量。因此，多年来，联合委员会在控制美国核能大方向上几乎可以自行其是。

但联合委员会不是原子能委员会的无私看门狗，如同该法案倾向的那样，委员会自然吸收对原子能感兴趣并认可其重要性的成员，甚至那些加入时中立的成员与同事交谈后也被热情所感染，随后在委员会听证会上对原子能未来的奇迹作证。进而，联合委员会的成员通常没有技术背景，可以帮助他们理解发展原子能的障碍，以缓

和他们的热情。所以联合委员会经常给原子能委员会泼冷水并不令
人感到意外。

　　结果是政府导向的技术有一个固有的向前发展的势头。关于核
能仅有的一些问题是，如何使它发挥作用？多快可以做到？有时这
种一条道上走到黑的方法很有效，否则，黎克柯成功开发的海军核
项目几乎不可能进展如此之快。但有时结果是进入死胡同的一个过
度冒险，特别在涉及核飞机和犁头两种项目的情况下，说明让思绪
野奔会发生什么。

2.3　失控

　　核飞机的传奇从 1945 年底以 J. 卡尔顿·沃德在参议院委员会
听证会上作证开始。费尔柴尔德发动机和飞机公司的董事长沃德，
恳求政府在和平时期继续资助发展飞机，他的理由是，在未来战争
中如何投送原子弹的问题。袭击广岛和长崎很容易，因为日本空军
几乎被摧毁了，但对未来的敌人可能很困难。假设轰炸机要飞很远
的航程投送自己的有效载荷，对于短程战斗机，它们会处于劣势。
美国空军会在哪里？"原子飞机"，沃德说，"航程短到只够给乘员准
备三明治和咖啡"。

　　沃德的建议上了报纸头条（《芝加哥论坛报》："预测原子会终结
对飞机航程的限制"），引来了人们的关注。虽然这并不真是他的创
意——他从戈登·西蒙斯，橡树岭的气体扩散工厂的一名工程师那
里拿来的——沃德很快成为"原子飞机"的啦啦队长。他说服陆军
航空队考虑其可行性，并到 1946 年，费尔柴尔德和其他 9 家公司签
署了研究这个概念的一份合同。

　　核飞机发动机的最实用的方法似乎是以核反应堆代替燃烧室，
对涡轮喷气发动机进行修改。空气进入发动机并通过一个压缩机，
将其压缩成高压，高压空气将被送到堆芯加热。从那里，热膨胀气
体会流过涡轮，推动压缩机旋转，然后从发动机尾部喷出，推动飞

机。这是个合理的设计——假设建造的反应堆动力强大到足以推动飞机，也足够轻和紧凑使飞机可以飞离地面。然而，这不是一个简单的任务，许多困难很快显现出来。例如，空气吸收热量不是特别有效，所以空气通过反应堆的任何"直接循环"发动机，为了提供足够的推力，必须做得相对较大。"间接循环"发动机，采用液态金属将反应堆的热量传到空气中，可能会更小，但会更复杂。

最严重的问题集中在放射性。对于原子飞机，一个早期的报告说，"在机场将是危险的。反应堆运行时，所有附近的人都必须隐蔽，从发动机尾喷管咆哮而出的产物的放射性可能会永久毒害该区域……如果原子飞机司空见惯，飞机飞过的田野，放射性的警报将此起彼伏，配备辐射探测器的安全人员巡逻穿梭不息"。如果核飞机坠毁，放射性传播面积可能更大。

此外，必须找到某种方式来防止放射性物质伤害机组成员，地基反应堆的工作人员得到数吨的混凝土、铅或其他屏蔽材料的保护，但这些在飞机上不适用。最大的希望在于构建一个非常紧凑的反应堆（将减少所需的屏蔽），发现轻量级的屏蔽材料，并将反应堆尽可能远离乘员。为了达到最后的目标，有些人甚至建议两件套的飞机，一架核动力无人机拉载乘员的部分。

原子能委员会，其手里有的是更加可行的项目，起初很少想或根本就不想搅原子飞机这趟浑水。长期担任橡树岭国家实验室主任的阿尔文温·伯格回忆说，"核飞机是一个矛盾。这几乎是第二次世界大战期间曾在芝加哥和橡树岭从事反应堆工作的所有人的观点"。空军近距离地观察了飞机之后，罕见地几乎比原子能委员会更热情。各种研究小组发现，给予足够的金钱和时间，就可以建造核飞机，但它永远不会飞行特别快或特别高。它的一个优势是，从理论上讲可以在空中停留几个月。不幸的是，其存在的放射性使这实际上是不可能的。即使有屏蔽，乘员不应长期暴露在发动机的放射性环境中。国防部长查尔斯·威尔逊总结了国防部的态度："这架核动力飞机让我想起了一个垃圾桶——一只飞过沼泽的巨大的鸟，没有特别强壮的身体或超群的速度，或任何其他辅助的东西，但它能飞。"

对于原子飞机，威尔逊看到的是一只垃圾桶，联合委员会看见的却是一只带核爪子的原子动力鹰。该委员会在 1948 年介入，推动原子能委员会和空军执行核动力飞行的可行性研究。在名为列克星敦项目的几十名科学家最初持怀疑态度，但最终确定一架核动力飞机能飞，虽然该项工作至少需要 15 年，耗资 10 亿美元。这是大有前途的，原子能委员会和空军，考虑到联合委员会的兴趣，开始对飞机反应堆进行基础研究。

反应堆设计的根本问题是要提供足够的推力，反应堆必须在很高的温度下运行——1500 华氏度到 2000 华氏度，或现有反应堆的两到三倍的温度下运行。这意味着如燃料元件和反应堆容器这样的组件，科学家必须开发可以承受极端温度和中子冲击的新材料。与此同时，研究人员将不得不设计新型屏蔽方法，联想到其他一些创新，如果要核飞机飞离地面，这些工作都必须同时取得成功。

在整个 20 世纪 50 年代，无论是原子能委员会还是空军都没有对这个项目下定决心。例如，1953 年，美国空军推荐取消核飞机研制项目作为削减成本的措施，但在 1957 年苏联发射了第一颗人造地球卫星之后，美国空军来了个 180 度大转弯，渴望尽快得到一架在空中飞行的核动力飞机。另一方面，联合委员会保持稳健。对这种飞机从未失去信心，不相信在建造该飞机上已经做得足够多，并没完没了地担心俄罗斯可能会首先在空中使用核飞机。

"如果俄罗斯在原子轰炸机的竞赛中击败我们，将严重威胁我们的安全"，联邦参议员，联合委员会的一员亨利·杰克逊在 1956 年说，"在新闻和期刊上有一些估计认为，原子飞机原型飞行可能不晚于 1958 年或 1959 年。我不同意这些预测，它会飞得更早，它可能会在稍后的日子就飞。研究与开发成就的时间进度，与我们对一个给定的项目付出的努力成正比"。

1957 年 10 月，众议员梅尔文·普莱斯，联合委员会另一个成员，从苏联之旅归来。"俄国人"，他说，"正在重点强调自己开发核推进飞机的计划""如果俄罗斯击败我们,这将是我们自己的错",这个项目最坚定的支持者之一,众议员卡尔·恩肖说,"只能估计,人们的反对态度使这个项目推迟了4年之久"。

与此同时,试图建造飞机的工程师们发现难以前行。例如,橡树岭国家实验室针对采用液体铀溶液用作燃料的间接循环反应堆开展工作。铀不断流过反应堆会在有调节器的部位发生链式反应,然后运动到一个热交换器,将热传给流经喷气发动机的空气。橡树岭国家实验室的研究人员开发出一种可行的燃料铀的氟熔盐,如氟化钠等。因为这些盐是非常稳定的,但它们带来了热循环燃料的主要问题——引起整个系统腐蚀。与此同时,实验室的其他研究人员设计合金并建造能承受热量和放射性的阀门和传感器。1954年,橡树岭小组将这些全部组装起来运行试验性反应堆,在1600华氏度下运行100个小时,对飞机发动机来说这个温度足够高了。接下来,小组设计了一座相同类型的可能适合飞机的反应堆。总之,橡树岭有几百名项目员工,但核飞机约占实验室的总预算的四分之一。然而到了1959年,实验室主任阿尔文·温伯格断定反应堆"作为飞机的动力装置几乎没有成功的机会",并将意见提交美国国防部。

到1961年,原子能委员会和空军已经失去了对这个项目的兴趣。花了10年的时间和10亿美元之后,看起来需要另一个10年,另一个10亿美元才能得到成品。联合委员会仍支持,但它几乎没有盟友。最后,新当选的总统肯尼迪根据国防部长的建议,取消了核飞机项目。

对核动力飞机的追求无疑是对原子激情的一个更极端的产物,但它绝不是唯一的产物。便携式的反应堆也是产物之一,军队希望随时随地可以得到电力,科学家希望将其应用于如南极基地的远程站。有核货轮"萨凡纳号",能比传统货轮航行远得多而无需补加燃料——对货轮来说该特质无关紧要,因为与军事船只不一样,它们在海上呆的时间,很少超过从一个港口到达另一个港口必要的时间。还有推动低空超声速导弹的核冲压发动机,但它从来没有被建造过。

还有核武器计划，它得到的支持甚至比五角大楼认为需要的还要多。一次又一次，联合委员会坚持认为国防部要求的炸弹材料是不够的。

推动这些项目的双重思想是广义的技术乐观主义，以及因为核能比化学能强一百万倍，必然有许多重要的用途的感觉。今天很难理解，但联合委员会的行为从 20 世纪 50 年代到 60 年代似乎是充满孩子气的、被核能广泛重要性的信念驱动的，并坚信应该是美国而不是苏联或其他国家向全世界提供核技术。民用方面，有一个第三因素促进了其发展势头：希望以某种方式补偿原子弹的暴力和破坏性。每个人都愿意相信原子可以和平利用。

在将炸弹投在广岛和长崎之前，曼哈顿计划的许多科学家签署了一份请愿书，要求原子弹先爆炸在一个无人居住的区域作为演示。他们希望，日本会因害怕而投降，以此避免炸弹造成的大屠杀。该请求被忽视了，随后使用了原子弹。这在战后深刻地影响了科学家们，很少人留下来继续为武器工作，多数人回到战前他们所从事的工作，而有一些人，像西拉德干脆离开了物理学。西拉德由于帮助在世界上释放这个核恐怖感到极大痛苦，转向了生物学。

即使战后选择研究核能的科学家们也感到蘑菇云的阴影。多年之后，第一任原子能委员会主席戴维·利连撒尔反映了这些人的动机。他们都有共同的信念，他说："无论如何，这个被制造出来的如此可怕的武器，必须有一个重要的和平用途。……每个人，我们的领导人和门外汉，科学家和军人想证明这个伟大的发现有一个有益的利用。我们坚定决心去证明这一发现不仅是一种武器。"这严峻的决心，加上坚信核能必然具有有待于发现的有价值的应用，将在许多方面激发我们努力工作。最奇怪的是犁头项目。

1956 年，埃及努力寻找资金建造阿斯旺大坝。当美国和英国说他们不会资助时，埃及总统纳赛尔将苏伊士运河国有化了。在随后的"苏伊士运河危机"中，在英国和法国的支持下，以色列入侵埃及，最终联合国部队参与进来停止了战争。埃及保持控制苏伊士运河并回到之前的状态——除此之外，危机触发了哈罗德·布朗的一个想法，他是加州利弗莫尔的辐射实验室首席科学家。

埃及的接管凸显了西方国家对该运河有多么依赖，特别是对流经过河的中东石油的依赖。也许，布朗认为，如果开通另一条穿过以色列的替代运河，那么中东地区未来的危机对西方国家可能不会如此可怕。布朗是一个核武器设计师，他想出了一个新奇的方法挖掘运河。"忘记传统的开挖方法"，他说，"使用核爆炸"。在以色列的一条线上引爆一连串的几百个原子弹将打通海域之间的一条路径。

如果现在来看，这个想法似乎会被贴上一个古怪的、标新立异迷的标签，但那时并非如此。毕竟，美国仍在内华达州核武器试验场进行露天测试，而用于挖掘的原子弹的辐射将远远低于地面上爆炸的。如果核武器在合适的地下深度爆炸，它会形成一个巨大的火山口，但岩石和尘土回落到洞中，抓住了大多数的放射性碎片。因此整条运河释放的放射性物质比几次武器测试的要少，而且对于武器测试相对较小的健康风险可能造成的后果，当时大多数科学家通常并不关心。"人们必须学会与生活的事实一起生活，而部分的生活事实有影响"，威拉德·利比在1955年的国会听证会上如是说。化学家利比因发明碳14测定考古对象的年限，在1960年获得诺贝尔奖，他是原子能委员会的一个成员。

布朗的想法很快抓住了他的一些同伴的想象力。在1956年晚些时候，利弗莫尔主任赫伯特·约克建议原子能委员研究原子弹的和平利用，而且不仅用于挖掘运河。利弗莫尔以及其他两个核武器实验室洛斯阿拉莫斯和桑迪亚的科学家，想出了使用炸弹而不涉及杀人的一些主意。例如，炸弹可在地下深层爆炸，产生的热量用于发电。这样的地下爆炸也可以用于制造反应堆（或更多炸弹）的钚。甚至核爆炸可用来推动火箭摆脱地球引力。

这个想法抓住了原子能委员会的粉丝，尤其是利比和原子能委员会主任施特劳斯，因而投资快速增长，1959年，委员会批准了300万美元的资金，1960年，投资资金数量翻了一番。参照以赛亚书第二章第 4 节——"他们要将刀打成犁头，把枪打成镰刀"——
项目被命名为犁头。

　　到 1960 年初，原子能委员会制定了三个雄心勃勃的犁头计划。
"战车"项目，利用同时引爆的 5 枚精心布置的炸弹，在阿拉斯加北
部的科汤普森角，建造一个 1 英里长的港口。"土地神"项目，将在
地下 1200 英尺的盐形成层引爆 1 枚万吨级的炸弹来测试用原子弹爆
炸生成可裂变材料的可行性。"油砂"项目，将在加拿大的阿尔伯塔
省进行，试图从油沙形成层中释放石油。如果核爆炸能加热石油，
石油就可自由流动以致可以被抽到地面，原子能委员会表示，加拿
大将拥有比美国或中东更多的石油。"它可能会使加拿大人都成为酋
长"，指导犁头项目的利弗莫尔的科学家杰拉尔德·约翰逊吹嘘说。

　　由于无法回答关于地下原子弹爆炸影响的太多悬而未决的问题，
这些计划凋谢了。创建给定大小的一个洞需要多大一个炸弹？它应
该放置到多深？放射性物质会释放多少？爆炸的力量会对周边地区
怎么样？例如，它会使附近的矿山坍塌吗？

　　所以，原子能委员会决定进行一系列试验，以加强犁头计划的
基础。第一个试验是 1962 年代号为"轿车"的项目。10 万吨炸
弹——威力是投在广岛原子弹的 8 倍，置于地面以下 635 英尺处。
爆炸使周围岩石气化并产生球型的热气团，推动沙漠地面的泥土
升到空中。泡沫上升了约 300 英尺后破裂，大量泥土和岩石散落
半径超过 2.5 英里。当尘埃落定，呈现出 320 英尺深、四分之一英
里跨度的火山口，周围环绕着 100 英尺高的从洞中喷出的唇状
泥土。

　　原子能委员会宣布试验取得重大成功，并展示了爆炸造成的泥
土高丘和留下的火山口般戏剧性的照片。此时原子能委员会改变了
其重点，从港口和采油回到运河，利弗莫尔实验室的新主任爱德华，
称轿车项目已经证明了核土方工程的可行性。原子爆破做这项工作
的成本可以降低为常规方法的 5％到 10％，他说。媒体尽职尽责地
响应了这个计划，以"重型炸弹挖掘"和"即时运河"等标题报道

了此事。

1963 年至 1964 年的一年期间，报纸和杂志报道的原子项目一个接着一个。田纳西州、阿拉巴马州、密西西比州和肯塔基州的州政府官员，想得到原子弹的帮助，以打通 253 英里的水道连接田纳西河和阿拉巴马州汤比格比河。如果放射性轻微，核炸弹会爆破山区 39 英里的路段并直接开通从田纳西州诺克斯维尔和其他城市到墨西哥湾的道路。在加州，国道部门官员曾与圣达菲铁路的工程师提议在布里斯托尔山削开 2 英里的通道。炸弹制成的通道将给州际高速公路和一组新的铁路提供一条笔直的、方便的路径。

迄今为止，最令人兴奋的是修建新巴拿马运河的可能性。老运河建于 20 世纪初，适应当时的船只，但对于 20 世纪 60 年代许多远洋船只来说太小了（现在情况更糟，航空母舰、油轮和许多大型货船必须绕南美洲在大西洋和太平洋之间穿越）。此外，专家预测，到 1980 年通过运河的船只数量将超过运河的承载能力。美国和巴拿马之间的紧张关系加剧了这种情况。美国建造、拥有并经营该运河，但巴拿马从美国争取更多的权利——经营运河区以及获得更多的财政援助。正如哈罗德·布朗几年前就决定修建苏伊士运河桥，最好的解决方案可能是通过巴拿马或相邻的国家建造一条新运河。对于原子爆破迷来说，这种想法被证明是不可抗拒的。

犁头项目主任约翰·S. 凯利在 1963 年说："我们的研究表明，采用核爆炸挖掘海级运河（通过巴拿马），其成本不到传统方法的三分之一，工期只需要大约一半。采用核爆炸所挖的运河将比传统方法的更宽、更深。"海级运河将避免船闸的问题，其大小是限制哪些船只可以通过运河的因素。相反，一条清晰的水路将连接大西洋和太平洋。

美国陆军的一项研究考虑了 5 条可能的运河路线，其中 2 条在巴拿马，其余的 3 条分别在墨西哥、尼加拉瓜和哥伦比亚。一连串足够接近彼此的几百枚炸弹同时引爆，它们的坑会重叠，由此产生一条连续的通道。沉浸在这样一个巨大的工程成就的兴奋中，爆炸的放射性危险被淡化，以及人们可能不希望数以百计的原子弹在他们国家排成一行爆炸的可能性完全被忽视了。例如，那时讨论原子运河，关于放射性也只有这么说："常住人口可能不得不远离新挖掘的运河附近至少 6 个月，但在医疗监督下的人在两周内就能开始工作。"

尽管原子能委员会保证放射性不是个问题，但核运河所有的候选国家都拒绝了。国内爆破项目处境也好不到哪里。犁头项目继续前行。

运河骚动的 4 年后，原子爆破被吹捧为开采难以得到的石油、天然气和矿物质的解决办法。1967 年 12 月，原子能委员会连同矿业管理局和埃尔帕索天然气公司，在地表下 4000 英尺的砂岩构造层引爆了两万吨级的氢弹，目的是释放被困在砂岩孔隙中的大量天然气，通过正常手段只能获取其中的 10%。爆炸创造了一个充满破碎岩石的"烟囱"并开辟了天然气能通过围岩中的裂隙而收集的过滤空间。通过钻透这烟囱和由原子弹爆炸进一步创建的其他通道，可以提取多达 70% 的气体。

在这个测试的一年之内，《商业周刊》报道，其他几家公司正在与原子能委员会一起设计自己的天然气开采项目。由许多石油公司组成的联合会正协调使用原子能从页岩层爆破生产石油的项目。铜矿公司认为，采用核爆炸可以首先在矿井创建一个大型地下空腔，能开采更深的铜矿床。而天然气公司想利用 20 万吨级的爆炸在地表下 1 英里处建一个地下储存设施。

这些想法都没有通过规划阶段，也很少通过讨论阶段。最终，"犁头项目枯萎了"，被风吹走了。它最后的努力是在 1973 年进行的旨在从科罗拉多的砂岩气田释放天然气的一个实验。

一系列因素的综合作用终结了和平原子爆破的梦想。1963 年的《部分禁止核试验条约》禁止核爆炸产生的"放射性碎片"越过国界，苏联抱怨犁头试验正在打破协议。还有一些技术问题从未克服——工程师不能完善机制，以一个回合形成一条几十英里长的运河，加之从砂岩松动释放天然气的实验从来未取得完全成功。和平原子爆炸的经济性仍然是可疑的。铀可能比硝化甘油强大一百万倍，但那些精心设计来减少放射性或适合钻 10 英寸洞的原子弹仍然非常昂贵。最重要的是，公众越来越担心放射性。例如，1974 年科罗拉多州选民禁止任何进一步的核试验。由于国家新的环境意识，犁头项目可能的利益似乎没有值得为之冒险的价值。

事后来看，原子爆破的传奇似乎堪比原子能马戏团的杂耍。在过去的 18 年里，它花费了 1.6 亿美元，而原子能委员会几乎没有注意到它的年度预算在 20 世纪 50 年代末就超过了 20 亿美元。尽管某一群科学家——他们许多人在利弗莫尔武器实验室——寻找和平利用核炸弹的用途非常卖力，但计划从来没有赢得广泛的支持。可是犁头项目确实提供了关于核技术发展背后各种力量的一个重要的教训。

犁头的焦点从挖运河到采油，再到挖掘海港，又回到运河，并最终开采天然气和矿物，显然，参与的科学家没有真正试图回答这样的问题：怎么建设大西洋和太平洋之间的运河最好呢？或者，怎么从砂岩地层开采天然气最好呢？相反，他们已经有了一个解决方法——原子弹，并一直寻找合适的解决对象。

2.4　电力的强烈追求

犁头和核飞机计划走了那么长时间，因为在本质上没有刹车的因素减缓它们的势头。原子能委员会和联合委员会中真正的信徒在发展原子能方面拥有近乎完全的自由裁量权，他们倾向于认为，负面结果是由于缺乏努力或短视。建造核动力飞机或为原子弹和平利用找到一个实用的用途，不是不可能的，只是极其困难，所以这些项目的支持者中也有人强调，对各种问题的适当应对是工作更加努力并花更多的钱。

一开始，核电项目处于类似的地位。都是一些大计划并具有潜力，没有实际信息以供现实的核对。但随着时间的推移，这开始发生变化。

直到 1948 年，原子能委员会才开始其第一座反应堆发展项目。在此之前，其大部分精力用于研制更多更好的炸弹。武器设计师一直在改进广岛和长崎原子弹，并在研制氢弹。同时，铀浓缩工厂和生产钚的反应堆正在不停工作，以制造充足的核武器裂变材料。和平利用原子能将不得不等待。

武器计划进展顺利，3 年之后，委员会转向民用方面。从一开始，就采用合理的、精打细算的方法发展核能，以资助几个类型反应堆的设计和施工作为工作的开端，去了解每种类型的优点。设计方案包括一座轻水反应堆，"鹦鹉螺号"反应堆的原型；增殖反应堆，其产出的可裂变物质多于消耗；均匀反应堆，含液体铀燃料；钠冷却、铍慢化反应堆，用于世界第二型核动力潜艇"海狼号"，以及钠冷却、石墨慢化反应堆。

计划很快证明可以利用原子能来产生电力。1951 年 12 月 20 日，在阿尔贡国家实验室设计、在爱达荷州原子能委员会反应堆试验场建造的增殖反应堆成功产出了世界首例原子电。其功率适中，约 100 千瓦，足以运行反应堆大楼的照明和其他设备。但是，这仅仅是心理上的里程碑。14 个月后，橡树岭的均匀反应堆成为第二个发电装置，并将 150 千瓦的电力输送到田纳西流域管理局。公众首次"尝到原子电力的味道"。

当然，这与燃煤电厂或水力发电厂发电并没有什么区别。这个事实迟早会威胁到核电项目的发展。如果核电站发电不能比其要替代的方式更便宜，开发核电几乎没有理由（在 20 世纪 60 年代，核能被视为无污染的可替代煤炭的能源，但这主要是公共关系方面，底线是经济上的成本）。在接下来的 15 年，核电的命运将取决于对潜力的热情和现实主义的成本之间的平衡。

在早期，美国商界——除了原子能委员会告诉它的，对核能一无所知——反映了官方对原子的热情。1947 年 3 月，《商业周刊》曾

报道："至少在没有掂量原子发电的商业化可能会颠覆其计划基础的
情况下，今天没有谨慎的商人、没有谨慎的工程师敢于计划或决策
超过未来五年的事情……距离原子发电机商业电力生产只有五年时
间。这是今天通告的假设。"三年之后，在第一次原子发电之前，该
杂志已经越过它，转向更有趣的各种核能利用："现在，几乎没有人
对巨大的中央核电站感兴趣……美国有充足的燃料，每千瓦时节省 1
厘钱（十分之一分）或两厘钱的前景并不特别令人兴奋。今天看起
来令人兴奋的是，无论以任何代价，其他燃料做不了的而原子能做
的事情——特别在运输领域……10 年或 20 年内，如果任何大型车辆
的设计思路在于增大油箱，或如果每 500 英里或 1000 英里需要停一
次去加燃料，可能会显得陈旧和荒谬。船只、飞机、火车头应该运
行几个月或几年才有人看一眼燃油量表，这看起来才是自然的，才
是令人期待的。"

　　不仅说说而已。许多企业根据这些看法采取了行动。例如，
1952 年，"固特异轮胎与橡胶公司"获得了原子能委员会位于俄亥俄
州派克县新建铀浓缩工厂的合同，尽管该公司以前没有原子能方面
的经验。其董事长解释了原因："原子能是我们一生中最重要的发
展，所以任何有进取心的公司都应该抓住机会抢占先机。"在那个时
候，四个独立的工业研究组织发布报告，称赞核能的潜力。

　　这是原子能委员会首先发现实用核能的障碍，该委员会是最为
谨慎的玩家。已经证明，开发试验型反应堆比当初想象的更复杂、
更昂贵，由此委员会理解缓慢、谨慎做法的重要性。但联合委员会
没有。

　　战后的几年，联合委员会专注于军事问题，但在 1951 年开始监
督原子能委员会去促进民用核能的工作。首先是几份工作人员的报
告，然后在 1953 年 6 月和 7 月，联合委员会举行广泛的业务和原子
能公开听证会。商人发表一些如何可以快速开发核能的热情证词后，
联合委员会作出结论，认为原子能委员会进展过缓。之后，联合委
员会主席科尔写了一封信给原子能委员会主席李维斯·施特劳斯。

原子能委员会的核能发展计划似乎相当模糊，科尔写道："原子能委员会为什么不提供'3 年到 5 年具体的研发项目计划'，使业界可以更有效地参与呢？"

原子能委员会在 1954 年初作出回应，宣布了针对电力生产的一项雄心勃勃的反应堆计划。海军在航运港的反应堆成为该项目的一部分，虽然在之前一年已经决定建造该反应堆，最终，其他 4 个反应堆包括阿尔贡国家实验室增殖反应堆、钠冷却反应堆、均匀反应堆和沸水反应堆（轻水设计比在航运港使用的压水堆简单）。在计划早期，该委员会有意识地尝试不同的反应堆设计方案，以确定哪种最适合于民用核电站。

这时，艾森豪威尔当选总统，他将自己的观点带进原子能的讨论中。他担心核武器使原子能对许多人来说是可怕的。为了抵消这个恐惧，他希望为原子提供一些可取的用途。1953 年 12 月在联合国的一次演讲中，艾森豪威尔提出他的愿景，他敦促世界各国远离核武器并专注于"原子能为和平服务"：

> 把这种武器从士兵手中取走是不够的，必须放在知道如何辨别其军事用途的那些人手里并将其融入和平建设中。
>
> 美国知道，如果原子军事设施可怕的趋势可以逆转，这个毁灭性最大的力量可以发展成为一个造福全人类的巨大恩惠。
>
> 美国知道，未来原子能和平力量不是梦想。这种能力已经得到证明，就在这里，就在今天。谁能怀疑，如果整个世界上的科学家和工程师群体有足够数量的可裂变材料来测试和开发他们的想法，这种能力会迅速被转换为通用的、有效的和经济的应用。

在某些方面，演讲是虚伪的。艾森豪威尔无意剥夺美国的核武库，但他渴望以原子和平利用来平衡核武器破坏性是足够真实的，也塑造了他政府的原子政策。

在整个 20 世纪 50 年代，原子能委员会、联合委员会和总统都在推动核能。如果它仍然是一个纯粹的政府项目，如核飞机，似乎这一势头将会迅速催生核能发电厂。事实上，联合委员会的一些民主党成员对田纳西流域管理局（在这个管理局，政府创建的公司负责一系列水电站的电力生产和销售）的核能事业有过设想。但艾森豪威尔和联合委员会的共和党人决心把政府干预降至最低程度。原子能委员会资助研究甚至提供补贴给公司去建造和运营核电站，但核工业应该掌握在私人手里。

艾森豪威尔上任时，共和党在参众两院占微弱多数，这使他在公-私的辩论中可以果断转向私人。1953年6月，他宣布，他将用一位身份为商人和保守的共和党人的李维斯·施特劳斯取代退休的原子能委员会主席。1954年，国会通过了一项修正的原子能法案，改变了发展核能的基本规则。1946年，原子能法案规定原子能属于政府垄断产业，而新法案旨在鼓励企业参与其中，放宽了核技术的信息流通，允许申报有关核能的发明专利。该法案允许公司从原子能委员会得到适当的许可，可以拥有自己的核反应堆。然而，原子能委员会将仍然拥有燃料，只是将其简单租赁给反应堆的运营商。这让委员会对核能经济性有重大影响，多年来，原子能委员会补贴核工业燃料费用，给企业的价格只占燃料实际成本的一小部分。

在20世纪50年代末和60年代初，在决定核能的发展道路上，私营部门起到了越来越大的作用。尽管政府通过各种项目和补贴继续推动其发展，但最重要的决定将在董事会，而不是政府机构。这个新兴核工业的许多领导人通常与他们的政府一样热衷于原子的未来，但他们的热情将会控制在经济预测和成本效益分析等实际问题上。一个时代结束了。在核发展的下一阶段，以索迪和威尔斯开始的愿景仍将继续重要，但它将根据商业世界的独特因素进行修改。

第 3 章　商　业

1975 年 1 月，《大众电子》杂志吹响了一场革命的号角。封面上"项目突破"栏目刊登了一篇名为"世界上第一型小型计算机工具与商业模式"的文章，这篇 6 页的文章描述了一型未装配的计算机"牵牛星"可以从 MITS 公司订购，该公司位于阿尔布开克，最初是为销售控制模型飞机的无线电发射机而创立的。

对于外行来说，它看上去不像一场革命。以 397 美元的价格加上运费，一个爱好者或计算机发烧友可以得到一个电源、一个带各种指示灯和开关面板的金属机箱，以及必须焊接到合适位置的一组集成电路芯片及其他组件。一切都组装好之后，用户按仔细设置好的顺序，依次翻转面板上的 17 个开关，给计算机发指令。加载一个相对简单的程序可能涉及成千上万次的翻转。MITS 公司承诺，"牵牛星"可以连接到用于输入的一台远程打字机，但需要许多个月以后才能得到连接所需的电路板。为了读取计算机的输出，用户不得不解读闪灯的开/关模式；一年多以后，MITS 公司能提供一块接口板将输出转换为文本或将图形显示到电视屏幕上。计算机没有软件，用户必须用晦涩难懂的计算机代码自己编写程序或借助其他爱好者的努力。一位观察家是这样总结早期计算机行业的经验的："你买'牵牛星'，你必须把它装配好，然后你必须制造其他东西插进去，让它工作。你是一个怪诞类型的人。因为只有怪诞类型的人能通宵达旦坐在厨房、地下室和其他各种地方，将所有东西焊到一块板子上，让机器千变万化地闪烁。"

尽管"牵牛星"有其缺点，在其刚出现的几个月内，仍然有几千个怪诞类型的人们购买了它。让他们激动和好奇的是计算机核心的半导体芯片。这是英特尔 8080，一片硅包含了 5000 只晶体管。在本质上，英特尔 8080 是一台在一块单片上的计算机——用业内行话说，叫微处理器。当配置了存储操作指令和记录计算跟踪的内存芯片后，微处理器可编程来执行的任务几乎是无限的。当然，这并不容易，除计算机爱好者之外只有少数人想付出一些精力。但潜力就在那。"牵牛星"可以在小范围内做更大、更昂贵的计算机所能做的事情。

就这样开始了个人计算机革命。在不到 10 年的时间，这种爱好者的玩具将成为现实的、甚至必不可少的工具，它将彻底改变人们工作的方式，会产生全新的行业，从桌面出版到电子信息服务。今天每一型个人计算机的祖先都可以追溯到邮购的 397 美元的计算机设备。

尽管被认为是个人计算机部落的"亚当"，但"牵牛星"并不是 1975 年 1 月唯一存在的个人计算机。它甚至不是最好的，甚至可以说绝对不是。那时虽然很少人知道，但大公司的员工已经使用具有今天最现代机器的许多特性的个人计算机。这些工作人员通过键盘输入数据，而不是扳动开关。他们看到的计算机输出是屏幕上的字母和图片，没有闪灯，而且屏幕是相当复杂的。像今天的计算机显示器，它是"映射"，屏幕上的每一点可以独立控制，使得可以创建复杂且细致的图像。计算机还包括一个"鼠标"，可以用来指向屏幕上的一些内容并进行操作，而用户可以在计算机屏幕上打开"多个窗口"来比较项目文档的不同部分。几十台计算机连接在网络上，允许用户来回传递信息。计算机的软件包括一个强大的、易于使用的文字处理器，根据"你所看到的就是你得到的"，或"所见即所得"（发音"whiz－ee－wig"）的原则运行——在屏幕上显示的就是要打印的文档的样子。要打印的时候，个人计算机发送文件到激光打印机，其产生的整洁文档看起来好像它们来自一个排字工人。

使用超前计算机的人们是施乐公司帕洛阿尔托研究中心（PARC）的工作人员，在那，自 1972 年以来一直在研制这种机器及其配件。在 1975 年初，不仅帕洛阿尔托研究中心的许多科学家、管理员和秘书使用个人计算机，施乐公司拥有的教科书出版商吉恩 & 高也已经安装了类似的系统。员工使用计算机编辑书籍。巧合的是，施乐公司的计算机的名称，非常相似于《流行的电子产品》页面上"自己做"的计算机。它的名字为 Alto。

利用 Alto，施乐的工程师创造了比任何可用的其他技术领先好几年的个人计算机技术。施乐公司在这项技术研究上花费了数千万美元，但在"牵牛星"引发的个人计算机革命中只扮演一个次要的角色，尽管在竞争上领先很多，最终却只能在场边看着别的公司瓜分数十亿美元的市场。发生了什么事？作为 Alto 的创造者会发现，对创新来说，有些东西比在实验室里做的更重要。创造和培育技术的商业和组织环境要起重要作用，有时甚至起最终主导作用。

在 20 世纪 70 年代中期，帕洛阿尔托研究中心是一个神奇的地方。1969 年，施乐首席执行官彼得·麦科洛成立帕洛阿尔托研究中心为施乐公司提供处理信息的创新产品，并给了它几乎完全的行动自由。当时，施乐公司实际上是一个产品的公司——各种复印机组成其大部分业务，由此，麦科洛想多元化，因为他看到了复印机是处理信息的一种方式。麦科洛认为，施乐自然的发展方向是开创处理信息的新方法，麦科洛打算使施乐成为各种计算机的一个主要参与者。通过提供其员工无限的预算和只在大学才有的同样的学术自由，帕洛阿尔托研究中心集合了世界上最令人印象深刻的计算机科学家。1983 年《财富》杂志的一篇文章是这样描述帕洛阿尔托研究中心计算机成员的："成员以长发和胡子而臭名昭著，每时每刻都在工作——有时赤足、赤膊上阵。他们在'豆袋室'举行喧闹的每周例会，在那里，人们靠着充满小丸子的巨大坐垫，轻松而漫无边际地讨论着各种概念。帕洛阿尔托研究中心的能人并没有扮演着天才的角色，因为不久，计算机科学家公认帕洛阿尔托研究中心是研究人们如何与计算机互动方面领先的主要源泉。"

正是这种氛围产生了 Alto、激光打印机、以太网——个人计算机局域网，以及个人计算机的第一款文字处理程序，还有一组与计算机交互尽可能容易的工具：鼠标、视窗、图标等。但帕洛阿尔托研究中心创造的这些奇迹是不够的，施乐公司必须认识它们的价值并迅速行动，但它没有。

　　施乐公司未能将帕洛阿尔托研究中心开发的产品商业化是由多种原因造成的。绊脚石之一是文化：大多数施乐人非常传统和保守。施乐公司是一家要求员工穿戴正规的公司，蓝色的西装、白色的衬衫，这点像 IBM，依赖于直销做业务，而帕洛阿尔托研究中心是一个休闲服装的前哨并蔑视权威。两个组织之间不容易沟通。另一个障碍是组织上的。施乐公司没有指定任何小组负责将帕洛阿尔托研究中心的研究转化成畅销产品，相反，做发展哪些类型复印机决策的同样一些人被置于负责寻找帕洛阿尔托研究中心各种想法的应用上，这真是强人所难了。尽管它的一些高级经理，包括麦科洛也认识到，公司需要做一些除复印机之外的一些事情，但当真正进军未知水域时，却退缩了。虽然帕洛阿尔托研究中心的经理，早在 1973年就开始不断敦促公司作为一个商业产品发展 Alto，但施乐公司决定专注于不那么雄心勃勃的文字处理打字机，许多公司在 20 世纪 70年代中期一直在研发该类产品。

　　最终，在被任命为施乐公司办公室产品部门领导的外部企业家唐·马萨罗的持续推动下，施乐公司推出一个基于 Alto 的产品。1981 年 4 月推介的"星"，是针对企业高管和经理的一个综合办公系统。它由一系列互联的工作站组成，而这些工作站与电子文件柜和至少与一台激光打印机相连。工作站是昂贵的——每台耗资 16595美元，而激光打印机占了很大的份额——但它的一些功能，其他地方是用不了的。高质量的激光打印便于每个人都可使用。因为一切都是互联的，"星"给用户提供了交流和来回传输数据的能力，这对于小组内的工作应该是极有价值的。

　　但"星"没有流行起来。尽管其在许多领域表现出众，但它有几个技术缺点。一个是缺乏电子表格软件，而这迅速成为企业的一个重要工具。因为"星"是一个封闭的系统——只会运行由施乐编写的程序——用户不能使用它来运行任何现有的电子表格程序。此外，由于设计师让"星"做这么多的事情，相比于已经上市的不那么雄心勃勃的个人计算机，该计算机的研发相对缓慢。

不过，对于"星"的陨落，很难指责工程师。如果帕洛阿尔托研究中心的远见者那时已经上了路，并在 1977 年或 1978 年做出类似"星"的可用系统，情况可能会有很大的不同。可以想象，施乐公司会成为新兴的个人计算机市场的主要参与者并塑造人们的思想——个人计算机应该是什么。"星"被推出的时候，有影响力的苹果Ⅱ已经问世超过三年，而 IBM 个人计算机——注定成为该行业的主要标准，也将被公布。苹果和 IBM 个人计算机的世界留给施乐公司的"个人分布式计算"版本的空间很小，在该系统中，个人计算机是一个更大系统的一部分。而个人计算机作为一个独立的个人工具的想法已成为主流。

甚至直到 1981 年，如果施乐公司与帕洛阿尔托研究中心一起合作，"星"仍然极有可能能够为自己开拓出一片天地。"星"本质上是由对公司其他事情不感兴趣的一群科学家和工程师在帕洛阿尔托研究中心研发的，与此同时，虽然帕洛阿尔托研究中心的设计师在技术细节上是顶级水平的，但他们只能猜测哪些特性最可能使"星"取得商业成功。在没有得到来自公司营销专家的帮助或建议的情况下，"星"开发者事后看起来有明显的失误。"星"缺乏电子表格程序是一个明显的例子。更糟糕的是，把"星"做成一个封闭系统的决策。IBM 这样做已经很多年了，拥有自己的主框架，出售的计算机只能运行 IBM 软件。帕洛阿尔托研究中心的战略是类似的：提供整个办公室套件产品，计算机和软件、打印机和传真机，所有的用以太网连接。由于技术是专有的，任何客户想扩大或升级系统都必须去找施乐公司。但这个战略并不适合个人计算机。已经有数百个独立公司为苹果和其他个人计算机编写软件和设计五金配件。没有一家公司——无论施乐，即便 IBM 能编写足够的应用程序来应对这滚滚洪流。

更糟的是，当施乐公司试图营销"星"系统时，销售人员不知道如何处理它。该公司的销售团队主要由复印机销售人员组成，不熟悉计算机。要说服企业高管购买一套昂贵的"星"系统，推销员必须解释的只是："星"可以提高办公室的效能——特别是为什么互相连接的计算机网络比便宜的计算机集合更有价值。要做到这一点，销售人员必须开发面对他们客户的新技能和新方法。如果"星"的销售力量仍然是一个单独的团队，这仍然是可能的，但在1982年，在"星"推介的一年之后，"星"的销售团队与比施乐公司大得多的复印机销售团队合并，这样，任何真正有效的销售努力的希望破灭了。

最终，"星"的失败可以归因于两个差异很大的失误。施乐公司管理层看到"星"的潜力时几乎为时已晚，或许就根本没有看到。而帕洛阿尔托研究中心成员虽然知道它们的价值，但没能理解创新不仅仅是工程师追逐的一个梦想。对于现代技术，与其说是个人创造的，不如说是组织创造的，而那些组织——其历史的特点、领导人、结构、文化、财务状况，以及与其他组织的关系，将塑造它们工程师创造的技术。众所周知，例如，大公司很难研发真正的创新产品。Alto的情况只是众多例子中的一个。但商业因素对技术影响远远超出这种组织惯性。为了探究到底有多大的区别，让我们回到个人计算机的发展，并观察两家不同的公司建立的两套差异很大的个人计算机行业标准。

3.1　苹果和大猩猩

苹果I看起来比第一型"牛牛星"更不像一台计算机。它是由史蒂文·沃兹尼亚克在"牛牛星"出现大约一年后设计的，它只是一个带微处理器、内存芯片和可以连接到一个键盘和电视监视器接口的电路板。没有机箱，也没有电源。然而，有一种编程语言，BASIC，它使用户给计算机发指令比第一批"牛牛星"更容易。

为惠普工作的一位年轻的计算机奇才沃兹尼亚克，没有想到他的机器会作为一款商业产品。它只是一个智力挑战的游戏，真正考验他的是编程和设计技能。他选择了 MOS 技术的 6502 型芯片，也就是摩托罗拉的 6800 型芯片的山寨版，作为他计算机的微处理器。不是因为它比其他可得到的芯片更好，而是因为它便宜得多。著名的 6800 型价格 175 美元，但沃兹尼亚克可以用 25 美元获得 6502 型芯片。1976 年 4 月，他把他的第一台计算机带到家酿计算机俱乐部的会议上，与会者是一群圣旧金山一带的计算机爱好者，可以提供设计副本给任何感兴趣的人。

但是沃兹尼亚克所看到的是智力挑战，而他的朋友和计算机爱好者伙伴史蒂夫·乔布斯看到的是赚钱的机会。在"牵牛星"推介的那一年，个人计算机变得越来越受欢迎，虽然还只是局限在一小群发烧友和计算机爱好者当中。几家公司已经开始通过邮寄销售个人计算机，像家酿的众多俱乐部涌现，甚至一些零售商店开始出售个人计算机。1976 年 1 月，乔布斯建议沃兹尼亚克，他们制造和销售基于沃兹尼亚克设计的印刷电路板，经过一番犹豫，沃兹尼亚克同意了。他们最初的想法只是销售电路板，让客户自己去搞芯片和电子元件并安装在电路板上构建一台工作计算机。乔布斯认为他们能够出售约 100 片电路板，每片 50 美元。

但 1976 年 7 月计划很快就改变了。第一家计算机商店的老板和家酿俱乐部的常客保罗·特勒尔，喜欢上了沃兹尼亚克的机器——沃兹尼亚克和乔布斯决定叫其为"苹果"，并订购 50 台在他的店里出售。特勒尔说，他对电路板不感兴趣，他想要完全组装好的计算机。突然，两个苹果企业家不得不改变方式。他们已经筹集了 1300 美元来支付开发电路板，资金分别来自沃兹尼亚克销售 HP - 65 计算器和乔布斯出售他的大众汽车，但是现在他们需要约 25000 美元。泰瑞的订单，使他们能够得到余下部分的贷款，他们开始在乔布斯父母的车库里进行组装计算机的工作。他们聘请了乔布斯的妹妹帕蒂和一位老朋友丹·科特基将组件插入电路板。处于萌芽的公司提供泰瑞 50 台他订购的计算机，并通过邮寄和旧金山湾地区各种计算机商店，最终能够售出约 150 台。苹果 I 的售价是 666.66 美元，选择这个数字，是因为乔布斯很喜欢它的外观。

苹果 I 还在推进时，沃兹尼亚克就开始了苹果 II 的研发工作，他有几个改进的想法。新机器将包括键盘、电源和 BASIC 编程语言，所有这些东西必须由用户添加到苹果 I 上。最引人注目的是，苹果 II 将显示颜色，这是其他个人计算机做不到的事情。当时，大多数计算机设计师认为需要几十个芯片电路来创建一种颜色，但沃兹尼亚克想出了一个聪明的方法，将芯片数量减少到了屈指可数的程度。当连接到一个彩色电视时，苹果 II 提供的性能是无与伦比的。

虽然沃兹尼亚克认为，他和乔布斯可能出售几百台计算机，乔布斯把苹果 II 看作创建真正成功企业的一个机会，他向计算机行业的人们寻求建议如何做到这一点。不久，乔布斯联系上了曾在仙童和英特尔从事半导体业务的 33 岁的老将迈克·马克库拉。成为英特尔副总裁之后，马克库拉在 1975 年已经退休。作为拥有英特尔股票期权的百万富翁，他一直赋闲在家，但到 1976 年 10 月，当他第一次会见乔布斯和沃兹尼亚克时，他已准备好随时回到该行业。起初他只同意给这两个人关于如何组建苹果的建议，但几个月后，他提出要加入他们的行列。投资 91000 美元，他取得公司三分之一的权益，乔布斯和沃兹尼亚克分剩下的三分之二。

现在一切都已经到位。苹果有一位才华横溢的设计师，史蒂文·沃兹尼亚克，在计算机市场、配送历练过的人，迈克·马克库拉提供金融支持，以及史蒂夫·乔布斯的坚持不懈的动力。在个人计算机发展的竞争关键期，这个组合支撑了该公司的发展。个人计算机的历史在《山谷里的火》一书中是这样描述那个情形的：

> 几十家公司其兴也勃焉，其亡也忽焉（"牵牛星"登场两年就落幕了）。尤其是最尊贵的行业先锋 MITS 被彻底击败。IMSAI 公司、处理器技术公司和其他一些公司，即使其大厦将倾，还一直在争夺市场的控制权。所有这些公司

都失败了。在某些情况下，它们的失败源于计算机的技术问题。但是更严重的是缺乏营销、分销和销售产品的专业知识。企业领导人主要是工程师，而不是管理者。他们疏远了他们的顾客和经销商。

那时，市场正在发生变化。爱好者们组织成俱乐部和用户的群体，他们定期在车库、地下室和学校礼堂见面。想拥有计算机的人数在增加。而且，想要更好计算机的知识渊博的爱好者也越来越多。制造商也希望得到"更好"的计算机。但是它们都面临着一个看似不可逾越的问题。他们没有钱。制造商是车库企业，越来越多，如同 MITS 公司 1975 年 1 月以来所做的那样，依赖于预付的邮寄订单。他们需要投资资本，有强有力的理由反对把资金给他们：微机公司的高失败率，它们的领导人缺乏管理经验，以及最大的困惑——IBM 不在这个领域。投资者不得不问：如果这个领域有希望，为什么 IBM 不去抢占？

因为乔布斯的创业本能，苹果现在拥有了竞争对手所缺乏的东西。它不仅有一型实在的产品，这归功于沃兹尼亚克的工程技能，还有马克库拉和麦克斯科特的管理经验。麦克斯科特是马克库拉的门徒，从仙童聘来做苹果公司的总裁。同样重要的是，他有钱——作为加入该公司的一部分条件，马克库拉同意承销银行 25 万美元的贷款。很快，它就会拥有业内最好的广告和公关人才之一。乔布斯向因塑造英特尔的形象而闻名的里吉斯·麦肯纳抛出了橄榄枝，尽管麦肯纳最初拒绝了乔布斯，他最终改变了主意。麦肯纳的机构提出了好玩的苹果标志：不同颜色的宽横纹，还被咬了一口。这个标志设计的目的是为了吸引更广泛的公众而不仅是爱好者。正是麦肯纳在《花花公子》杂志上刊登了一则彩色广告，此举不仅带来了全国对苹果的关注，也让人们关注到新兴的个人计算机行业。

1977 年苹果开始迅速发展。到年底，苹果已经实现盈利，其产量每三四个月就会翻倍。为了使公司快速发展，马克库拉说服了一家风险投资公司投入资金以换取公司的股份。沃兹尼亚克创造了一个又一个的配件：一个连接苹果Ⅱ和打印机的打印卡，一个通信卡，以及最重要的一个磁盘驱动器。当时对于个人计算机，存储相对大量数据的唯一方法是依靠缓慢且不可靠的音频磁带。沃兹尼亚克是设计个人计算机软盘驱动器的第一人。1978年6月，当它变得可用时，个人计算机用户首次不仅可以选择存储大量的数据，而且可以加载复杂的软件到自己的机器上。

有了这种选择，计算机程序员开始编写更有用的软件。苹果成功的最重要项目是VisiCalc，第一款电子表格软件。VisiCalc使用户能用以前从未有过的一种方式做金融计算，改变一个或几个数字，并立即看到金融电子表格中的所有其他数据是如何受其影响而发生改变的。它出现在1979年10月，第一年只能在苹果上使用，而它的成功极大地推动了苹果Ⅱ早期的流行。

1979年的春天是苹果公司的决定性时刻，乔布斯访问了施乐帕洛阿尔托研究中心。施乐公司的工程师给乔布斯展示了Alto的图形、鼠标、图标和视窗，乔布斯被迷上了。他迅速抓住了Alto使用简便的重要性，这对个人计算机将是多么有价值啊，但好几年了，同样的课件，帕洛阿尔托研究中心的工程师未能打动施乐公司管理层。乔布斯决定未来的苹果计算机应该有类似的功能，他雇用了在施乐公司曾经从事Alto工作的一位科学家拉里·特斯勒。采用Alto的图形花了几年时间才重新构建苹果计算机，但到20世纪80年代初，施乐公司已经做到了。"丽莎"是一型针对企业高管的相对昂贵的计算机，该型计算机第一次提供了鼠标和视窗系统，而这将成为苹果的标志。它于1983年发布。次年年初，"麦金塔"来了，一型售价相对便宜的机器，旨在吸引一批新的个人计算机用户。尽管为努力降低价格使"麦金塔"的内存很小，软件也很少，但第一型廉价、用户友好的个人计算机大受欢迎，一炮走红。后来，苹果公司为苹果Ⅱ提供了类似的功能。

苹果在开发"丽莎"和"麦金塔"计算机之时，也是在等待计算机产业 800 磅重的"大猩猩"——IBM 到来的时刻。二十多年来，IBM 一直在计算机行业占主导地位，鉴于个人计算机市场的增长规模，没有人怀疑，IBM 将很快会加入进来。

事实上，IBM 公司已经介入，但以一种笨拙到几乎没有人注意到的方式介入。1975 年，意识到个人计算机的发展前景后，IBM 发布了其第一型个人计算机 5100。然而，不同于"牵牛星"，5100 型"计算机"的特征远多于"个人"特征：这是一款功能齐全的机器，带有大容量的内存以及存储数据的磁带盒；它有一个复杂的操作系统，可以运行以 BASIC 或 APL 编写的程序，APL 是一种主要由科学家使用的编程语言。它重达 70 磅，价格数千美元。IBM 5100 型的目标客户是科学家，但公司没有对这个群体的销售经验，而该群体又刻意忽略 IBM 的供货，这些因素使 5100 型计算机成为一个重大失败的项目。

已经造出 5100 型的 IBM 研发团队无所畏惧，试图通过修改它来吸引商业市场。但新版 5110 型，并没有比 5100 型更具个人特征。售价 8000 美元，距离那些"牵牛星"太远了。也不足以激发 IBM 计算机推销员的热情。为什么要努力销售 5110，而价格是 10 倍的传统计算机可以毫不费力地出售？5110 型也以失败告终。

尽管经历了这些失败，IBM，特别是其董事长约翰·欧佩尔，仍然保持对个人计算机感兴趣，这个兴趣随着个人计算机行业稳定扩张而增强，所以在 1980 年，当佛罗里达州博卡雷顿 IBM 实验室主任威廉·劳，带着开发 IBM 个人计算机详细的提案接触公司的高级管理人员时，他很快得到了批准。IBM 将在博卡雷顿设立一个独立的业务单元，不受公司其余部分的压力，研发个人计算机。很快，威廉·劳用一年时间把 IBM 个人计算机推向市场。

因为苹果和其他公司已经定义个人计算机应该是什么样子的，加之 IBM 想快速开发自己的产品，IBM 个人计算机将会是一种不同于任何公司所提供的计算机。大部分的组件将不是由 IBM 本身而是由外部承包商制造。其操作系统——给计算机处理器下指令的语言由公司外部的某个人提供，个人计算机的软件也是这样。更重要的是，计算机会有一个"开放式架构"，其他公司可以设计、制造能在计算机上运行的组件。IBM 将通过零售店，而不是通过其庞大的内部销售人员出售其个人计算机。所有的这些都大幅偏离了 IBM 正常的营销模式。

IBM 个人计算机 1981 年 8 月 12 日发布，IBM 公司没有试图使其个人计算机成为最先进的产品。其微处理器，英特尔 8088 芯片，对个人计算机是一个很好的选择，它使 IBM 个人计算机比任何竞争对手都好或更好。但 IBM 可以选择更快、更强大的芯片。计算机使用盒式磁带录音机存储数据（尽管一个软盘驱动器可作为一个选项），打印机是爱普生的一个标准型，只是贴上了 IBM 标签。可用的软件包括 VisiCalc 和一款名为 EasyWriter 的文字处理器，这些最初都是为苹果公司开发的。IBM 计算机最令人吃惊的事情是没有任何惊喜——没有专用组件，这台机器由标准部件构成，并运行标准软件。

这就足够了。IBM 在计算机行业无可争辩的领导者的声誉给其个人计算机即时的可信度。一直在考虑购买一台个人计算机的人肯定至少会考虑 IBM 个人计算机。对于那些质疑个人计算机的价值，一直在想它们是否只是流行一时的玩具的人，IBM 个人计算机似乎证明了它们是重要和有用的。IBM 不会出售不靠谱的东西。

几乎一夜之间，IBM 个人计算机成为了个人计算机行业的标准。众多公司争相开发计算机组件及其外围设备。软件开发人员编写在其上运行的程序。

一些公司开始制造计算机——IBM 的克隆版，他们就这么叫的——运行类似于（IBM）个人计算机，兼容所有的硬件和软件。与此同时，许多助推发展个人计算机行业的开创性公司发现他们的销售资源枯竭了。除了几个公司，其他的都破产了。尘埃落定时，仍屹立在个人计算机行业中的只有两家仍真正影响个人计算机方向的公司：苹果和 IBM。

今天，这两家公司的两个标准定义着个人计算机。它们已经随着时间的推移，可能或多或少有些接近，而且极有可能在未来的某个时候完全合并，但他们仍然代表着个人计算机应该是什么样的两个差异很大的版本。苹果是大众计算机，即使对那些从未使用过计算机的人来说，它也具有吸引力和亲和力。然而，这种友好的外观背后的技术是非常先进的，其设计赢得了业界的赞誉和奖项。而IBM 个人计算机更务实，它是会计师的机器，而不是艺术家的机器，它的结构和组件可靠，但很少能激发灵感。

两类计算机之间的差异更多反映的是两家公司不同的业务发展环境。苹果起家于小型初创公司，其计算机是由计算机爱好者构造并为计算机爱好者服务的。"我们没有做多年的研究而提出这一概念"，乔布斯说，"我们做的是遵循自己的直觉，构建我们想要的一种计算机"。这是因为苹果公司是一个初创、单一产品的公司，保留了灵活性和青春的奔放。如果沃兹尼亚克和乔布斯一直为 IBM 工作，他们肯定不会创造出类似苹果计算机的任何东西。

从苹果和施乐公司是如何回应帕洛阿尔托研究中心的想法上，可以看出小型、新建公司与一家大型、运行中的公司有同样类型的差别。施乐公司为帕洛阿尔托研究中心的研究提供了资金，却不能欣赏它的价值。尽管施乐公司也在讨论开发未来办公系统等设想，但几乎不可能跳出自己看事物根深蒂固的方式，并预想全新产品。甚至帕洛阿尔托研究中心的科学家们陷入了惯性思维，习惯于考虑大型、昂贵的办公设备和系统，即使个人计算机革命正如火如荼地进行着，他们仍然继续关注有关计算机网络的事物。在苹果公司，一些人反对乔布斯从施乐公司回来后推动"丽莎"赋以 Alto 的特性，这时"丽莎"正在开发。但因为苹果公司还小，所以有足够的灵活性来改变方向，因为乔布斯的积极和坚定对苹果公司的选择产生了很大的影响，"丽莎"和后来的"麦金塔"和苹果Ⅱ都被赋以Alto 的特性。几年之后，因为苹果操作系统的流行，IBM 类型的计算机开始提供一个类似的操作系统，称为视窗。今天，视窗在个人计算机操作系统占统治地位，而它的祖先可以追溯到那些帕洛阿尔托研究中心的科学家，他们的公司不能欣赏他们所做的事，而史蒂夫·乔布斯能。

与苹果不同的是，IBM 决定参与个人计算机时已经是一家巨大的公司，公司原有的文化和关注将其个人计算机业务推向一个与苹果完全不同的方向。IBM 的客户都是商业人士——过去一直是，将来也会是。所以 IBM 对个人计算机的定义是一款重要的商业机器。苹果和其他公司将计算机的能力带给人们，并将它们的机器描述为流行的叛乱工具；IBM 是有些保守的，它的计算机反映了这一点。事实上，IBM 个人计算机发布前不久决定在计算机可选软件中加入一款游戏时，公司内外都为之瞩目。

但比 IBM 企业文化影响更大的是，公司决定在一个独立的业务部门研制个人计算机，该部门独立于 IBM 公司的其他部门之外。多年来，IBM 公司基于建立了许多的独立业务部门来开发和营销公司的新产品，真正的创新需要自由和灵活性的理论。虽然他们由 IBM 公司提供资助，而且团队由 IBM 公司员工组成，但独立业务部门几乎与公司没有关系。其发展方向在他们内部确定，IBM 只负责一般的监督管理，他们不受公司许多规则和政策的约束。

正是这种自由，使 IBM 个人计算机打破了 IBM 产品的很多一般性规则。只有这一个独立的业务部门可以在 IBM 之外寻找计算机硬件和软件或决定是否通过零售商店出售计算机。个人计算机选择开放式体系结构违背了 IBM 企业的一贯做法。几十年来，该公司坚持用专利和保密来保护设计，而现在，邀请其他企业制造可以添加到 IBM 个人计算机的各种组件，编写可在其中运行的软件——所有这些都无需许可证或授权。

不过，开发个人计算机的独立业务部门是 IBM 的一部分（也会受到公司需求和目标的限制），即使不受公司所有一般性的规则和政策的限制。正如行业观察人士詹姆斯·契波尔斯基和泰德·西斯指出的那样，IBM 新兴技术的标准战略是"直到产业中较小公司和普

遍抱有创业驱动的公司建立了一个市场时才开始涉足，这时，IBM
以威逼的方式进入，凭其卓越的声誉及其优越的人力和资源，以产
业中先驱玩家的极少代价，继续主导市场"。IBM 个人计算机的策略
将是：独立业务部门的目的是开发一型使 IBM 在个人计算机市场上
占据主导地位的产品。

　　鉴于这个目标和现有市场的局面，独立业务部门的工程师和其
他专家发现许多决定都已经有人替他们做了。例如，IBM 将不会试
图创建一型完全不同于那些已经投放到市场的计算机。相反，机器
将坚定地顺应个人计算机发展的潮流。它会有显示器、键盘和包装
处理单元的机箱。输出可以连接到一台单独的打印机，并且数据存
储和检索将使用录音机/播放器，选择一个软盘驱动器。IBM 个人计
算机将采用已经开发出来的最好事物，但它并不会去另辟蹊径。

　　因为个人计算机业务增长非常迅速，其他大公司都想分一杯羹，
IBM 给其独立的个人计算机业务部门一年的时间让其产品进入市场，
而更重要的是，设置约束去塑造 IBM 个人计算机。在一年内完成一
切，个人计算机团队必须在 IBM 以外的公司分包开发工作，并从货
架上购买计算机的许多组件，因此，IBM 的个人计算机主处理器芯
片是英特尔 8088，电源是天顶公司制造的，并配置了经脉公司的磁
盘驱动器和来自爱普生的打印机。软件也是承包出去的，采用微软
提供的基本操作系统 PC－DOS、编程语言 BASIC，以及其他公司提
供的商业软件和电子表格、文字处理程序。

　　开发周期短的最重要成果是给计算机一个开放式体系结构的决
策。这样，设计团队可以设计计算机的基本部分，然后，在软件开
发的同时开发其余硬件。这样做节省了时间，使个人计算机不到一
年就制造出来了，但它也会改变整个个人计算机行业的态势。当时，
苹果已经最接近行业的标准，但是它有一个封闭的体系结构。只有
苹果和苹果公司授权的企业可以制造苹果计算机组件、配件或编写
软件，这使苹果严格控制了其产品的方向。虽然其他公司以开放的
架构制造个人计算机，但它们通常不兼容，没有被接受为标准。

IBM 个人计算机的进入提供了一个对谁都开放的标准，所以使整个行业得以蓬勃发展。因为任何一个想法和一点资金就可以创造出可以在 IBM 个人计算机上运行的硬件或软件，以及很快就出现的 IBM 克隆产品。由此，个人计算机开始以比不使用 IBM 的方式更快的速度发展和改善。诚然，这种增长往往是偶然的，但是，IBM 开放其计算机对任何人都自由的市场彻底改变了世界。自那时起，计算机的计算能力和功能急剧大幅上升而成本下降更加明显。

就其本身而言，IBM 似乎要重新考虑开放式体系结构。是的，IBM 类计算机现在拥有超过 90% 的个人计算机市场，但 IBM 本身只有一小部分。事实上，IBM 甚至不再是 IBM 类计算机的主要销售商。1994 年，康柏计算机公司声称，其以世界各地的所有个人计算机销量的 10.1% 荣膺榜首。相比之下，IBM 只有 8.7%。进入个人计算机行业以来，IBM 提供了不是那么接近开放式的其他个人计算机类型，试图重新控制自己的产品，但是现在这个行业太大，太分散，任何一家公司，甚至是 IBM，对它都影响不大。

具有讽刺意味的是，个人计算机成功之后，IBM 最终决定不再使用独立业务部门来开发产品。如果 IBM 在 1980 年之前做出了这一决定，它可能永远不会开发出一款成功的个人计算机，而且几乎肯定它不会创造出一个开放式体系结构的个人计算机。在这种情况下，个人计算机革命肯定会慢得多。个人计算机的历史揭示了一种不同于我们已经在以上章节中看到的势头，其根源在商业世界。技术发展走这条路或那条路都是由技术开发、市场营销、购买和使用的公司推动的，公司越大，商业和组织因素对技术发展的影响就越大。

核能，作为一项复杂、昂贵的技术，需要大型组织来开发和运营，它比大多数企业更易于受这种商业势头的影响。这一点在被称为"伟大的潮流市场"期间尤为明显。

在 20 世纪 60 年代早期，核工业从业者发现该行业正处于一个关键时刻。核能显然能起作用——核电站已经为几个公用事业公司提供电力，但该技术尚未证明自己是一个商业产品。现有核电站对于燃煤发电厂没有经济竞争力，尽管核能成本下降，没有人知道，什么时候或甚至是否可能将成本控制到与煤电成本同一水平。在 20 世纪 50 年代核能似乎是很有前途的，现在看起来好像没什么特别的。但突然间，在短短几年内，大部分的电力行业攀上了核潮流。在 1966 年和 1967 年，公用事业电力公司预定的新工厂几乎一半是核电站。当时给出的理由纯粹是经济上的：公用事业公司说，核能现在是它们最便宜的发电选择。

然而，事情并不是那么简单。几年后，核电的成本估算被证明是乐观得无可救药，人们对行业决定朝核发展有了第二个看法。他们发现，历史上最大的转折点是，核能诞生并不是一些技术的突破，而是一些商业因素，其中最重要的是美国两个主要制造商之间在核反应堆方面的恶性竞争。

3.2 潮流

建设、销售，销售、建设，建设、建设、建设，销售、销售、销售。这就是在整个 20 世纪 50 年代和 20 世纪 60 年代弗吉尼亚电力动力公司（VEPCO）的工作方式。

弗吉尼亚电力动力公司似乎根本不可能犯错。覆盖大部分弗吉尼亚州，从华盛顿特区的郊区穿过该州首府里士满，进入北卡罗莱纳州，该公司正在不断地建立新的发电厂，但其电力供应勉强维持需求。弗吉尼亚电力动力公司服务面积的增长速度超过了国家的几乎所有企业，销售额证明了这一点。以千瓦时计的电力在 1959 年增长 12.9%，1960 年增长 7.2%，1961 年增长 9.2%，年复一年。公司高管们很快指出，这些不断增加的数字不仅是经济蓬勃发展的副产品。弗吉尼亚电力动力公司一直利用一系列积极活动让客户使用更多的电力来推动这种增长。

弗吉尼亚电力动力公司的顾问经常会见建筑师、工程师和业主并鼓励他们在办公室和其他商业建筑使用大量的电力：额外的灯光、空调、电热。然后是农业销售计划，"农场更好的电气化"。弗吉尼亚电力动力公司的代表与 4-H 和"美国未来农民"一起工作，教给国家对农业感兴趣的青年关于电机和其他设备的知识，他们前往各个农场说服农民认识现代电气设备的价值。但最大的推动力来自家庭。雷迪千瓦、电力行业吉祥物、有着闪电般的身体和电灯泡的鼻子，在电视和印刷品上向消费者保证，电力是一个友好、乐于助人的仆人。家庭经济学家带领人们参观电气化厨房，并给高中生和各种组织提供示范。年复一年，弗吉尼亚电力动力公司与经销商合作，推动电炉灶和其他电器，有时提供部分或全部安装费用。各种计划，特别是住宅计划已经达到了预期效果。从 1955 年到 1966 年，住宅年均用电量几乎翻了一番，从 3012 千瓦时到 5967 千瓦时，家庭销售量占弗吉尼亚电力动力公司电力收入的近一半。

鉴于电力需求量每年都创新高，该公用事业公司别无选择，只能不断添加新的发电能力。1959 年弗吉尼亚电力动力公司在朴茨茅斯电站开设了一家 170 兆瓦的煤电厂。在其大烟囱还没脏之前，公司已经开始在它的基础上增加一个 220 兆瓦的项目，预计在 1962 年投产。与此同时，弗吉尼亚电力动力公司还在其负鼠点燃煤电厂的基础上建造一个 220 兆瓦的电厂（一百兆瓦的电力足以满足今天约 25000 户家庭的需求，足以达到 20 世纪 60 年代大约两倍用户的需求，那时人均使用量少）。1963 年，该公司建成 200 兆瓦的水电站。第二年，一个新的 330 兆瓦单元在其切斯特菲尔德工厂投入使用。然后在 1965 年和 1966 年，弗吉尼亚电力动力公司将位于西弗吉尼亚州风暴山的两个巨大的 500 兆瓦的燃煤机组投入使用。该公司已在 10 年内增加近 3000 兆瓦的电力，而额外需要的容量正在加速。

对于弗吉尼亚电力动力公司，其股东，甚至其客户，生活是美好的。随着电力需求的上升，价格下降。20 世纪 50 年代到 60 年代中期，煤炭的成本下降，节约回馈给消费者。发电技术的改进以及较大发电厂的规模经济使成本进一步下降。因为弗吉尼亚电力动力公司的收入日益增长而成本下降，国家监管机构允许它稳步提取利润，这也意味着股东分红提升。公司管理工作是有益的，如果不是特别具有挑战性。需求预测很容易，只是假设每年增长 8% 或 9%。弗吉尼亚电力水力发电和燃煤电厂中使用的技术是成熟的，几乎没有什么意外。因为公司健康并稳步增长，融资安排相对简单，可以通过销售债券或发行新股票。公司里的人非常高兴，他们是"好人"：他们提供了一个重要的服务，帮助该地区增长和繁荣，他们几乎每年都降低价格。

在很大程度上，对于大多数美国电力公司，这些年也是如此。从 1945 年到 1965 年，公用事业的电力几乎翻了两番，而价格相比于其他燃料大幅下降。公用事业股票是安全的投资，提供一个不壮观但坚实的收益——例如，退休金的理想持股。行业作为一个整体是成熟的，甚至有点平庸，但它的道路是明确的：直接往前走。

然而，到了 20 世纪 60 年代中期，开始出现一些看似小问题的事情，对整个美国行业，特别是弗吉尼亚电力动力公司都是如此。随着发电厂的发电量增长到 500 兆瓦或 1000 兆瓦，其效率一直随着规模稳步增加，但却停止了改进。这些巨型工厂复杂，在高温和高压下运行，这些都使它们运行更加困难和昂贵。煤炭成本已下降如此之久并在底部徘徊，然后开始增长。对环境污染的日益担忧迫使公用事业公司为他们的工厂支付额外设备，这些设备对提高生产力没有任何帮助。

弗吉尼亚电力动力公司在其 1000 兆瓦风暴山发电厂体验到了未来。发电厂建在西弗吉尼亚州的煤矿区减少运输燃料的成本，而运输成本是燃煤电厂运营成本的主要部分。但这意味着电力必须输运给的客户，其中大部分在 100 英里之外或更远的地方。"用电线运煤"，该公司提出了一项 350 英里的高压输电线路回路的计划，从西弗吉尼亚到华盛顿特区，再到里士满，然后回到电厂。电压越高，电力传输损失越少，所以公司决定使用 50 万伏特，这将使其成为西方世界最高电压的传输系统，只有苏联的一些传输系统能与之相匹敌。承载输电线路的塔规模巨大，根据地形，高达100英尺到150英尺。由于建设成本约为每英里8万美元，所以该公用事业公司制定的线路系统尽可能笔直。这是一件自然的事情，但该公司很快就后悔了。

这条输电线路将直接穿过华盛顿西部一些美丽、未遭破坏的弗吉尼亚州的乡村，那里是该地区很多最富有人的家园。那里分布着数以百计的大型农场和地产。许多人有马厩和心爱的马，这时在城里穿着长马靴或者短马靴的人们并不鲜见。有时他们刚猎狐回来，传统在这仍然存在。

所以当其计划遇到阻力，也许弗吉尼亚电力公司不该感到意外。克拉克县的居民承诺花费10万美元来对抗电力线，而邻近福基尔县和劳顿县的200名业主签署了一份反对电力线的声明。两个本地人写了反对电力线的歌，并在曾负责决定是否批准拟议中的线路的国有企业委员会的一次会议上演唱（以《老烟》的曲调："不要给我，不需要电力线/穿过我的生活/不要给我，不需要电力线/不担心，没有冲突/将你的高塔/离开我的土地/不要砍我的橡树/请让它们站着"）。最终，弗吉尼亚电力公司不得不绕开顽固的县，使线路尽可能呆在西弗吉尼亚州，甚至一部分线路跳进了马里兰。结果，计划350英里的线路变成了390英里（每英里线路8万美元），花掉了公司额外的300万美元。

"电线运煤"系统也有其技术上的困难。风暴山电站第一单元1965年上线，但直到次年才满工况运行。不是由于电站本身的问题，而是当时传输系统的技术水平让它如此缓慢，因为一系列的设备问题限制了它可以携带多少电力。这次为其客户提供廉价电力的雄心勃勃的尝试，让弗吉尼亚电力动力公司尝到了技术挫折和公众不满的苦果，但这并不会是最后一次。

到20世纪60年代中期，公用事业的管理部门一直在考虑新能源。适合水力发电厂的场所越来越稀缺，煤炭价格小幅上升，且有未来进一步增加的趋势。1964年，该公司宣布将建设一座不同的发电厂：一座 510 兆瓦的抽水蓄能水电站可能在需求低的时期"贮存"电力，在需求高峰时提供电力供使用。电站将包括一系列的水库。当需求很低，弗吉尼亚电力动力公司的一些多余电力将用于抽水上山，这样，在需要的时候，它可以开闸放水流过涡轮机，如同一个正常的水电站一样发电。尽管这是一个相对低效的发电方式，但比建立一座在高峰时段使用的新发电厂便宜。

抽水蓄能电厂将有助于满足峰值负载，但弗吉尼亚电力动力公司也不得不面对日益增长的"底线载荷"——公用事业公司必须提供日夜不停的载荷。底线载荷电厂是公用事业公司的工作马匹，每天发电 18 小时、20 小时甚至 24 小时。为了最省钱，底线载荷电厂包括燃料和维护费用的日常运行成本必须低。建设成本不是很重要，因为它们可以分摊到发电厂几乎不间断发电 30 年到 50 年的寿命时间。例如，燃煤电厂通常是一个底线载荷电厂，因为煤炭相对便宜，随着电厂发电量每增加一个千瓦时，平均发电成本下降。相比之下，峰值负载电厂，应该建设便宜，但使用昂贵，因为它们每天只工作几个小时，每小时的成本没有投资重要。

1965 年左右，弗吉尼亚电力动力公司的高管开始认真考虑核能。这在几年前是不可能的，因为它的成本数倍于煤电。但从 1963 年开始，核电站看起来具有价格竞争力，特别是煤炭价格上升时，每个人都希望铀燃料价格将会下降。

1966 年 6 月 14 日，弗吉尼亚电力动力公司董事长阿尔弗雷德·H. 麦克道尔在里士满金融分析师协会的会议上发表了情况分析报告。公司已经偏向于核选项一段时间了，麦克道尔说，核能和煤炭之间的选择似乎归结于价格，而煤炭失去了优势。"如果价格（煤炭）从源头上继续上涨"，他说，"如果铁路不能以新的和可见的更经济方式运输燃料，毫无疑问，到 2000 年，我国使用核燃料的电力公司将占一半"。随着核技术的进步，他补充说，核电站的价格接近一座燃煤电厂——核电站成本在每千瓦 105 美元到 110 美元之间，而煤电厂成本在 90 美元到 95 美元之间，一旦运输成本考虑在内，核燃料比煤炭便宜。

麦克道尔没有告诉金融分析师的是弗吉尼亚电力动力公司已经做出了决定。仅仅 11 天之后，该公司宣布将在詹姆斯河沿岸建造约 750 兆瓦的核电站。其位于人烟稀少的萨里县，紧靠一个水鸟保护区，距离纽波特纽斯船厂上游只有几英里。纽波特纽斯是企业号、世界上第一艘核动力航空母舰以及其他一些核动力船只的发源地。

该选择主要基于经济学理由，公司官员说。弗吉尼亚电力动力公司的煤炭成本为每百万英热单位（英制热量单位，所产生的热量）28 美分，而核燃料运行成本为每百万英热单位约 15 美分。该公司风暴山电站井口工厂，煤炭成本每百万英热单位只有 14 美分，而运输成本可以忽略不计，但随后弗吉尼亚电力动力公司不得不担心输电的高压线路——它被证明了是增加费用和管理成本的头痛的事物。在权衡核能和煤炭时，麦克道尔告诉记者，该公司已询问了铁路运煤是否能找到更便宜的方式。但在今年早些时候，铁路已经将运送煤炭的价格每吨削减了 80 美分，他们不愿意进一步做重大让步。"他们提供的太少了"，他说，"这很难改变我们的经济评估结果"。考虑所有事情之后，弗吉尼亚电力动力公司认为通过建设核电站，而不是使用煤炭，每年将节省约 300 万美元。

在决策上，其他一些因素发挥了作用。有些人担心取自詹姆士河的核电站冷却水，变热后返回会损害当地的牡蛎产业，但国家海洋经济产业的领导人似乎对此并不担心，所以弗吉尼亚电力动力公司也是如此。当然，总有来自不想住在核电站隔壁的当地人们反对的可能性，但该公司认为它可以尽可能帮助减少这种担忧。18 个月里，弗吉尼亚电力动力公司一直在派演讲者与当地民间组织会晤，谈论和平利用原子能的问题。弗吉尼亚电力动力公司选择萨里县作为场地是深思熟虑的，该县人烟稀少，只有 6200 名居民，大部分都是农民，黑人占 65％。它唯一的产业是一家锯木厂，该县没有图书馆、电影院、干洗店、理发店、美容院，只有一位医生，没有牙医。高科技承租户核电站会支付高额税收，将非常受欢迎。"即使我们在整个世界选择，也找不到比萨里县更好的产业"，县监事会主席和锯木厂的所有者 W. E. 小苏华德说。

从表面上看，这似乎是一个深思熟虑的结果，甚至是保守的决定。全国许多公用事业公司已经选择了核技术，所以该技术似乎被广为接受。而弗吉尼亚电力动力公司在作出重大投资之前，已经作出了很大的努力去了解核电。与其他三个公用事业公司合作，利用原子能委员会反应堆示范项目之一——在南卡罗来纳州帕尔建成的重水反应堆，该反应堆 1962 年开始运营，运行了好几年。最重要的是，成本估算似乎向弗吉尼亚电力动力公司的客户保证，核电站是最佳选择，因为弗吉尼亚电力动力公司是国有垄断企业，这些客户将根据该公司的发电成本支付费用。

但是有很多因素在暗中起作用，这些因素使弗吉尼亚电力动力公司和其他公用事业倾向投资核技术。这虽然没有在公司新核电站的新闻稿上讨论，但它们确实这么选择了。

其中一个因素是政府不断对公用事业公司施压，要求他们采用核能。1954 年原子能法案允许私人公司拥有核反应堆，并可以从原子能委员会获得以前核能的机密信息，甚至可以自己进行研究并获得创新专利。国会认为这些优惠条件，连同从原子能委员会获得资金支持，足以说服私营部门奔向核能。

但是国会不太有耐心。该法案通过后不久，原子能委员会宣布其电力反应堆示范项目，将委员会和电力公司之间确定为伙伴关系。公司将要建造的反应堆，原子能委员会将取消其使用核燃料的收费，为反应堆的一些研究和开发提供资金，并为公司自己进行的研究提供经费支持。在计划开始的三个月内，原子能委员会就收到了三座反应堆的提案，最终这三座核电站都建成了。洋基原子电力公司、新英格兰公用事业公司组成的财团，在马萨诸塞州的罗建造了一座压水堆，与在航运港的相似，但更大——167 兆瓦而不是 60 兆瓦。它在 1961 年建成。内布拉斯加的哥伦布消费者公共权力公司提出在内布拉斯加州的哈勒姆附近建设 75 兆瓦钠-石墨反应堆，并在 1963

年完成。底特律爱迪生公司在密歇根州的梦露建造了一座 100 兆瓦的快中子增殖反应堆，1964 年并网发电。

在该法案的鼓舞下，两家巨大的公用事业公司决定在没有原子能委员会补贴的情况下建设核电站。联邦爱迪生公司与通用电气公司签约，采用沸水反应堆，在伊利诺斯州的德累斯顿建造一座 180 兆瓦的电厂。纽约联合爱迪生公司在印第安点的核电站从巴威公司购买了一座 163 兆瓦的压水堆。

不过，联合委员会和其他的国会议员觉得民用核能在 1956 年上半年进展太慢了，显然，将赢得民用核电生产竞赛的是英国而不是美国。英国在考尔德霍尔，采用气冷、石墨慢化反应堆会在 1956 年 10 月 17 日发电并网，比航运港提前 13 个半月。更令人担忧的是，在核电竞赛上，苏联也能跑在美国的前面。

1956 年 6 月，参议员艾伯特·戈尔和众议员切特·霍利菲尔德提出一项旨在加速美国在核能方面努力的法案。该法案将要求原子能委员会设计建造大型核电站为钚和铀的生产场地提供电力，而不是从附近的公用事业公司购买电力。因为行业建设商业电厂不够迅速，戈尔和霍利菲尔德希望联邦政府采取主动。但是他们的法案重新开启了公共和私人权力争论，这个争论第一次开始于建设国有田纳西流域管理局（TVA）电力供应系统。国会中的共和党人强烈反对政府拥有公用事业或其他任何行业的所有权，他们将原子能委员会进入发电领域看作是电力国有化的一个步骤。在此基础上，共和党人与一些民主党人结盟，在众议院击败了已在参议院轻易通过的戈尔-霍利菲尔德法案。

然而，共和党人致力于核能的热情不亚于民主党人。他们只是想以不同的方式鼓励它。共和党人提出鼓励更多私营企业建造核电站以代替联邦项目建设和运营核反应堆。1956 年的《商业周刊》上是这么写的："民用核能一定会在即将召开的国会辩论中受益。基本问题是，哪一方能为原子工业做得更多呢？"戈尔-霍利菲尔德法案失败后，共和党人小心翼翼地表示他们所想的在正确的方向上：艾森豪威尔任命的原子能委员会负责人刘易斯·施特劳斯，宣布了一项支持私人发展核能的 1.6 亿美元的计划。

新生的核工业企业对这很赞赏，但它们告诉国会，这是不够的。像一个拥有一辆红色的克尔维特牌汽车的 10 来岁的司机，很难获得足够的责任保险。保险公司将为一家工厂提供不超过 6500 万美元的赔付额度，但是潜在的责任要大得多。根据 1957 年原子能委员会的一项安全性研究，一座大型反应堆发生严重事故可能造成成千上万人死亡，并导致数十亿美元的财产损失。即使这种事故的几率非常小，如果没有足够的保险，公用事业公司不会愿意冒破产的危险去建造一座核电站。作为回应，国会通过了 1957 年普赖斯-安德森法案，要求核电站运营商购买尽可能多的责任保险，但让政府支付该数额以上的赔偿，上限是 5.6 亿美元。实际上，联邦政府提供 5 亿美元的免费补充保险给建造在国内的任何核电站的所有者。此外，该法案限制损失的数额，将任何单个核事故赔偿限制在 5.6 亿美元之内。如果确实发生一场造成数十亿美元损失的重大事故，那只能归咎于受害者运气不佳。

所以国会采用"胡萝卜加大棒"的方法，试图推动公用事业行业负重踏上核电未来之路。如果各种激励和补贴对这项工作都不起作用，就会有重新通过戈尔-霍利菲尔德法案或类似法案的威胁，这将扩大联邦政府在商业发电行业的存在。创建一个或多个核电的田纳西流域管理局，这是公用事业公司的高管不愿意看到的。

然而，在很大程度上，国会上朝它想要的方向推动公用事业行业。电力行业的高管们过去是，并在很大程度上现在仍然是（核）技术爱好者。他们对技术及其让世界变得更美好的潜力有极大的信心，这可以在弗吉尼亚电力动力公司 1962 年度的报告看到。封面是弗吉尼亚电力动力公司和其他公用事业建造的三座实验核电站。前景中是一个 10 岁左右的男孩，微笑着看着带有反应堆的球形安全壳的工厂。封面上写着：

一个弗吉尼亚电力动力公司的股东检查东南的第一座

核电站……

在他有生之年，这些项目会远远超出实验阶段。他认
为发展原子能是理所当然的。在他的有生之年，美国需要
的电力量在今天看来似乎令人难以置信。

这些需求能得到满足吗？一切都在路上。核电站只是弗吉尼亚
电力动力公司展望未来并建造满足未来政策需要的一个例子。

从这里开始，这份报告继续描述风暴山井口电站的建设、供电
高压线路和一个新的水电项目。它总结道：

列表很长。无论什么时候，只要我们年轻的股东穿越
整个弗吉尼亚电力动力公司系统，他将发现弗吉尼亚电力
动力公司积极的未来计划的新证据。通过富有远见的规划、
影响广泛的研究，以及持续的建设和开发，弗吉尼亚电力
动力公司正在保证未来几代人的电力。

简而言之，公用事业公司的高管们倾向于认为自己是有远见的
人，总是通过技术来寻找方法去改善用户的生活。他们认为，没有
什么办法比建设核电站来确保几乎无限的廉价电力供应更好。只有
一个问题：核能并不便宜。20世纪60年代初，即使是最乐观的成本
估计，核电也比燃烧煤炭发电更昂贵。大多数人认为，这些成本最
终会下降到足以让核能成为显而易见的选择，但要到什么时候还不
好说。

技术热情和政府压力的组合足以说服一些公用事业投资核能，
即使它们知道自己会赔钱。当迪凯纳光匹兹堡公司成功收购航运港
反应堆时，它愿意支付原子能委员会的费用，远远超过该公司通过
出售电力将从电厂获得的收益，但迪凯纳的管理层认为，核时代起
步阶段数百万美元的损失是值得的。类似的动机推动了弗吉尼亚电
力动力公司在南卡罗来纳州建造实验反应堆。弗吉尼亚电力动力公
司及其三个伙伴将耗资2000万美元建设核电站，并另外投资900万
美元来运营核电站5年（原子能委员会在研究和开发中至多投入

1500 万美元，但没有建设或运营费用）。弗吉尼亚电力动力公司认为，这是获取运营核反应堆经验的合理成本。

许多其他公司在 20 世纪 50 年代末和 60 年代初效仿。明尼阿波利斯北部国家电力公司在南达科塔的苏福尔斯建造了一座 62 兆瓦的沸水反应堆；密歇根州的杰克逊消费者电力公司在密歇根州大石建造了一座 50 兆瓦的沸水反应堆；费城电力公司在宾夕法尼亚州的桃花谷建造了一座 45 兆瓦的石墨慢化气冷堆。南加州爱迪生公司宣布了一项雄心勃勃的计划，将在加利福尼亚的彭德尔顿建造一座 370 兆瓦的压水堆，发电厂比现在或当时计划的要大好几倍。这些公司都是电力公司的冒险者和开拓者。它们相信核能的潜力，以致他们对在将来有更大回报的期望下宁愿现在赔钱。

然而，这个信念只能将核能推动到目前这么远，在 20 世纪 60 年代初似乎已经达到了极限。一些公用事业公司决定在原子能委员会的帮助下建造核反应堆，并自己做一些，但建造的所有反应堆几乎都是小型反应堆原型。与此同时，大量的公用事业行业保持观望态度，等待更高的确定性。

纽约大学社会学家詹姆斯·贾斯珀把这种情况解释为公用事业公司主流中两类人之间的对峙：技术爱好者和贾斯珀命名的"成本效益者"。在 20 世纪 50 年代末和 60 年代初，只是没有足够的信息说何时，或说核电力是否对美国和其他国家的电力公司是重要的。贾斯珀指出："在没有明确数据的情况下，每个人都必须依靠直觉通过世界观过滤大量信息"："技术爱好者的直觉告诉他们，核能发电将是重要的，也许甚至是革命性的进步，因此有进取心的公用事业公司应该搭上这趟车。"另一方面，成本效益者将其作为一种经济分析，以寻找分配资源最有效的方式为前提达成核决策。如果效益没有增加，核选项便没有意义。没有任何一方能影响另一方。技术爱好者认为成本效益者过分谨慎：成本效益者不愿意相信核能的价值，他们想要一些数字。

僵局被一种出人意料的方式打破了。1963 年 12 月，公用事业行业的成本效益者得到了他们一直想要的数字，泽西中央电力与照明公司宣布与通用电气签署一份合同，在大西洋城以北 40 英里的奥伊斯特河建造一座 515 兆瓦的核电站，只需 600 万美元，通用电气将提供核反应堆、蒸汽发生器和其他设备、厂房、土地、员工培训、许可费用。计算得出了惊人的每千瓦 132 美元的结果，只比类似规模燃煤电厂的建设成本多一点。当燃料和运营成本考虑在内时，该公用事业公司计算出生产一千瓦时的核电成本低于一千瓦时煤电成本 4.5 米尔斯（0.45 美分）。最重要的是，通用电气保证整个工厂的价格。泽西中央公司就不必担心成本超支或不可预见的费用。

　　这似乎好得令人难以置信，公用事业行业评价新形势需要一段时间。这是核技术正在突破，还是一厢情愿的想法？为了消除猜测，泽西中央公司走出了史无前例的一步，将公开其对在同一位置核电站、煤电厂，以及在宾夕法尼亚煤田的井口电厂进行比较的财务分析。在发表声明一个月后研究报告公布于众，该报告针对核电站运营特点进行了各种各样的假设，但根据核电站早些时候的绩效似乎没有什么不合理的。无论采用哪些假设，公司认为，在同一位置下，核电站比燃煤电厂更经济；只有在核电站比该公司预期的绩效更差的情况下，井口电厂在某些情况下可能会比较便宜。总而言之，核似乎是最好的选择。

　　甚至菲利普·斯伯恩也被说服了。原子能联合委员会要求这位美国电力公司的前董事长评估泽西中央公司的报告。斯伯恩，煤炭老人，曾经是公用事业行业中公开批评核能支持者过于乐观的为数不多的几个人之一，前一年他还在对原子能委员会称发现核能在"经济竞争力的门槛"的报告泼冷水，斯伯恩通读了泽西中央公司提供的一些数据，并替换了一些他认为是不符合实际的数据，但他的结论与公用事业公司没有多少差别。核电力不会如同公司声称的那么廉价，但它在全国许多地方仍将比煤电便宜。

　　然后，为了配合这种形势，通用电气公司在 1964 年 9 月发布了一份"价格表"。感兴趣的公用事业公司可以以 1500 万美元或每千瓦 300 美元收购一座 50 兆瓦的核电站。这并不廉价，发电成本大约是 10.4 米尔斯/千瓦时，但通用电气说，通过购买更大的发电厂，公用事业公司可以得到非常便宜的核电。一座 300 兆瓦的发电厂的成本只有每千瓦 152 美元，估计每千瓦时 5.2 米尔斯。一座 600 兆瓦的发电厂，也就是奥伊斯特河核电站的规模，建设成本将为每千瓦 117 美元，发电厂运营成本每千瓦时 4.2 米尔斯。真正雄心勃勃的是，通用电气将建造一座 1000 兆瓦的发电厂（比该公司实际上建造过的大 5 倍），每千瓦仅 103 美元，发电成本为每千瓦时 3.8 米尔斯。

这些数字使公用事业公司迅速转移到考虑核能，特别是当西屋电气公司开始对其核反应堆开出类似的交易时。现在成本效益者计算出核电是比建造更多的燃煤电厂更高效的投资，这样，对于是否奔向核能，他们与技术乐观主义者达成了一致。结果是菲利普·斯伯恩后来称之为"伟大的潮流市场"：1964 年没有核电站订单，那时，行业争论泽西中央公司和通用的说法，但在 1965 年，美国公用事业公司签订了 8 座核反应堆合同。然后在 1966—1967 年，公用事业公司订购了另外的 48 座核电站，相当于订购了美国近半数的发电容量。

无论技术爱好者还是成本效益者询问最多的是，1963 年发生了什么突然使通用电气建设核电站比过去便宜得多。成本效益者把这样的技术问题交给了工程师，而技术爱好者将其归因于技术进步的正常过程。然而，实际上，奥伊斯特河核电站价格的突破与通用电气工程师的技术进步关系甚微，而这一切出于通用电气公司与西屋之间将要展开的竞争。

3.3　引领者的缺失

通用电气公司和西屋电气公司之间的竞争可以追溯到一百年前，其创始人托马斯·爱迪生和乔治·威斯汀豪斯之间的冲突。多年来，这两家公司已经卖出了很多相同的产品，从商业发电机和电机到灯泡和冰箱。两者之间西屋电气公司一直是规模较小的，但随着 20 世纪 60 年代的来临，西屋电气公司不打算接受新兴核能市场老二的地位。

两家公司在早期都参与了海军反应堆项目。西屋电气公司为"鹦鹉螺号"建造了压水堆，通用电气公司为"海狼号"建造了液态金属反应堆。因为黎克柯的决策选择了压水堆，西屋电气公司在海军建设核反应堆上不仅早早领先于通用电气公司，在发展核能的民用市场上也占有先机。西屋电气公司为航运港建造反应堆，甚至在电厂开始施工之前，该公司已同意为洋基原子提供在马萨诸塞州罗的核电站反应堆。1960 年，该公司宣布与南加州爱迪生公司签订合同，在彭德尔顿建造一座 370 兆瓦的巨型核电站。

但通用电气公司也没有落后太多，它将压水堆留给西屋电气公司，把赌注压在沸水堆的设计上，在该设计中，水冷却剂允许沸腾。这有简单的优势：不像连接到蒸汽发生器有两套管路系统，沸水反应堆只有一套——从反应堆堆芯到汽轮机，通过冷凝器回到堆芯的回路。此外，沸水反应堆没有蒸汽发生器，而蒸汽发生器是棘手的组件，是恒压压水反应堆的麻烦根源。沸水反应堆的负面因素是，单回路的水和蒸汽是放射性的，所以工作人员做保养和维修涡轮机时必须得到保护。此外，如果蒸汽管断裂，问题将比在压水堆核电站更严重。在西屋洋基-罗合同落地大约同一时间，通用电气公司同意为英联邦爱迪生公司的德累斯顿电厂提供 180 兆瓦的沸水反应堆。几年后，太平洋煤气电力为将要建在酒窖湾的设施选择了通用电气公司的 325 兆瓦的沸水反应堆。

在 20 世纪 50 年代末和 60 年代初，许多其他公司——北美航空、燃烧工程、巴布科克 & 威尔科克斯、ACF 工业、阿利斯-查默斯——尝试了核反应堆业务。这些公司中，只有巴布科克 & 威尔科克斯号称拥有一个与通用电气和西屋电气公司匹敌的项目——联合爱迪生公司的印第安角核电站 163 兆瓦的压水堆。这给了巴布科克

& 威尔科克斯核电排名第三的好名声,但每个人都知道,第一和第二是预留给通用电气和西屋电气的。两个老对手位于行业主导地位,是因为它们的规模、在电气设备中的背景、在海军计划的经验,尤其是它们对核能的信念。

"原子是未来的能源,而能源是通用电气公司的业务",通用电气公司董事长拉尔夫·科迪纳 1959 年 1 月说,而且他就是这样认为的。公司拥有 14000 名员工从事多个原子能项目,可能拥有 15 亿美元的政府原子合同和另外 1 亿美元的私人交易。它在核能上花了 2000 万美元的自有资金,其中包括建设德累斯顿电厂的 400 万美元。通用电气公司仅在德累斯顿的交易就将损失 1500 万美元到 2000 万美元,但将这笔钱计作研发费用。西屋电气公司没有花那么多的自有资金,但在核能中获得了更多的合同。它只是致力于核电——资金上和心理上与通用电气公司是一样的。

这一承诺发自几个源头。两家公司在发电领域一直都是领头羊,所以它们把转向核能看作是合乎逻辑的下一步。通过建设核潜艇反应堆,都掌握了这项贸易,而两者都想并将其军事技术的经验变成其商业领域的优势。这一切的背后,是这两家公司的政策都由技术乐观主义制订,他们坚信核能总有一天会是一项重大的技术。这是一个信念的根源,不在于任何财务分析,而在于人类和进步的基本信仰。通用电气公司的科迪纳是这样说的:"文明是由不安分的人,而不是由那些对现有事物满意的人推动前进的。"发展核能不仅仅是一份工作。这是一个使命,一个注定的命运。

当两家公司进入 20 世纪 60 年代时,似乎离它们梦想的时代非常近了。由于公司在设计和建造核电站过程中获得了经验,核电的成本下降。他们认为,如果经过少量的实践,至少在这个国家煤炭昂贵的一些地方,就有可能建造能与煤炭匹敌的核电站。

这是一个关键时刻。通用电气公司和西屋电气公司认识到,早期一个小优势可能会继续发展成后来的主导地位。如果两者之一能赢得一些反应堆订单,建造这些设施的经验可以用来进一步降低成本，从而获取更多的订单，进而获得更多的经验，进一步提高公司的优势，直到大幅领先于竞争对手。

事实上，西屋电气公司似乎突然准备好了抓住先机，取得领先地位。巧合的是，1962 年 12 月和 1963 年 1 月，西屋电气公司有 4 份主要反应堆合同几乎同时出现，其中之一是南加州爱迪生公司位于圣奥诺弗雷的 395 兆瓦反应堆，实际上在 1960 年已经宣布，但它花了两年半的时间协商租赁海军陆战队在彭德尔顿营地的土地。第二个订单是一座巨大的 1000 兆瓦反应堆，统一爱迪生电力公司想置于曼哈顿东河对面。由于纽约城市居民担心反应堆事故，该项目最终被否决。第三个是洛杉矶水力公司订购的位于马里布海滩的一座490 兆瓦的发电厂，后来取消了，因为担心不活跃的地震断层。第四是唯一新订购的，将实际建设康涅狄格州洋基原子能公司一座 500 兆瓦的发电厂。回想起来，似乎不像是西屋电气公司垄断市场，但那时通用电气公司是这么看的。

此外，通用电气公司担心欧洲的竞争对手可能会分割它的市场。法国和英国开发了一种完全不同的技术——气冷反应堆，其长期潜力被广泛视为大于西屋公司和通用电气公司的轻水反应堆。在英国，"先进气冷堆"在温茨凯尔刚刚开始运营。如果这座电厂使英国取得大幅领先的地位，通用电气公司可能永远会望尘莫及。

"那时，我们就像阳光下的一块黄油。"通用电气公司规划副总裁约翰·麦基特里克在 1970 年的一次采访中回忆道，"如果我们不能得到公用事业行业的订单，时钟每嘀嗒一下，技术都在向前发展，以致一些竞争性技术的发展，将超越我们自己的经济可行性。我们的人理解这是一个大规模股权的游戏，所以，如果我们不能迫使公用事业行业把那些电站付之应用，最终我们将一无所有"。

所以，通用电气公司做了一个大胆的、深思熟虑但充满风险的决定。它将以固定价格为一家公用事业公司提供建设好的整座核电站。这样一个合同，不同于任何公用事业行业之前见过的合同，后来被称为"交钥匙工程"。启动这样一座工厂，确定场地后，公用事业公司所有要做的就是走进去，交接钥匙。交钥匙的方式是为了在许多方面吸引公用事业行业精心设计的。当时，发电厂建设的标准行业惯例是成本加佣金，公用事业公司负责任何超支，但通用电气公司同意支付交钥匙工厂的任何成本超支。此外，很少有电力公司了解关于建设一座核电站的任何事情。通用电气公司的供应方式免去了它们不得不学习的环节。但交钥匙合同不成则败的特点是价格。通用电气公司认为如果他们能够以与煤炭有竞争力的价格提供一座核电站，它就可以抢在西屋电气公司之前很快卖掉几个。但真的能以这样的价格建厂吗？

当时通用电气公司没有人知道原子能委员会提供的关于核电的成本，而反应堆制造商所知晓的不超过任何一个有根据的猜测。实际建造核电站的经验很少，德累斯顿单元，1960 年投产；洋基罗，1961 年投产，是仅有的已完成的超过 100 兆瓦核电站。400 兆瓦或 500 兆瓦核电站成本是多少呢？这没办法回答。成本估计取决于大量的主观因素，比如在建造大型核电站时，规模经济是何等重要。

这个行业的每一个人都知道，更大的发电厂效率更高、单位成本更低。从化学炼油厂到燃煤电厂的其他类型工厂都是如此，所以这样预期核电站是有充分理由的。例如，500 兆瓦电厂不需要比 250 兆瓦电厂大得多的场地，所以占地比例——以每兆瓦英亩，或一些其他这样的单位衡量将是较大的工厂更低。500 兆瓦反应堆配套的容器不会比 250 兆瓦反应堆的容器昂贵太多。对两个规模的工厂来说，仪表和控制、运营所需的人数差别也不会很大。当然，建造更大的工厂会带来某些问题。工厂的规模扩大一倍是不可能仅仅通过加倍一切东西来完成的，例如，将反应堆堆芯燃料元件数量加大到两倍，所以扩大工厂需要许多额外的设计工作。传统观点认为，建造大型工厂所节省的成本将超过额外的支出，但没有实际建造过各种规模的核电站，是不可能预测出要增加多少的。

除了规模经济，通用电气公司和其他反应堆制造商也认为，核电站的成本将随着建设数量的增多而下降。设计成本可以分摊到多家工厂，从早期的工厂获得的实践经验会使其建设得更快更有效。但是，直到工厂建好，节约的实际数量仅仅只是猜测。

这些不确定性给通用电气公司管理层留下了足够的回旋余地，所以面临西屋电气公司日益扩大的领先地位的威胁，通用电气公司做出了非常乐观的成本估计，这会在后面看到。通用电气公司认为，如果能够得到以低于煤电厂的6800万美元的价格建设奥伊斯特河核电站不会损失太大。此外，该公司认为，如果能卖掉两家与奥伊斯特河核电站一样的工厂并分摊设计成本，将会打破亏损或者得到一些利润。

一旦通用电气公司确定使用评估奥伊斯特河核电站成本的假设，这些假设成了所有其他成本计算的基线。奥伊斯特河核电站发布9个月后，通用电气公司公布了各种规模的交钥匙工厂的价格表，价格计算的依据是，奥伊斯特河核电站建设采用的对规模经济和成本价格的同一猜测。但奥伊斯特河核电站的假设很轻松地在通用电气公司通过了。原子能委员会、联合委员会、大部分的核工业和几乎所有的媒体不加甄别地接受了这些数据，甚至怀疑论者菲利普·斯伯恩，吞下了通用电气公司的基本假设的估计表示怀疑——如同对建设这类工厂基本上没有经验的成本预测能力，有异议的亦只有一些细节。不到两年前，斯伯恩计算出核能成本应该每千瓦时7.2米尔斯。核对奥伊斯特河核电站数字之后，弱化了一些更为乐观的假设，他计算出该工厂的发电成本每千瓦时4.34米尔斯。

回想起来，关于奥伊斯特河核电站几乎有一些超现实主义的论点。真的如同泽西中央报告声称的那样，核电站会以每千瓦时3.68米尔斯或者能够以斯伯恩说的每千瓦时4.34米尔斯发电30多年吗？没有人建设过超过奥伊斯特河核电站规模三分之一的核电站，更没有超过30年的运营经验（当时航运港运营接近7年）。然而，认真的人计算成本时精确到小数点后两位，那时他们在想些什么呢？

橡树岭国家实验室主任阿尔文·温伯格提供了一个答案。在他的回忆录《第一核时代：技术定型的生活和时代》中，他回忆起被核热情淹没的情形：

> 我很难向读者传递通用电气公司在经济上的突破对我
> 们心理的巨大影响。我们创造了这个新能源，这一可怕的
> 武器：我们曾希望它能成为一个福音，而不是一种负担。
> 但经济的能源——能证明我们希望的一些事情——这看上
> 去不太可能……我个人认为核能要取得商业上的成功就必
> 须等待增殖反应堆的发展。通往经济核能居然还有更直接、
> 更容易的道路，所以我很惊讶，通用电气公司的价格表就
> 证明了这一点。因为我们都愿意去相信我们的炸弹衍生的
> 技术确实能给人类提供实用、廉价和用之不竭的能源，我
> 们更愿意接受通用电气公司的价格表。

之后，橡树岭国家实验室的工程师做出自己的计算——在计算
中以大型规模经济为模型，其结果非常接近通用电气公司展示的数
字。因此，在某种程度上，温伯格和橡树岭的同事成为轻水反应堆
电厂的最大啦啦队，告诉那些愿意聆听的人们，廉价核能已经到来。

同时，西屋电气公司也许是唯一具有专业知识和经验的组织，
他们很快认识到通用电气公司的数字是在赌博，发现自己陷入了困
境。虽然怀疑通用电气公司在这种交易中的获利能力，但西屋电气
公司除了跟上步伐之外别无选择。"在那些日子里，竞争是相当绝望
的"，西屋执行副总裁查尔斯·韦弗说，"为了竞争，我们不得不走
并不一定可取的路线，但我们能在其基础上站起来"。就像通用电气
公司，西屋电气公司开出了整个核电站为单一的保障性价格的报价，
该价格能够与通用电气公司竞争。之后，巴威公司和燃烧工程公司
也给出了类似的报价。

短短几年之后，就显现出来当初反应堆制造商严重误判的程
度——扭曲了建造核电站的真正成本。平均来说，在 20 世纪 60 年
代中后期订购的核电站，其成本是估计值的两倍。通用电气公司和
西屋电气公司很快意识到发生了什么，从 1966 年开始不再提供交钥
匙合同，但是那时他们已经同意了以固定价格建设十几座核电站。

尽管这两家公司从来没有公布确切的数据，但分析师估计，在这十几个工厂上，通用电气公司和西屋电气公司一共损失了 10 亿美元。

毫不奇怪，公司大多数的损失源自经验甚少或没有经验的领域。负责通用电气核能源部门的前副总裁和总经理伯特伦沃尔夫回忆，反应堆本身的成本估计是相对准确的，但反应堆是总数的一小部分，而公司大幅低估了建造它的其余部分有多么昂贵。特别是，沃尔夫说："我们在'交钥匙（工厂）'的亏损主要是因为我们不知道如何控制现场施工成本。"在现场，通用电气公司分包了建设工厂的大部分工作，而许多合同不是固定价格加佣金的方式。例如，设计工厂的建筑工程师根据成本加佣金的方式工作，沃尔夫说："他们没有动机按进度安排和根据成本去做。"而且，劳动力成本远远高于预期，有几个原因：越南战争推高了劳动力的小时成本，在国内的一些地区成本提升了多达 20%；建设工厂花的劳动量更多，有时是建筑工程师曾预计的必需的两倍多。而低生产率和劳动争议延长了施工进度。例如，因为工会之间的管辖权争议，奥伊斯特河核电站在三个月的时间里，停工了 53 天。

尽管付出了代价，交钥匙工厂还是做了他们想做的事。作为历史上损失最大的先驱者，他们成功地把电力公司拉进了核商店。一旦进入，公用事业将继续采购。1965 年，三家公用事业签订了交钥匙工厂合同，五家其他公司宣布接受非交钥匙工程。这些公用事业公司不是让通用电气公司或西屋公司包办一切，而是作为总承包商，从一家公司购买核反应堆，招聘第二家公司设计核电站，第三家负责建设，以此类推。这些公用事业公司采用交钥匙工程的表面价格，并认为他们可以在没有价格担保的情况下以类似的成本建造核电站。

最引人注目的例子是，1966 年 6 月，田纳西流域管理局表示，它将在阿拉巴马州亨茨维尔以西 30 英里的田纳西河布朗渡口上修建两座 2196 兆瓦核电站。通用电气公司将以保障性价格提供反应堆和大多数其他主要设备，但这并不是一个交钥匙交易。田纳西流域管理局本身将负责设计和建造工厂。这项交易使核工业非常兴奋，不仅仅是因为它的规模——其容量等于所有运行的核电站的总和，还有它的位置。田纳西流域管理局的领地蕴藏着大量低成本的煤炭，而田纳西流域管理局放弃了它。《财富》杂志称之为"煤炭土地上的原子弹"。

大约在同一时间，弗吉尼亚电力动力公司宣布了建立一座核电站的决策。在弗吉尼亚电力动力公司之后，杜克动力公司表示，它将以两座 1400 兆瓦的工厂进入核时代，其建设价格会比田纳西流域管理局的电站更便宜。巴威公司，以其首座大型反应堆订单，帮助它们以不到每千瓦 96 美元修建工厂。全国公用事业都在看这些数字，并确定核电是有意义的。

甚至在通用电气公司和西屋电气公司停止提供交钥匙合同之后，公用事业行业继续一座接一座地订购核电站。没过一两年，公用事业开始意识到反应堆制造商勾画出的是什么：建造核电站比最初宣传的要昂贵得多。1968 年，新电厂订单直线下降，到 1969 年，销量回到了 1965 年的水平。

20 世纪 60 年代中期到后期的核能商业化根本不是一个处于商业环境的产品：公用事业公司和反应堆制造商的技术乐观主义的文化、通用电气公司和西屋电气公司之间的激烈竞争，以及电力公司 20 年的持续增长的业绩已经使他们相信他们能解决任何事情的傲慢。这些因素结合起来创造了伟大的潮流市场，在几年的时间建立了核电替代煤炭的基础——如果不是这样，这种情形甚至几十年后也不会发生。

一旦核能以这种方式建立，建造工厂初始的理由是错误的并不重要。核工业已经积累了宝贵的经验与技术，不以建造几十座核电站的方式了解其优势和弱点是不可能的。这反过来使 20 世纪 70 年代早期第二个潮流市场成为可能。

在整个 20 世纪 60 年代和 70 年代，美国电力需求每年持续增长在 7% 左右。动力必须来自某些地方——如果不是核电站，那么就是植物化石燃料电厂或水力发电。但是公用事业公司发现可以建新水电站大坝的地方越来越少,而化石燃料发电厂面临的压力也越来越大。由于对日益增长的环境问题的关注和由此而在 1970 年成立环境保护局,公用事业公司被迫减少空气污染。某种程度上,这意味着一些公司要转换到使用更昂贵的低硫煤,而将燃料由煤转换到石油的一些公司,就必须找到一种低硫石油。这些要求推高了低硫煤和低硫石油价格,加之,1973 年的石油禁运进一步推高了油价。与此同时,天然气价格也大幅上升,供不应求。1975 年变得如此糟糕,德州铁路委员会——该州的公用事业监管机构,禁止公用事业建造任何燃烧天然气的新发电厂。

与此同时,核能行业一直向客户保证,之前的问题已经得到控制。它曾因成本超支和施工延误而使人感到惊讶,但业界确信这种情况不会再次发生。核电不会像 20 世纪 60 年代中期所承诺的一样廉价,它的成本不是每千瓦 120 美元,而是可能会高达每千瓦 200 美元,但至少没有人必须担心成本估计过于乐观。而随着煤炭和石油价格的攀升,核能仍能与化石燃料竞争。此外,化石燃料的成本持续上升,核能将变得更便宜,因为建筑工程师和建设团队的其他成员获得了建造核电站的经验。

因此,1970 年至 1974 年,出现了比第一次更大的第二潮流市场,并且这次潮流在 1972 年和 1973 年达到顶峰,有 65 座反应堆被售出。1974 年,美国有 200 座核反应堆在运营、施工或订购。

但是市场突然跌落到了底部。阿拉伯石油禁运引发了石油价格飞涨,美国人开始寻找节约能源的方法。习惯于看到电力需求每 10 年翻一倍的公用事业,现在预计电力需求要每 30 年到 40 年才翻一倍。20 世纪 70 年代上半年,它们意识到所有已经订购的工厂不再需要了,因此开始取消核能的和非核能的订单。一些使得核能对公用事业的吸引力越来越小的其他因素包括:监管机构日益增加的要求,法院的挑战和组织良好的反核组织的拖延战术;公众对核安全性担忧的不断增长,尤其是在三哩岛和切尔诺贝利事故之后,加之成本超支在第一个潮流市场后也没有得到控制。

今天，美国运营的核电站刚刚超过 100 座，它们都是 1975 年之前订购的。这些电厂提供了全国 20％以上的电能。如果不是通用电气公司和西屋电气公司都相信核能将成为一项有价值的技术，如果不是每家公司都致力于抓住市场的大头，核能在这个世界上存在的可能性极小。

第 4 章　复杂性

过去的物件是那么简单。在远古时期，大约几千年以前，人类的技术并不比一些黑猩猩使用剥光树叶的树枝在蚁丘上捕捉蚂蚁更为复杂。将大骨头作为棍棒、用带尖的棍子进行挖掘、用锋利的石头剥开动物的皮——这些就是人类在历史上很长时期内仅有的工具。即使出现了更复杂的多件式装置——弓和箭、陶轮、牛车，也没有什么难以理解或解释的。通过查看，或者做一个小实验就很清楚工具的逻辑。

现在不再是这样。例如，无论飞行员、首席维护工程师，还是成千上万从事设计工作的工程师中的任何人，没有一个人能理解一架波音 747 的全部工作。飞机包含 600 万个单独的零件，这些零件组装成数百个组件和系统，使 165 吨的庞然大物从新加坡到旧金山或从悉尼到尼萨斯卡通，每个零件都发挥其作用。有如机翼和六段连接在一起形成的机身等结构组件；有 4 台 21000 马力的普惠公司的发动机；还有起落架、雷达和导航系统、仪表和控制、维护计算机、消防系统以及应对万一机舱失去压力的紧急氧气系统。仅了解一个组件如何工作以及为什么这么工作，需要多年的学习。即便如此，理解似乎从来不是显而易见的、实实在在的，也不比通过叠几百只纸飞机并在校园里放飞更能体验真正飞行的感觉。

这种复杂性使得现代技术从根本上不同于过去的任何事物。大型、复杂的系统，如商业航班和核电站需要大型、复杂的组织来设计、建设和运营。这将技术暴露在各种社会和组织的影响之下，如本书第 3 章中描述的商业因素。更重要的是，复杂系统不是完全可预测的。对于一个给定的设计，直到制造出实物并进行测试前，没有人确切地知道它会工作得如何。而且复杂性越高，所需要的测试就越多。特别困难的是，预期可能会出错的所有不同模式。买过早期版本计算机程序的人都知道，在设计和测试阶段一些错误总是排除不掉。虽然，当产品是个人计算机的软件时只是不方便，但对于把有 7 名机组成员的航天飞机送入轨道的火箭或意外地创造一个新的和危险的生物基因工程实验，后果却是灾难性的。真正复杂的系统，再多的测试或经验从来不会发现所有的可能性，因此高风险技术的决策成为一种人们愿意承受多少不确定性，以及人们对设计师相信程度的事物。

标志着现代科技复杂性的不仅仅是系统中有多少零部件。事实上，这甚至都不是最重要的因素。相反，复杂系统的定义特点是各部分如何相互作用。如果零部件之间的作用方式是简单的、线性的，甚至有很多零部件的系统也并不复杂。看一下哗众取宠的装置：翻转开关打开吹风机，融化一块放在碗里的冰，形成的水浮起玩具船、上升，撞击松弛的大理石，让其沿槽滚下来，进而关闭捕鼠器，再做别的事情，47 个步骤后，以打开一只灯泡或打开一扇门结束整个过程。这复杂吗？的确复杂，但它不是科学家和工程师所讲的复杂性。每一块疯狂的小工具的作用是明确定义的，作用模式不变，上一个作用下一个，因而整个系统的性能是零部件性能的总和。

相比之下，复杂系统中的组件相互作用，任何一个组件的行为依赖于系统中其他组件在做什么。组件之间的相互作用越多，系统越复杂，因此根据任何给定组件的已知特性，预测系统的工作特性也越难。

此外，复杂的技术通常需要一个复杂的组织来开发、制造和运营，但是这些复杂的组织产生更多的困难和不确定性。我们将在第 8 章看到，组织失败往往起初被认为是技术的失败而被掩盖。

为什么技术变得如此复杂？其部分原因是一段时间内功能的添加和增强积累的结果。发明家总是想方设法去改善设备或给它一个额外的功能，而这通常要涨价。例如，简单的弓变成稍微复杂的弩，型号 T 变成福特金牛座。但今天日益复杂的更深层次原因在于发明的本质发生了变化。纵观历史，创新一直是一个试凑的事情。船舶设计师会尝试不同的船体形状或一组不同的帆，看看会有什么效果。纸制造商以各种成分在不同比例下实验，以获得更耐用的纸张。这个增量式、试验驱动型的发明慢条斯理地不断进步。

随着现代科学的诞生，这一切都改变了。在自然世界理论理解的武装下，发明家设计了想象力丰富的新方法让自然为其所用。气体行为特性的发现导致了蒸汽机的发明；电和磁的研究为电话、广播和做其他许许多多的事物打开了一扇门；核裂变的发现催生了原子弹和核能；半导体物理学研究使制造晶体管成为可能。科学理论不仅促进了这些最初的发现，它也指导后续的设备改进。了解诸如气体或电流的功能，就有可能想出复杂的设计方案并预测其工作特性。

受到物理科学成功的鼓舞，在过去的一个世纪，工程也成为一个高度与数学、理论融合的实用型学科。工程师在电子电路或化学反应器离开画板之前，对其工作特性已经胸有成竹。

更重要的是，正是科学和工程原理的理论理解，使得技术能够复杂化并导致技术的复杂性。不可能用试凑法研制具有 600 万个部件的一架飞机。世界上没有足够的人来执行所有的试验，在太阳死亡之前也没有足够的时间。与此同时，没有人会试图设计一架具有 600 万个零件的飞机，除非有一些先验理由认为它会飞。波音 747 或任何其他现代技术的复杂性上升，是因为科学和工程理论指导设计工作，指出什么是可能的以及如何去实现它。

一个门外汉钻进设计过程并观察出现的复杂性，虽然是可能的，但很困难。现代设备是如此复杂，加之其支撑的基础理论发展很快，以致非专业人士很难理解接着要发生什么及其发生的原因，对开发技术的自然过程复杂性升高有点认识仍然是有用的。为此，让我们退回到几百年前，那时现代科学还很新颖，一个人仍然有可能想出并开发出一型世界上最先进的设备。

4.1　日益复杂的系统

获得第一型实用蒸汽机荣誉的不是詹姆斯·瓦特，而是马斯·纽克门，他没有赢得他应该得到的声誉，蒸汽机发明了几十年之后瓦特才对其做了众所周知的工作。纽克门是达特茅斯一个五金商——铁和铁制品的销售商，达特茅斯距离普利茅斯 20 英里，在英格兰的东南角上。纽克门生于 1663 年，故于 1729 年，但除了这些日期和其他一些他生命中基本事实外，公众对其所知甚少。没有照片，安葬地点不详。关于他接受的教育或培训，我们没有明确的细节，尽管历史学家认为他是埃克塞特一家五金店的学徒，然后返回达特茅斯开始了自己的生意。他卖金属产品和硬件，可能经历过锻造，生产一些他要卖的产品。在这个模糊的职业的某一点，也许在 40 多岁的时候，纽克门发明了这种发动机，该发动机在让英国走向工业革命之路方面，比其他任何设备的贡献都更大。

纽克门生活在煤炭需求不断增长的一个时代。几个世纪以来，人们砍伐树木作为燃料以及做成木炭用于炼铁，毁灭了英格兰和欧洲大陆的森林，出现了木材严重短缺的局面。煤是一种天然的替代品，在英格兰有很多，然而，聚集在煤矿中的水，使挖煤很困难。如果煤矿靠近合适的河流或小溪，那么水轮车可以供应动力将水抽出煤矿，否则就得选择畜力或人力——两者都不廉价或特别可靠。纽克门的贡献是设计一个（相对）简单的机器，可以抽出矿山里的水，而不需要靠近一条河，它比任何动物或人的工作时间更长。这种简单的机器打开了英格兰的煤矿，更重要的是，给世界带来了一个全新的动力来源。

纽克门的发动机主要由一个大型垂直活塞和一根梁构成，梁像一个巨大的跷跷板在中央支撑往复移动。活塞坐落在梁一端的几英尺以下的位置，由一条链连接。活塞每次向下移动，将摇杆拉低，驱动另一端向上。另一端连接到真空泵，该泵类似于你还能看到的一些旧水井的手动泵，活塞的每个向下冲程，通过管道能从煤矿下面带出几加仑的水。

活塞是发动机的核心——也是纽克门对现代技术的贡献。活塞直径一英尺或更大一点，在底部封闭的空心圆柱体内上下移动。气缸放置在蒸汽锅炉的上方，通过一个阀门与锅炉连接。汽缸中的活塞上升时，连接到梁另一端的配重向上拉，阀门打开，蒸汽充填活塞下面膨胀的空间。当活塞到达冲程的顶部时，阀门关闭，一股冷水喷入汽缸。冷水使蒸汽凝结，气缸产生了一个真空，使活塞以巨大力量快速回落到气缸。当活塞到达冲程的底部时，循环重新开始。下行冲程，活塞被吸到气缸底部，提供动力。上行冲程只是将活塞带回到下一个向下冲程的起始位置。

纽克门的第一台成功的发动机在 1712 年制造于斯塔福德郡达德利城堡，每分钟 12 个冲程，每冲程能抽 10 加仑水。之后制造的发动机尺寸更大，能抽出更多的水。

虽然纽克门的机器称为蒸汽机，实际上蒸汽不做功。在每个向下冲程，当蒸汽冷凝，真空将活塞向下"拉"，真正起作用的力量是活塞上方的大气重量。在海平面，大气压力是每平方英寸 14.7 磅，所以直径 12 英寸的活塞有超过 1600 磅的大气将其下压。通常会有等量的大气力量从下面推动活塞，但在纽克门发动机的每个向下冲程，汽缸的活塞下面部分被抽成真空。蒸汽的作用只是取代活塞下方的空气，水蒸气可以凝聚成水在活塞下方创建一个真空，因此，称纽克门的机器为"大气发动机"更为准确。但因为它给其他机器开辟了道路，稍微改进就能使用蒸汽作为动力，技术历史学家通常认为它是第一型蒸汽机。

纽克门的发明是长达 10 年不懈的努力，让最近发现的科学原理发挥作用的结果。（最近也就是说标准是过去的一两代人的时间。最近在今天如果不是指过去几个月，更有可能意味着过去的一两年）。1643 年，意大利物理学家伊万格丽斯塔·托里拆利已经展示海平面大气施加的压力等于 30 英寸汞柱高。之后，英国物理学家罗伯特·

博伊尔对气体进行了一系列的试验，试验表明，气体压力变化与温度成正比，与体积成反比。大约在同一时间，奥托·冯·古尔瑞克一直采用真空气泵从气缸中抽掉一些空气演示真空的威力。纽克门开展其发动机研发工作时，可能在 1700 年后不久，他能得到所有需要的科学信息并让其发挥作用。他的天才表现在设计一种机器，通过在活塞下方快速、反复创建一个真空的方式来利用大气压力，其他人已经采用冷凝蒸汽来创建一个真空，但从未用其产生过有用的动力。

纽克门成功之后最初的几十年里，他发明的发动机遍布英国。它主要用于矿山，但有时也用于水轮机（例如，磨坊）供水或公共供水系统。在发动机应用上，欧洲并没有落后英格兰太多，1755 年，第一台纽克门发动机在北美新泽西州铜矿开始运营。1733 年纽克门的专利过期后，任何人都可以制造这种发动机，许多制造商进入了这项业务，并根据大量的使用经验进行了各种改进。不过，直到 20 世纪 60 年代，詹姆斯·瓦特重新开始进行发动机研发工作时，设计基本上保持不变，即使之后，虽然纽克门早些时候的机器比瓦特的效率低，但价格便宜，因此仍然流行。它们中很多机器工作到 19 世纪，其中谢菲尔德的一台机器直到 1923 年，也就是投入使用一百年之后，仍然还在煤矿使用。

虽然纽克门的发动机很有用，但它有两个主要的局限。一是非常浪费燃料，当在煤矿上使用时，这不是特别的困难，但在其他地方使用却很昂贵。二是由于其设计特点，它们唯一真正的用途是抽水。在梁上一遍又一遍地拉下对抽水来说是很好的，但可能不容易适应其他应用，如转动水车。瓦特的贡献是将蒸汽机改造成了推动工业革命的机器。

瓦特，苏格兰人，接受过作为科学仪器制造者的执业培训。经过伦敦一年的学徒期，他在距离家乡格林诺克不远的格拉斯哥大学找到了作为仪器制造者的工作。就在那里，他第一次遇到了纽克门发动机。在 1763 年或 1764 年的某个时候，当时他 27 岁，在该大学已经待了 7 年，瓦特被要求修理自然哲学（现代的物理学，译者注）班级使用的纽克门工作模型发动机。他很快明白了它是如何工作的，正如经常出现的、当有人遇到新鲜的问题时所做的一样，他还发现了这台机器的一个重大设计缺陷——没有人认识到的，或者至少没有人曾经解决过的。瓦特第一个注意到并不令人难以置信，因为捕捉该缺陷，不仅需要在机械上了解发动机如何工作，也要理解热力学定律以及它们是如何应用于该机器的。

瓦特注意到，当蒸汽流入正在上升的活塞下方时，由于环绕的汽缸被刚刚喷射的一股温度相对较低的水冷却，一部分蒸汽立刻凝结。因此这意味着使用几倍的蒸汽，就消耗几倍的燃料，也就是理论上足以填满活塞每个行程的量。本质上，大量的能源被浪费，每次重新加热汽缸，就要进来一股新的热蒸汽。理想情况下，瓦特认为，为了取得最大的燃油效率，活塞的温度应该保持在恒定 212℃。然而，这与机器的另一个要求矛盾：为了有效凝结蒸汽，活塞需要处于相对较低的温度，也许 50℃ 或 60℃。这个矛盾困扰了纽克门的发明。

1765 年 5 月一个周日的下午，瓦特出去散步时，突然意识到如何解决这个问题：制造一种与汽缸独立的机器冷凝室，并让两者保持在不同的温度下。他很快就想出了一个办法来做这个事情。汽缸处于被隔离状态，并采用蒸汽环绕的方式使其保持温度，而汽缸的另一侧与一台阀连接，采用流动水使冷凝室保持低温。对于每个冲程，蒸汽填充汽缸时活塞向上移动，一台空气泵将在冷凝室创建一个真空。然后，当活塞达到满冲程时，汽缸和冷凝器之间的阀打开。汽缸中的蒸汽会冲出，进入真空冷凝器，凝聚成水并被排出。这会在活塞下方创建一个真空，就像纽克门发动机一样，但浪费的蒸汽少了很多。

瓦特通过使蒸汽机的设计稍为复杂一点，制造昂贵一点，可以大幅提高蒸汽机的效率。"现在我已经想出了不浪费一点点蒸汽的一种发动机"，他在第一次头脑风暴后兴奋地告诉一位朋友。他没有意识到，改进纽克门发动机看似简单，但困难比预料的要大得多。

　　1765 年，瓦特申请独立冷凝器的专利，1769 年取得授权，但直到 1776 年——专利申请 11 年后，他才使用新设计实际制造并销售了一台用于工作的蒸汽发动机。延迟的部分原因与机器本身无关。在这些年中，瓦特必须维持自己的生活，这限制了他自己发展其发明的时间。加之，他原来的事业伙伴约翰·罗巴克公司，不能提供瓦特所需的所有资源。直到 1773 年罗巴克公司破产了，将它在瓦特发明上的权益转让给了实业家马修·博尔顿，由此，瓦特才得到了自由去完善蒸汽机的控制权。

　　尽管如此，在 10 年开发时间中，工程细节占用了大部分精力。例如，瓦特在冷凝室工作上的反反复复，他原计划制作一个充满冷水的大型水池作为冷凝器，后来又采用与纽克门发动机一样的水冷却射流冷凝器，再后来，又设计了由水环绕的一系列细管组成的一种冷凝器。

　　已经证明，完善活塞及其汽缸甚至更加困难。为使两者保持在212℃，瓦特不仅要让蒸汽环绕汽缸壁面，而且还要环绕活塞背后的汽缸部分，而这使事情大为复杂，首先，瓦特必须设计一个填料函让活塞杆通过，这样就不会有加热活塞的蒸汽逃掉。其次，更具挑战性的是，瓦特必须确保活塞背面的蒸汽在活塞和汽缸之间没有泄漏，因为泄漏会破坏真空。纽克门的发动机，通过在活塞和汽缸之间保持一层薄薄的水解决了问题，成功地防止空气从活塞周围泄漏而进入汽缸。然而，瓦特必须找到另一种方式，因为喷水到活塞和缸筒会使之冷却，与独立冷凝器的初衷背道而驰。多年来，他尝试用木头、各种金属等多种材料用于制作活塞，对于填料，则尝试使用粗纺毛织物、毛毡、"由旧绳索而不是纸制成的英语纸板"，甚至纸浆和马粪，但都毫无效果。最后，需要改善汽缸的制造技术。采用博尔顿的朋友约翰·威尔金森发明的一个简单的方法生产汽缸，汽缸在整个长度上都是真正的圆柱形，没有明显的小瑕疵，这正是与之前方法的不同之处。使用这些完美形状的汽缸，瓦特发现填料对柔韧性要求更低了，麻絮就能起到很好的作用。

　　大约 1776 年 3 月，瓦特和博尔顿将前两台发动机投入使用。这两台发动机运行既不平稳，而且也需要持续的关注和修理，但是它们确实像宣传的那样工作，在提供与纽克门发动机相同的动力的情况下，消耗的燃料却只是其一小部分。更重要的是，这两台发动机给瓦特提供了一个机会来获悉他发明的问题所在。由于这个经验，他下一型及后续的机器会更好。同时，瓦特进行了一系列的设计创新，革新蒸汽机，使其面对更大市场的价值。为此，瓦特被视为蒸汽机之父。

　　起初，瓦特的发动机用途与纽克门的一样抽水，但其他用途对动力的需求与日俱增。那时，英国工业革命刚刚上道，磨坊和工厂建在河流和小溪旁边，那是可以得到必要动力的唯一地方。瓦特发明了节能蒸汽机之后，博尔顿鼓励他对其进行改进，以使其像水车一样带动轴旋转。"伦敦、曼彻斯特和伯明翰的人是蒸汽磨迷"，他在 1781 年写信给瓦特说"我并不想催你，但我想在一两个月的时间内，我们应该确定拿出某些利用火力发动机产生回转运动的方法，并取得专利……"，作为回应，瓦特想出了几种方式利用活塞的上下运动来使轮子沿着一根轴转动，他的机器突然得到了一个全新的市场。面粉厂、钢铁厂、棉纺以及更多的领域开始依靠瓦特蒸汽机的动力。后来，蒸汽动力船舶、火车，甚至蒸汽汽车出现，所有这些新事物都利用新发现的煤动力驱动轮子的能力。

　　针对独立冷凝器和将活塞冲程转换为旋转运动的方法，瓦特的创新没有停止。由于活塞现在是完全封闭的，推动活塞的力量不再是来自一侧的大气压力相对于另一侧的真空。相反，瓦特以大气压力下的蒸汽取代了大气，效果是相同的。到现在，他的机器才是一型真正的蒸汽机——推动活塞的力量由蒸汽而不是由大气提供，这开启了在纽克门发动机上不可能的一系列改进。例如，瓦特意识到，因为他的发动机将蒸汽注入汽缸中活塞的两侧，就没有理由仅在一侧设置真空，在两侧交替创建真空更有意义，这样，向上和向下冲程都是独立冲程。活塞既推又拉，每个冲程的动力翻倍。

这一改进迫使瓦特重新开展摇梁的工作，这将蒸汽机的向下拉改变成水泵向上拉。在他早期的机器上，梁通常是简单的橡树原木。因为瓦特的发动机还是在纽克门的发动机的范畴，其功能基本是相同的，人们从几十年的经验中得知，做什么样的工作，选择什么样的梁。但双作动式发动机的发明改变了一切。现在发动机不仅在下冲程拉梁朝下，在上冲程也推动梁向上。重复作用在原木上的交变应力把更大的应变作用在木头上，因而更容易破损。为了应对这一问题，瓦特使用各种方法支持和增加梁的强度，并通过悬挂重物测试了不同的设计。最终的解决方案是用铸铁代替木梁。

在双作动式发动机中，瓦特使用蒸汽压力而不是大气压力使活塞运动，这使得能以超过每平方英寸 14.7 磅的正常大气压的压力推动活塞。所有要做的就是增加蒸汽的压力。由于担心锅炉爆炸的危险，即使使用高压蒸汽，瓦特自己从来没有建造过蒸汽压力大幅高于大气压力的发动机，但他的后继者没有这样的忧虑。在整个 19 世纪，发动机压力稳步上升，到 1900 年，压力达到每平方英寸 180～200 磅。更高的压力不仅使较小的发动机能产生更大的动力，也一定程度上简化了设计。自从活塞上的推动力来自蒸汽压力，另一侧不再需要真空，所以发动机不再需要一个冷凝器。这些高压发动机相对紧凑，使得它们可以用于火车，并在后来用于汽车。

瓦特的另一个主要创新是发明了可防止蒸汽发动机运行太快的管理器。该装置由安装在垂直轴的一根杆以及连接到杆两端的两个重球构成。停机时，杆和球挂下来，但随着轴旋转，装置就升高，轴旋转得越快，升得就越高。在一定的速度下，固定两个球的杆会推动管道上把蒸汽引进发动机的蝶阀，关小点阀门就减慢了发动机的速度。

到瓦特退休时的 1800 年，蒸汽机已经从一个简单、低效，只是应用于抽水的机器，变成了一个强大、高效、日益复杂，可为各种任务提供动力的机器。建造新发动机更昂贵，但从使用成本更低上得到了弥补。事实上，瓦特最初以这样的方式提供发动机：即相同动力下，每年费用为相比纽克门发动机节省的煤的费用的三分之一，支付 25 年。采用这种方式，甚至一些已经拥有纽克门的发动机的人，也换成了瓦特的发动机，因为能省钱。

人们越来越深刻地感受到瓦特发动机的复杂性。例如，除了制造更昂贵之外，发动机所需的制造水平远高于纽克门机器。工程公差更小，对材料的要求更加严格。准确的气缸尺寸至关重要，气缸与活塞必须配合紧密，保证蒸汽进出阀门的时机十分精确，而且整个蒸汽系统的泄漏必须尽可能少。此外，已经证明很难找到适当的润滑剂。活塞与缸筒间的紧密配合和这两个部件的高温使得许多常见油的润滑能力严重不足，而且，更糟糕的是，气缸中的油往往被蒸汽溶解并带走。瓦特最终使用溶解有铅的矿物油以防其轻易地与蒸汽混合。

所有这些都意味着，新型蒸汽机比纽克门的机器要求更多的"基础设施"（尽管这不是那时使用的一个术语）。每台瓦特发动机都在使用的地方建造，当地工人根据瓦特提供的计划制造发动机的大多数部件。只有几个小的关键部分，如阀门，在博尔顿的工厂制造并运出。在现场，找到合适成分和纯度的材料一直是个问题，而且很难找到满足更高效的机器制造工作严格要求的当地工匠。1778 年 9 月，在写给博尔顿信中，瓦特抱怨一个叫达德利的领班的工作，他被派去负责一台大型蒸汽发动机的开机工作：

> 周四，他们在准备好之前，试图开动发动机。我告诉他们，对于每分钟 7 个或 8 个以上的冲程，他们没有足够的冷水。然而，因为有大量的观众，达德利认为他会向他们展示一些什么，就以每分钟 24 个冲程开机，他很快让所有的水滚烫，然后他们对发动机为什么不工作不知所措……我还发现许多空气泄漏，（这）让我确信他从未检查过，他忘了把填絮放到调节轴的填料函里，也没有采取任何措施来防止废气调节器过度打开。

最终，在 1795 年，博尔顿和瓦特专门开设了一家工厂，生产发动机的大部分零部件。然后将发动机零部件通过运河运输，在现场组装。

瓦特也发现维修是一个问题，纽克门的机器是一个粗糙的事物，对使用条件的变化不敏感，只要供应煤炭和水，它就会运行。如果锅炉生锈，一张铅板就能堵住锈孔；替换活塞上用作密封的皮革盘，就可以修好活塞周围的泄漏。但如果瓦特发动机要保留效率这个卖点，就需要更加谨慎处理。例如空气泄漏，老机器并不重点关注，但可能大幅削弱新机器的工作效率，无论什么时候出现空气泄漏都必须堵住。瓦特的发动机，阀门数量多、动作更快，要求更加小心谨慎的进行维护。

对制造商、供应商、用户提出更高要求的这种模式，仅在接下来的一个世纪，就超越了发明家继续改进蒸汽机的范围。与瓦特一样，他们的主要动机是提高其效率，从而以更少的燃料和更低的成本，提供更多的动力。与瓦特一样，一个意想不到的结果是机器的复杂性增加。

在早期的瓦特发动机中，蒸汽阀保持打开到蒸汽推动活塞至末端，但是工程师们很快意识到，只保持阀门打开至冲程的第一部分可以提高效率。即使在阀门被关闭后，没有更多的蒸汽进入气缸，已经在气缸中的蒸汽发生膨胀并推动活塞走完剩下的距离。瓦特自己意识到，这种蒸汽膨胀是一种提高发动机效率的方式，他甚至在一个实验机上尝试过该想法，但他从未追求它，因为其性能与正常蒸汽压力下工作相比，几乎没有提高。然而，在更高的压力下，这种方法可以大幅提高效率，所以，1800 年之后，随着压力稳步增加，蒸汽机效率也得到相应的提高。

但让高压蒸汽做额外功的这种方式有其自身的低效率的因素。随着蒸汽的膨胀，其温度下降，所以当活塞到达冲程的末端时，活塞和气缸被蒸汽冷却了一些。这将发生瓦特认识到如同纽克门发动机一样的问题，尽管程度要小一些：每一个循环，来流蒸汽浪费其一些热量将活塞和气缸从前一个循环的最终温度加热到工作温度。

工程师设计了许多策略来解决这个问题。他们将几个气缸连续成一行，蒸汽逐次流过每一个气缸，这样，与由一个气缸做所有功的情形相比，每个气缸的温度下降只是其一小部分。他们在气缸周围安装"蒸汽夹套"并让蒸汽在其中通过，使其保持在一个恒定的温度。他们还使用相同类型的蒸汽夹套，在蒸汽进入气缸前，使其"过热"。每项改进都提高了蒸汽机的效率——但通常以增加其复杂性为代价。

如果这个过程不被发生的新技术革命，即汽轮机的发明打断，仍有可能继续下去：纽克门、瓦特往复式发动机和他们的后继者都有不可避免的缺陷，他们依靠活塞上下或往复运动，然后不断地转换其运动，导致活塞在每个冲程下加速和减速，浪费能源。相比之下，汽轮机使用一个简单的圆周运动，就像水车或孩子的纸风车，这使它们的潜在效率比蒸汽机更高。

自 19 世纪 80 年代以来，第一款实用型汽轮机出现之后，汽轮机保持了相同的基本设计。在一个封闭的气缸里，一个或多个轮子绕中心轴旋转。每个轮子的外缘是一系列密集布置的叶片或在整个直径延伸的浅杯。高速喷射的蒸汽喷射在轮子的外缘，当蒸汽通过叶片时，使轮子和中心轴旋转。最终的效果是，除了所有的运动发生在一个严格封闭的空间以便最大化利用蒸汽的能量之外，其方式非常类似于一阵大风转动玩具纸风车。

因为涡轮避免了一直困扰着纽克门、瓦特和他们后继者的往复式蒸汽机的摩擦、泄漏和直接机械接触的问题，所以涡轮机可以利用更高温度和压力的蒸汽。这反过来使得涡轮机能达到比活塞机器可能的更高效率（由于没有活塞式发动机往复运动产生的强烈振动，涡轮机噪声也小得多）。仅仅几十年的发展，涡轮机就占领了蒸汽机的大多数应用领域。为船舶，如泰坦尼克号和英国战舰无畏号提供了推进动力，为动力机车提供了动力，还可以发电。今天的核能和化石燃料发电厂采用的巨型涡轮机，其工作压力每平方英寸数千磅，比大气压力高得多,产生成千上万马力的功率,50 匹马力的瓦特发动机是两个世纪前最先进的发动机。当然,这种功率和效率是有代价的,像之前的蒸汽机,汽轮机逐渐变得更复杂、更难以制造,对缺陷和瑕疵更敏感。

4.2　复杂性的代价

复杂性本身并不是一件坏事。当然,当简单的和复杂的设计能做同样的工作,并做得同样好时,工程师们更喜欢简单的设计,毕竟,简单的设计通常是便宜的,并且容易维修和维护。设备不应该比它需要的更复杂,也不应该比它需要的更简单。通过添加额外的部件,工程师们能够创造完成更多任务并做得更好的机器。接下来的挑战就在于决定要走多远。什么时候复杂性的代价大于其好处呢?

有一部分的成本是很容易计算的。利用长期的经验,工程师大约知道新组件有多少将增加到价格的标签上,以及价格如何在组件中分解。但添加额外的部件需要另收费,这更加微妙并难以衡量。复杂性产生不可预测性。系统越复杂,越难理解系统所有可能的不同特性,特别是预计所有可能不同的失效模式。部件之间的相互依赖产生了全新的、经常被工程师忽略或忽视的失效模式,因此许多技术故障、机械故障或设计缺陷被更准确地描述为复杂性的小儿科,例如汽车。

汽车是一项成熟的技术。汽车工业有 100 年的历史,大部分汽车工程是现有事物的一种增量式改进,是经过良好测试的设计,然而看起来几乎不可能推出一条没有缺陷的汽车新生产线。

如果你不幸买了 1994 年初克莱斯勒公司的霓虹灯,你的车在头几个月可能被召回多达 3 次——尽管克莱斯勒一直号称已经拥有严格质量控制的新生产线。其中有水泄漏到计算机芯片从而引起的起动问题;存在防抱死刹车主缸上密封瑕疵,该瑕疵使空气进入刹车系统并损害刹车动力,也会导致汽车的刹车片破损。因此霓虹灯所有者的不满是可以理解。但这并不是孤立事件。通用汽车 Quad 4 发动机，在许多公司的汽车上使用，在 1987 年到 1993 年间，4 次被召回。本田公司以质量赢得信誉，但 1993 年该公司召回了 180 万辆雅阁和前奏曲，以修复可能导致汽油泄漏或火灾的燃料加油管问题。总之，1993 年汽车制造商在美国召回了 1100 万辆汽车，一些公司修复的汽车比他们制造的还多。

　　为什么很难把一切都搞对呢？显然，答案的一部分是，由于制造商试图让他们的车好于或者至少不同于去年的型号而使技术不断变化。如果汽车制造商冻结他们的设计，采用数以百万计顾客的几年经验，他们几乎会消除所有的毛病，生产的汽车问题会很少或根本不会有不可预见的问题。当然，仍然会有预期的问题，如刹车需要修复和不可避免的燃料泄漏，这些问题出现在旧的发动机上，但这种磨损是任何机器正常使用的一部分。可以预测，大多数要进行定期检查和维护处理。但为什么这几年的经验是必不可少的呢？汽车制造商不能简单设计和制造没有毛病的车吗？

　　根据媒体的统计，答案似乎应该是肯定的。每次宣布召回，缺陷的原因被描述为粗心或操之过急，言外之意，如果每个人都只要小心一点点，这并不会发生。例如，通用汽车 Quad 4 发动机问题，归咎于没有足够的测试而急于投产。霓虹灯制动缸的密封问题，罪魁祸首是密封使用的橡胶化合物。化合物的供货公司改了一个新的配方，但没有验证它是否与原来的一样好。

　　也许在一个完美的世界中，没有人会犯过错误，管理者有无限的时间花在设计和测试上，就没有召回。可以肯定的是，公司把更多的时间和精力投入到它们的车上，通常问题会较少。但缺陷完全归咎于人类的缺点而忽略了问题的复杂性。一辆车有成千上万的零部件，每个部件必须独立设计和测试。部件越多，越可能遭到失败，所以增加部件的数量会增加被忽视东西的几率。此外，部件是相互关联的，一个部件的性能受到其他部件性能的影响。因此一种新的橡胶化合物，在实验室里似乎完全相当于一种旧的东西，当用在刹车系统时，性能可能截然不同，因为那里有热、振动和制动液。

　　由于这些部件相互关联，在任何如汽车一样复杂的系统中，几乎是不可能预见到并测试到某种东西可能出错的所有方式。事后来看，或许看起来汽车制造商应该能够预测到水泄漏影响计算机芯片并尽力防止这种泄漏。但有很多可能的组合会导致出问题——大多数永远不会发生，但不可避免存在漏网之鱼。汽车制造商能做得最好的选择就是测试、测试和再测试，在尽可能多的情况下尽可能驾驶汽车多一些，希望故障暴露在测试中，而不是在汽车上市后再发现问题。从这个意义上说，也许汽车召回事件总是可以归咎于测试不足，但更准确的、最终更有用的是将它们看作机器复杂性的表现。

　　可以作出类似的结论，许多客机坠毁至少部分原因归咎于机器的复杂性。以 1974 年土耳其航空 DC–10 坠毁造成 346 人死亡的事件为例。飞机从巴黎起飞，到达海拔 12000 英尺时货舱门被吹开。压力的突然变化使货舱上方地板的支架坍塌，折断了位于乘客舱与货舱支架之间地板上的后方发动机和后方翼面的液压控制线路。该飞机直接栽向地面，坠毁在一片森林中，没有幸存者。

　　造成不幸事故是两个设计缺陷共同作用引起的：其一，在货舱支架上方敷设液压线路；其二，货舱门上的门闩工程处理存在缺陷。插销设计成了即使锁针没有充分到位，行李员相信他们锁好了门。显然土耳其航空公司飞机的地勤人员，犯了致命的错误，当货舱和外部大气压力差变得太大时，部分到位的插销不能再保持舱门关闭。

　　然而在更深的层面上，飞机的复杂性是这场灾难的根源。复杂性妨碍了飞机设计师发现似乎毫不相关的各种决策会相互作用而发生悲剧。这样的一个决策是把液压线路敷设在货舱上方。另一个是锁的设计选择。第三个是选择不加强乘客舱与货舱之间的地板。更强的地板可以承受住突然的失压，但也会增加飞机的重量。第四个是设计货舱门向外开。出于结构上的原因，这样做是对的，为了方便装卸。但如果门向内开，当内部压力大于外部压力时就不可能爆开。这些设计决策本身并没有明显的错误，只有当它们以设计师从来没有预料到的某种方式组合在一起时，才会引发事故。一个复杂系统的特点之一是，各种事件以意想不到的方式结合，使整个系统的特性不可预测。

具有讽刺意味的是，到 DC－10 坠毁的时候，事故是完全可预测的。4 年前，DC－10 第一次机身压力测试造成了货舱门飞开和地板坍塌。飞机制造商麦道公司不想完全重新设计舱门，而尝试了一系列"创可贴"式的修改措施——微小的改动对保证系统的作用甚微或根本就毫无用处。还有，土耳其航空公司的客机坠毁两年之前，几乎相同的事故发生在美国航空公司从底特律起飞的航班上。在12000 英尺的高度上货舱门被吹开，导致地板挠曲，失去了液压控制飞机尾翼的能力。但由于飞机负载轻，飞行员能够保持控制并把它安全着陆。出于偶然，飞行员在飞行模拟器训练过自己如何来处理这样的情形，即驾驶一架不能够使用后方发动机和控制面的飞机，所以事故时他很清楚该做什么。

即使在 1972 年事故之后，麦道仍然反对针对飞机的设计进行重大修改，相反得到了美国联邦航空管理局的批准，该公司应用更多的"创可贴"，比如 1 英寸窥视孔，通过它可以检查锁销。显然，那是不够的。

这可以将整个事故归咎于企业的贪婪和对人类安全的漠视——事实上，一些观察家所做的只是这些——而 DC－10 的复杂性无疑扮演了关键的角色，它导致飞机设计师定位在使事故发生的设计上。在复杂性产生的各类困难中，没有比计算机程序错误更明显了。在软件中，没有物理部件会意外失效。发生任何错误，都是因为编写软件的程序员犯了错误。因为今天的许多计算机程序的复杂性令人难以置信，错误以令人不安的规律性出现。几年前为 F－16 战斗机控制编写的航电软件出现了一个著名的错误：当飞机穿过赤道时，软件吩咐它颠倒翻转。幸运的是，错误在飞行模拟中而不是在真实的任务中被发现。

由于软件错误写入了控制其长途电话网络的计算机程序，美国电话电报公司（AT&T）没有那么幸运。1990 年 1 月，美国电话电报公司的缺陷引发了一系列转接计算机关闭，使长途系统瘫痪了 9 个小时。在此期间，1 亿次呼叫只有大约一半通过美国电话电报公司接通了电话。

关闭的细节有点复杂，但值得去理解。美国电话电报公司和其他电话公司使用的路由电话呼叫的交换机实际上是专门为该任务设计的大型计算机，并由转接软件控制。系统是非常复杂的。1990 年初，美国电话电报公司依赖于 114 个交换中心，每个中心都有一台主计算机和备份计算机去分配全国长途电话呼叫。许多中心使用了最先进的"信号系统 7"。软件包含一千万行代码——数百倍于商务文字处理程序。它的开发人员知道这个软件不能完全测试，因为交换计算机崩溃的结果可能非常昂贵——对于美国电话电报公司和没有长途服务的企业来说，因此，需要软件采用容错设计。如果一台交换机发生故障，总有一台备份介入，所以要将系统设计成如果有必要，路由电话呼叫绕过出故障的中心。如果一个中心出现故障，其他 113 个中心应该继续工作，美国电话电报公司的客户永远不会知道其中的差异。具有讽刺意味的是，正是这种容错结构，为一系列失败提供了舞台，在业务日中的大部分时间内，系统的很大一部分瘫痪了。

就在 1 月 15 日下午 2 点 25 分钟之前，纽约市的一个交换中心瘫痪。这是一个小的机械问题，就是设计软件来处理的那类事情，该交换中心按计划退出服务，并发送消息到其他中心，要求它们不要发送任何呼叫给它，直到问题解决为止。交换中心的维护软件在 6 秒内解决了问题，该中心开始给其他中心发送返回呼叫，要重返服务圈。接到这些呼叫，其他中心开始重置他们的程序再次将电话呼叫路由到纽约中心，但受到了意想不到的打击。来自纽约中心呼叫的一些与模式相关的事情，使软件开始出现缺陷，破坏了其他中心的数据。在修复这个故障期间，这些中心通过自己暂时离线来应对，修复后回到线上。但当它们回到线上时，这种模式重现。很快，全国各地的交换中心撤出服务圈，然后返回，再进入后造成其他中心发生故障。6个半小时后，美国电话电报公司的科学家终于找到了如何解决这个问题的方法，这样，最后一个交换中心回到工作秩序已近午夜。

　　事后分析揭示，造成故障的只是个小漏洞——控制交换计算机的一行程序的错误。该缺陷在前一个月已经引入了，当时，美国电话电报公司的程序员为了解决电话网络中一个恼人的小问题修改了交换软件。在过去的两年里，该公司采用"信号系统 7"取代其1976 年就使用的"信号系统 6"，前者的计算机系统更快，能够处理其前任两倍的呼叫。到 1989 年底，新版本已经在网络中安装了70％，因此其软件的故障已经变得明显。有时，当一个网络交换中心去解决一个问题，回到线上后，中心会失去几个电话。1989 年 12月，美国电话电报公司工程师稍微修改了该软件，解决了这个故障。但这样做，又将另一个问题带到了这个软件，但没有立即显现。程序在几个星期里工作得很好，但在 1990 年 1 月 15 日，正是事件的时序引发了混乱的日子。

　　即使在事故之后，美国电话电报公司的工程师花了几天找出问题到底出在哪儿。他们尝试了各种事情，直到他们能够以同样的方式复现电话系统计算机之前的故障，然后知道哪些事件引发了故障，他们发现软件的缺陷。

　　事故可以归咎于粗心大意的程序员，但更准确的说应指向软件的（必要）复杂性。虽然可以通过逐行检测程序并确保每条指令是有意义的，但是不可能保证整个程序没有缺陷，甚至一个只有几百行代码的程序可能有几十条"条件"行——根据情况来执行。如果 X＝0，做这；如果 X＝1，做那，这样一个简单的程序可以有成千上万的备用计算路径，而它遵循哪一条路径取决于最初的输入。数百万行，或者只是数千行的代码，是不可能简单地检查程序的每条路径以确保每条都按计划执行。最好的程序员所能做的就是小心地编写程序，然后按用户可能的应用方式测试软件。

这不仅仅是电话交换软件的问题，而且是每种大型计算机程序的问题。当一种商业程序最初投入市场时，第一批用户基本上是试验品。他们中很多人有时会痛苦地发现，软件不是每种什么情况下都能完全正确执行。它会死机，经常清除任何没有保存的数据，或拒绝执行某一个功能。用户抱怨销售软件的公司，然后它的程序员回去弄清楚哪里出了问题。有足够的经验后，他们最终能提供几乎没有错误的产品。

然而，对于某些类型的软件，这样的错误是不可接受的，例如，用于核电站计算机的程序，或控制发射弹道导弹的软件。在这些情况下，甚至一个错误都嫌太多，面对这一困境，计算机科学家没有好的答案。一种方法是投入实际使用之前全面检查软件。当加拿大安大略省电力水力公司决定在达灵顿核电站反应堆使用计算机操控的紧急停车系统时，加拿大监管机构迫使公用事业证明计算机会按计划好的模式工作，软件验证过程花了将近 3 年。软件工程师在许多方面对程序进行了测试，包括工厂试验，在模拟预期的情况下，将随机数据输入计算机进行测试，并直接用数学方法证明软件预期的执行功能。经许多"人·年"的紧张工作之后，工程师们在软件中没有发现重大的缺陷。

然而，无论人员检查多么严密，这样复杂的程序仍然可能存在导致崩溃的隐藏错误。最好的方法就是在设计整个系统时，使软件故障不会导致灾难性的后果，例如，通过一套单独的安全设备在软件崩溃时保护系统。

同样的想法可以应用于复杂性产生不确定性的实物系统——商业飞机、航天飞机、核能电厂、化工厂诸如此类，等等。由于不确定性，设计者通常通过包括安全功能、备份或冗余的方式提供容错裕度。但保护措施是要花钱的——额外的设备、工程设计和测试工作、效率损失等，以及复杂设备的制造商必须在某处划出一条分界线。不幸的是，对于相同的复杂性，必须的容错裕度各异，不可能知道容错裕度应该多大，所以最终的决策落在学术猜测以及个人主观观点保守的程度有多大上。有时，如美国电话电报公司系统崩溃和 DC - 10 坠毁证明，人们猜错了。

这似乎是自然法则：如果人们误判复杂性的影响，他们会低估而非高估。也许最引人注目的例子是 1974 年拉斯穆森报告，这个报告试图评估核电站事故的主要可能性。本书第 6 章中描述原子能委员会聘请麻省理工学院核工程教授诺曼·拉斯穆森编写一份研究报告，希望能平息对核安全不断增长的担忧，而事实上，该项工作对核电站的安全性相当有利。原子能委员会将其公布于众，一个人死于核电站一场事故的可能性比被流星击中而死更小，而核电站堆芯熔毁每运行一百万年只会出现一次。不到 5 年，三哩岛 2 号机组的反应堆堆芯熔毁。事故后分析，事故归咎于各种因素的组合，每个因素本身的影响相对较小，但当其以意想不到的方式叠加在一起时，导致了堆芯部分熔毁。具有讽刺意味的是，拉斯穆森刚刚确定这类事件链作为核电站事故的可能原因，但他的报告严重低估了这种事故到底会如何。

不是复杂性的所有影响都与三哩岛熔毁或长途电话系统崩溃一样严重。事实上，多数的影响是微小的，也不关键，尽管如此，他们的累积效应是比较大的——在钱财上，如果不是心理上，比偶尔的失败更大。

对于每一款新技术产品，不管它是一个文字处理程序或电话交换软件、蒸汽机或核电站，都有一条学习曲线。设计师、制造商和用户都必须花时间去了解产品的功能和特点。在技术创新主要是试凑法时期，这不是一个大问题。变化是如此缓慢，学习很容易跟得上。但是今天，因为工程师可以想象和设计与过去制造过不一样的设备，人们对其使用的东西真的不了解，这就需要学习。例如，要制造一款新的设备，制造商必须找出在最小成本下哪些技术能起最好的作用。产品的生产过程可能会发现设计的一些特征，在纸面上看起来很好，只是在实践中毫无作用。无论设计师在他们的预测上如何小心，实际制造成本只有随同其经历才能清晰。同样，新机器的用户在实践中而不是在理论上了解产品的功能，他们逐渐学会使用新机器的最佳方法，从中获得最佳性能。而且，他们也会找到设计者在以后需要返工的事项。一般来说，新产品的开发人员自己利用计算机建模、实验室测试、样机的制造和使用试图进行很多学习。但到产品发布时，有很多东西还不可避免地有待于学习。

　　商业喷气式客机提供了一个很好的例子。斯坦福大学经济学家纳森·罗森博格指出，在过去的几十年里稳步提高这些机器不仅仅是一型航空设计改进的产品，也是从无数小时的飞行中获得经验的产品。例如，在 20 世纪 50 年代，当航空公司开始运营喷气式飞机时，他们不知道飞机发动机多久需要维修，所以他们预定采用与活塞发动机相同的时间间隔，大约每 2000 小时到 2500 小时。有经验后，航空公司知道他们可以安全地延长到每 8000 小时左右，省钱并对商业航空飞行更经济有所帮助。不仅维护要求，在空中，飞机的性能也必须逐渐发现，罗森博格写道："随着喷气发动机的问世，飞机在一个新的高度、高速环境中飞行，在那，它们遇到了意外的空气动力学效应，包括致命的发动机熄火。要对新环境下新飞机的特性有相当好的理解，需要大量的学习历练。"机身也只能在某一个点上进行设计和预测，也只有一定的精度。在制定最初的设计方案时，飞机制造商通常是相当保守的，但是随着他们获得给定的机体如何表现的经验和知识后，他们便愿意作出许多修改，如拓展机身。

　　在实践上，这种学习成果纳入了工程师未来设计的知识体系中。事实上，尽管采用明确的程序和数学公式的计算科学来理解工程，但工程历来主要是经验的，特别是对于新技术。在类似设备的经验指导下，采用一般性的原则，并通过自己的直觉，工程师们想出他们认为会奏效的设计，但他们必须制造产品，看看预测与现实接近的紧密程度。最终，他们获得的经验系统化成事实和规则列表，告诉未来工程师什么可行，什么不行。例如，20 世纪初的一段时间，没有知识体系可以称为"航空工程"。当早期的飞机设计师尝试不同形状和位置的翅膀、不同的发动机和螺旋桨，以及不同类型的控制时，一直是摸着石头过河。随着知识的成长，并采用流体动力学等理论科学，飞机设计成为一门真正的工程学科，但即使在今天它仍然是一门科学，更是一门艺术。

　　不足为奇的是，技术越复杂，学习过程就越长也越广泛。司空见惯的是，人们经常低估一种新技术从制图桌到商业市场需要多少学习。它可能是一个昂贵的错误。正如我们在前文看到的，在20世纪60年代和70年代，由于相信核电站建设和运营成本的乐观预测，反应堆制造商和公用事业公司损失了数十亿美元。第一个受害者是通用电气公司和西屋电气公司，他们的交钥匙工程损失总计10亿美元。紧随其后的是数十家公用事业公司，他们发现核电站成本通常是预期的两倍到三倍。发生了什么事？为什么？经反复研究，各种各样的主要原因被指出：无能的公用事业经理、监管机构一直在改变规则，在技术成熟之前就推动核能商业化的贪婪公司。毫无疑问，所有这些都只起到部分的作用，但根本原因是更深入、更客观的。在核工业中，无论是核反应堆制造商、设计工厂的建筑师/工程师、建造工厂的建筑公司，还是公用事业实体，没有人认识到这种新的和复杂的技术需要多少学习。有很多的基本知识只能通过历练才能学到——实际建设核电站，看看出了什么问题，但技术傲慢蒙蔽了这个行业，从业者并不认为该行业有很多要学的。

　　黎克柯，曾经负责一百多座反应堆的建设，可能比任何人都能更好地理解实践经验的重要性。他在写给技术杂志的一篇论文中，描述了"纸反应堆"（那些只存在于工程计划中的）与真正反应堆之间的差别。对于纸反应堆，他写道，一般具有以下特点：

- 它是简单的。
- 它是小的。
- 它是便宜的。
- 它是重量轻的。
- 它能很快建好。
- 很少开发是必需的，它将使用现成的组件。

- 在研究阶段，它不是现在正在建造。

真正的反应堆，有所不同：

- 它是复杂的。
- 它是大的。
- 它是笨重的。
- 现在正在建造。
- 它落后于预定计划。
- 它需要依赖许多试验项目的大量研发工作。
- 由于工程开发问题，需要很长时间才能建成。

早期，当核能仍然新颖和神秘时，人们理所当然知晓从反应堆获得直接经验的重要性，所以，原子能委员会早期的设计项目谨慎地允许"通过实践来学习"。该委员会以实验反应堆开始，然后发展到小示范单元，再继之以一系列更大、更复杂的核反应堆。在每个步骤中对反应堆的性能进行了评价，据此，原子能委员会确定步骤之间有足够的时间将学到的经验教训应用到核反应堆的设计、工程和建设中。

但到了1963年，核能不再显得那么令人生畏，因此核工业认为它知道的足以跳转到更大的电厂，而无需前10年那样谨慎的顺序学习。当然，仍将通过实践来学习，但核机构认为现在的学习成本那么小，以致它们会被规模经济抵消。学习的唯一重要作用是更多地降低核电成本，但经验教导企业如何更有效地建设和运营工厂。所以反应堆制造商开始提供，而公用事业开始买工厂，两座，三座，而且更多时候比之前建造的更大，人们认为核能是一项安全成熟的技术，要学习的就是比以前有的更加经济。

回想起来，这是一个过于乐观的态度。几个世纪的工程经验表明，按比例放大从来不会像听起来那么简单。例如，考虑一下将现代汽车放大两倍的情形。车体两倍长、两倍宽、两倍高，重量会达8倍之多。但对于框架，其强度与横截面积成正比，因此只会结实四倍。它必须加强。轮胎，承受八倍的重量，会膨胀到一个更高的压力，需要较厚且弹性更小的橡胶。这将使乘坐更颠簸，所以弹簧和冲击吸收装置已经为承受额外重量搞得很紧张，将需要更多的修改。停车需要八倍的制动力，但刹车片和轮毂的表面积只有四倍，它们必须做得更大，等等。

任何技术，从汽车到咖啡机，放大不仅仅是使事物更大的问题。随着尺寸的增大，设计必须改变。如果尺寸增大很小，变化也可以是轻微的。但放大的步子走得越大，重新设计的必要性就越迫切。因此，放大复杂设备的标准工程实践是一点一点地边测试和边增量式重新设计。

具有讽刺意味的是，在 20 世纪 60 年代中期，电力行业刚刚在放大不要过快的重要性上补了一课。开始的 10 年中，美国公用事业追求规模经济，已经大幅提高了燃煤和燃油发电厂的规模。最大的单元从 1957 年的不到 250 兆瓦到 20 世纪 60 年代中期的 700 兆瓦，再到 1970 年超过 1000 兆瓦。但很快人们发现新的大型工厂没有旧的、较小的可靠。英联邦爱迪生公司董事长 J. 哈里斯沃德在 1967 年的一次采访中解释说，工厂越大，保持其运营就越困难："我们有一个燃煤机组，拥有 800 英里长的管道。如果某个地方有一个小堵塞，为了修理我们可能不得不关闭它，而且将一个人送到那去修理并不容易。"

尽管拥有化石燃料工厂的经验，像沃德一样的高管们却都认为核能会有所不同。在 1967 年同一次采访中，他认为，核电站应该能够避免火力电厂曾经困扰他们的困难。他说："核电站更容易得到技术改进。毕竟，煤就是煤。"

沃德的信念并非绝无仅有。核工业的人员是从给人们留下深刻印象的一系列成功计划继承过来的：曼哈顿计划、黎克柯海军反应堆的计划，以及从"航运港计划"就已开始的一系列越来越雄心勃勃的反应堆项目。这些成功在核兄弟圈培育了一种成功的信心，几乎是一种骄傲自大。他们确信拥有勤奋工作作风和良好的工程经验，他们能够克服利用原子的所有障碍。

在某种意义上他们是对的。自从在芝加哥大学一个壁球场诞生以来，核反应堆已经从一个原始的石墨砖堆和铀球体进化成了时髦的、光滑的机器，包含精确设计的管状阵列的、锌镁铜铬锰铁硅合金包裹的、点缀着控制棒并浸泡在冷却水池中的燃料元件，全部由精密仪器监控、高精度控制。经历了 20 年无数个"设计—制造—试验"周期，反应堆已经成为一项相对成熟的技术，在整个 20 世纪 60 年代和 70 年代，核反应堆出现的问题很少。

但反应堆只是整个核电站的一小部分，加之在 1963 年核电站其余部分的技术远未成熟，这在未来 10 年将变得越来越明显，反应堆制造商发现自己处于詹姆斯·瓦特两个世纪前用他的新发动机建设第一个泵站时曾面临的一个非常相似的困境。

例如，供应商是一个永恒的问题。许多公司承诺提供的关键部分往往不是延期交付就是提供的材料没有达到标准，由此产生的延误和返工，延长了建设工期并提高了工厂的成本，其中最严重的惨败是巴威公司无法交付反应堆的容器。

巴威公司，过去是一家很受尊敬的公司，长期制造锅炉和其他大型钢制容器，因业绩彪炳而享有盛誉。公司自 1881 年以来，适逢其时地进入了电力行业，当时为费城的第一家美国中央电站发电厂提供锅炉。当和平原子利用在 20 世纪 50 年代开始风生水起时，巴威公司判断，如同过去电力一样，核能将对公司很重要，于是跳进了原子竞赛，为联合爱迪生公司印第安角 1 号工厂和核动力船"大草原"建造了反应堆，其管理层认为公司可以在一个不同的领域更快地赚更多的钱：它将为其他公司建造的核反应堆提供压力容器。这种压力容器是大型、厚重的钢制容器，安装在反应堆周围并盛载着冷却剂——加压水或沸水，这取决于反应堆的类型。该型压力容器制造困难，而且用于大型核电站的巨型压力容器要求格外小心，但巴威公司对这种结构有几十年的经验。这对公司来说，简直是天衣无缝。

由于预期一个大型核电市场，巴威公司设立了专门负责制造压力容器的一家工厂，该工厂于 1965 年开业，订单开始蜂拥而至。不久，巴威公司预售其几年的计划产出，一个月一个压力容器。但该公司从一开始就进度延期，它严重低估了一家新工厂。很快，制造原子能委员会严格要求的压力容器非常困难，结果每个单元比预期的时间长得多。此外，巴威公司自己的供应商在提供工厂所需最先进的设备上也行动迟缓。到 1969 年中期，公司向其客户承认，承制的核电站的 28 个压力容器都将延期，有的甚至长达 17 个月。最终，通用电气公司和西屋电气公司提取了许多从工厂订购的半成品状态的压力容器，并运往其他公司来完成这项工作。这些公司，很容易获得了压力容器市场的"主菜"，是唯一的赢家。巴威公司损失了钱、市场份额和声誉。通用电气公司和西屋电气公司眼睁睁看着他们的反应堆交付延期。而公用事业被迫推迟核电站的建设进度，不得不为建设期间支付额外的利息，还有核电站施工期间能源保障的花销付账。

核电站现场的问题一样糟糕或者更糟。习惯于修建化石燃料电厂的商人被要求以不同的做事情的方式去建核工厂，他们的反应并不比 20 世纪 70 年代的工匠更好，他们认为如果事情对纽克门发动机足够好，也应该对新奇的瓦特发动机足够好。负责核能部门的通用电气前副总裁、总经理伯特伦·沃尔夫回忆说，通用电气公司在交钥匙工厂遇到的很多困难源于"根据核标准建设工厂"。例如，混凝土的安全壳是否满足各种要求，如承受一定的压力，必须经过验证。最后，倒混凝土与化石燃料工厂的差异不会很大，但需要不断的检查和认证，意味着工人在工作中必须学习新习惯。焊接是一个类似的故事。核电站管道承受的压力不高于燃煤电厂的，沃尔夫指出，但泄漏的影响要大得多，因此，焊接必须符合更严格的标准。"我们在特殊的课堂上训练焊工"，他回忆道。尽管不是以新方法做事情特别困难。"更多的是态度和方法的变化"。

事实上，最重要的是，新的核工业遭遇到了旧的态度和方法。过去几十年电力行业发展的做事方式，对化石燃料技术、建设方法和操作技术是有效的，非常适合以煤炭或石油燃烧器为核心的工厂。当核能来临时，极少业内人士看到改变这些旧习惯的任何理由。用常见的短语描述，核能只是"煮水的另一种方式"。当然，用一座核反应堆代替旧的煤燃烧器，其他事情都是一样的。

但其他的一切并不是一样的。当花了许多年浸淫其中之后，核工业慢慢才意识到核电站非核部分与化石燃料工厂的相应部分有一个关键的区别：在核电站中，这些部分连接到一座核反应堆——这改变了规则。

如果某些部件在燃煤电厂发生故障，甚至是关键部件故障，这都不是一场灾难。假设一根蒸汽管道破裂，然后涡轮机关闭，发电机停止发电，煤炭停止流入燃烧器，燃烧器灭火——这种故障才达到了事故的程度。工人将尽快修理或更换管道，工厂将重新启动。公用事业损失点钱，因为工厂停止发电，也必须支付维修费，损害仅此而已。

然而，假设相同的蒸汽管断裂发生在由沸水反应堆驱动的核电站（压水堆的情况类似）。与之前一样，涡轮机和发电机停止，但这一次的麻烦只是开始。因为一座轻水反应堆的蒸汽用于两个目的，驱动涡轮并把热量从反应堆堆芯带出——破裂的管道关闭了堆芯燃料的冷却。这是一个严重的问题。自动设备必须隔开反应堆，推动控制棒进入堆芯去关闭链式反应，但是，与煤燃烧器的情况不同，它不可能完全灭"火"。只要反应堆工作一会儿，在燃料中就会产生裂变放射性副产物，而这些元素的衰变提供第二热源。运行一个月以上的反应堆，关闭后不久衰变热几乎达到反应堆工作状态下产生的总热量的 10%。

在全开度下，即使控制棒就位，衰变热仍然会继续。如果不保持堆芯覆盖着水，燃料最终会变得太热，变成液体并熔化，透过安全壳的地板进入地下。在最坏的情况下，这样的事故会杀死成千上万的人，造成的损失达数十亿美元。

为了对潜在的风险进行防护，核电站配有备用冷却系统用水冲淋堆芯，但即使这些系统按计划工作，蒸汽管的破裂比在煤电厂更加严重。管路中的蒸汽，由于曾流过堆芯，其本身就有轻微放射性，因此管道破裂释放出放射性物质进入工厂，威胁工作人员，甚至在事故结束后，管道及周围区域的辐射性使修复工作要困难、危险且昂贵得多。

简而言之，尽管这一开始对大多数公用事业不是很明显，甚至核电站的一些部分看似熟悉——将蒸汽变成电力的部分，其实是一项新技术。很难想象燃煤电厂的任何事故可能危及工厂边界以外的人，但大规模的核事故威胁着数十英里甚至数百英里远的人们。

防范这种风险的需求有两个影响。首先，原子能委员会将核电站的标准定得比过去燃煤或燃油工厂预计要满足的要高得多。核电站必须设计更仔细，用高质量的材料和更严格的工艺建造，而且运营必须更加小心和警惕。这在工厂的核部分没有什么问题，也一直被视为特别关注的要求，但公用事业和它们的承包商不得不学习，根据涉核标准而非化石燃料标准处置工厂的其余部分，这是一个痛苦和昂贵的学习过程。它非常像瓦特在20世纪70年代遇到的情况，那时他努力从根本上改变旧的纽克门发动机。结果像瓦特一样，公用事业公司在学习的过程中失去了时间和金钱。

除了要求更高的标准，原子能委员会还要求核电站配备旨在防止事故发生的或者至少防止事故危害工厂以外的人的一批备用系统和安全设备。安全设备连接到反应堆和工厂的其余部分，这使已经复杂的系统雪上加霜。

这额外的复杂性意味着实践经验对于拥有安全系统的核电站的设计和使用的学习特别重要，但从1963年开始，急于追逐大型电厂，而该系统仍处于形成阶段。例如，考虑一下堆芯紧急冷却系统。第一座核反应堆建造时，并不需要这样一个系统——其堆芯非常小，即使发生失去冷却剂的事故，反应堆也不能产生足够的热量熔化燃料并使之逃离反应堆罩。这不是问题，直到反应堆越来越大（大于100兆瓦），堆芯熔毁成了担忧。为了应对这个问题，原子能委员会要求反应堆更大的应急堆芯冷却系统，向堆芯注入水，以防主供应冷却水中断。但这些系统，最初也只不过是管道和泵的集合，嫁接到工厂的闲置部分，没有经历过反应堆相同的、严格的一系列"设计—制造—试验"迭代。在整个 20 世纪 60 年代和 70 年代，随着计算、测试和经验指出缺点或需要改进的地方，它们必须不断修正。

总的来说，安全规定也是如此。在 20 世纪 60 年代早期到中期，原子能委员会不是根据经验，而是根据员工的判断和猜测设置反应堆安全标准。但随着公用事业公司建造和运营反应堆，原子能委员会开始搜集和分析性能数据才了解到，原来的假设并没有所认为的那样保守。作为回应，原子能委员会加强了法规，迫使公用事业公司返工其工厂设计并改变其操作程序。这些安全性要求的不断变化，大幅提高了工厂的成本。

问题变得更糟了，因为原子能委员会一直在试图击中一个移动的标靶。问题之一是，原子能委员会数据来自不超过 200 兆瓦工厂的运营，而公用事业正在计划建造 800～1000 兆瓦的工厂。结果，根据兰德公司的一项研究显示，"监管部门不可能'迎头赶上'，'后适应'成为监管规程不可避免的成分"，当然，"后适应"比第一次就做对要昂贵得多。

美国核工业在 20 世纪 60 年代和 70 年代的所有错误中，最致命的是未能解决核电站一个或几个标准设计。标准化使学习效果最大化，使得人们不但可以学习自己的经验，也可以学习他人的经验，但公用事业公司却认为这没有任何必要。

为什么不呢？一方面，公用事业公司习惯于定制建造其化石燃料工厂，这从来都不是一个问题。同样，公用事业行业中没有单位真正意识到某些东西要花多少钱。公用事业公司本身，因为监管垄断，按照它们的开支收取报酬——只要发电厂的成本不是不合理，公用事业公司被允许设置它的利率来获得合理的投资回报。以及为公用事业建厂，包括核电站的那些公司一般按成本加佣金收取报酬。也许，如果公用事业行业有更多的成本意识，它就会对以标准化的方式来降低成本更感兴趣。最后，由于核能技术在 20 世纪 60 年代和 70 年代变化如此之快，设计稳步改善，似乎从未有一个很好的时间点让他们停下来进行标准化。

与以往一样，公用事业以一个自定义单元订购每个核电站，而这些单元的规模在整个 20 世纪 60 年代和 70 年代逐年增大——从 300 兆瓦、600 兆瓦、900 兆瓦，最终增大到1200兆瓦。这就好像美国、德尔塔、联合和美国其他航空公司，要求飞机根据个性规格定制，并且每年买越来越大的飞机。飞机可能不会坠毁，但是制造、燃料和维护成本将会飞涨。

相比之下，法国核产业进行了标准化，因此避免了困扰美国核工业的许多问题。在整个 20 世纪 60 年代，法国仅开始建设了少数反应堆，全部是由法国核工业开发的气体—石墨反应堆。1969 年，法国总统蓬皮杜决定，弃用本土技术，采用美国轻水反应堆技术。5 年后，阿拉伯石油禁运，法国国家计划启动，1974 年和1976 年分别订购了 16 座和 12 座反应堆。在这一点上，法国花 10 年时间学习美国的经验，并利用了这一优势。

法国的一家公用事业公司——国有法国电力公司（EdF）决定，其所有核反应堆将基于西屋公司的单一设计许可。法马通公司将建造压水反应堆，而另一个，阿尔斯通-大西洋公司将垄断与反应堆配套的汽轮机。国有法国电力公司本身将设计和建设每座核电站其余部分。在这样的安排下，法国核项目将学习效果最大化，它不仅受益于美国计划在 20 世纪 60 年代和 70 年代早期所犯的许多错误，而且它也通过关注自己的经验来将一切标准化。这包括反应堆和涡轮机、工厂设计、控制室，甚至建设程序和合同。法马通公司确实加大了反应堆的规模，但与美国同行不同的是，它慢慢地这样做，在显著改变它们之前，花时间了解核反应堆的性能如何。其最早的反应堆，在 1970 年第一次出售，达到 900 兆瓦。此后到 1976 年，法马通公司的反应堆达到 1300 兆瓦，最后在 1987 年达到 1450 兆瓦。

小心和谨慎取得了回报。法国核项目一直是世界上最具经济性

的核项目之一。工厂成本 10 亿美元到 15 亿美元——约每千瓦 1000
美元，是最经济的美国工厂的成本和美国核电站平均成本的一半。
国有法国电力公司建厂的时间都在 6 年或者更短，比大多数美国公
用事业要快得多，这也有助于降低成本。一旦工厂投产，供电将非
常可靠，在可用于发电的时间方面，是世界上排名最好的。

在美国，一些公用事业公司也采取了类似的方法，并且取得了
类似的成功。杜克电力公司就是其中之一。作为自己的建筑工程师
和建筑承包商，杜克公司开发了设计和建造核电站方面专业知识的
内部培训课程。它将工厂标准化到了在美国不同寻常的程度。首先，
南卡罗来纳的奥科尼塞内卡工厂，有三座相同的巴威公司的压水反
应堆。其第二座和第三座压水反应堆，分别位于北卡罗莱纳州科尼
利厄斯的麦奎尔和南卡罗来纳州三叶草的卡托巴，转而采用西屋公
司核反应堆，但是他们仍然是压水反应堆，所有两个工厂的四个反
应堆都是一样的。因此，杜克公司的建设成本可以与国有法国电力
公司媲美，而其能力因素——以经营业绩衡量——在美国处于最好
的行列。

别的不说，核工业在学习重要性上的经验教训，消除了技术傲
慢而迎来了核时代。一次又一次，业界认为它对该项技术有很好的
理解，却又一次又一次的遭遇意外。其中一个意外出现在压水堆的
蒸汽发生器，其使用高温、高压冷却水的热量，烧开连接到汽轮机
的辅助系统管道中的水。蒸汽发生器工作好多年，但经过 10 年左右
的使用，其中许多机器受到了意想不到的"绿色垃圾"的打击，阻
塞了加热、加压水的流动，而被迫进行昂贵的维修。其他蒸汽发生
器已经出现泄漏。例如，波特兰通用电气运营的特洛伊核电站，蒸
汽发生器泄漏导致该公司 1992 年永久关闭了运行不到 17 年的反应
堆。以前负责通用电气核部门的伯特伦·沃尔夫，总结了羞辱的教
训："如果你有应该持续运行 40 年的工厂，那么你需要花 30 年到 40
年去理解将要发生的事情。"

第5章 选 择

在 20 世纪 40 年代末和 50 年代初，当时原子能还是新鲜事物，常常会听到有人将反应堆称为核"炉子"。它们"燃烧"其核燃料并留下核"灰烬"。当然，从技术上说，这些术语没有意义，因为燃烧是一个化学过程，而反应堆从裂变获得能量，但记者喜欢这个术语，因为它很通俗并能快速被人记住。人们装载燃料棒，打开开关，很多东西变得很热。如果这并不完全是一个炉子，也足够接近。

实际上，这个比喻相当好——抓住了要点。一般的炉子燃烧不同燃料：天然气、燃油或甚至在一些古老的炉子里烧煤。核反应堆可以使用钚、天然铀或不同程度提纯的铀作为燃料。我希望炉子有一种"冷却剂"——空气，空气经过炉子然后引出，从火中将热量带出来。反应堆也有冷却剂——液体或气体，将热量从反应堆堆芯带到工厂的另一部分，热能转换成电能。然而，在这里这个比喻就不太恰当了。核反应堆的冷却剂不仅将热传到蒸汽发生器或涡轮机，而且也防止燃料过热。炉子的冷却剂不含有任何这样的功能，加之大部分反应堆使用慢化剂加速裂变反应。一般燃烧器没有类似的装置，"炉子"比喻最主要的缺点是，它隐藏了反应堆可能的类型多样性，因此掩盖了早期核工业面临的艰难选择：哪种反应堆类型应该成为商业核能的基础呢？

这种可能性几乎是无限的。燃料选择范围很宽泛，冷却剂可以是具有良好传热性能的任何东西：空气、二氧化碳、氦气、水、液态金属、有机液体等，还有慢化剂的选择范围同样广泛：碳、轻水、重水、铍和其他金属、有机液体，甚至一些反应堆中并没有慢化剂。面对所有这些选项，选择一种反应堆类型变得像是以一个固定价格在中餐馆点菜：从 A 栏中点一个，从 B 栏中点一个，从 C 栏中点一个，一些组合可能比其他组合起更好的作用，而一些可能不起作用，但组合的数量是巨大的。

尽管很少有非专业人员认识到存在多少选项，但核技术界的成员知道。即使在第二次世界大战结束前，曼哈顿计划工作人员已经想象出了他们认为将是可行的各种各样的反应堆。到 1955 年，在日内瓦举行的和平利用原子的新闻发布会上，阿尔文·温伯格报道，可以想象有数百种类型的反应堆，其中许多类型显然是不切实际的，但 100 种左右的反应堆就可能会完成这项工作。

哪种最适合发电呢？没有人知道。每种类型的反应堆可能有自己的特色、优点和缺点。不设计、建造和运营核反应堆，就在其中进行选择只不过是有根据的猜测。但独立开发许多有竞争能力的基本型，并看哪种作为成熟技术最有效，代价太高昂。那么，应该怎么做选择呢？

许多新技术面临类似的困境。当个人计算机从 20 世纪 70 年代第一次进入市场时，大量的公司提供的主要产品是不兼容的机器，这些公司包括：MITS、IMSAI、克伦梅尔科、苹果、处理器技术、坦迪、奥斯本、IBM，还有在个人计算机行业的第一个 10 年里出现的许多公司。录像机最初提供给消费者时，人们不得不选择 Betamax 和 VHS 格式。最近，晶体硅、非晶硅技术正在太阳能电池市场展开决斗。在每种情况下，在开发和改进的过程中，总有同一技术的两个或多个类型为得到采用而进行竞争。

在这样的竞争技术之间，我们如何或我们应该如何选择呢？传统上，经济学家关注这个问题相对较少，他们简单地认为市场会做正确的事情。根据古典经济理论，当在多个选项中作出一个选择时，市场将会选择使用最有效和资源配置最佳的那个——即给出最大效益的选择。这是一个很好的安慰观念：只要各种技术在一个自由和开放的市场中竞争，我们可以期待取得可能最好的结果。

不幸的是，现实并非如此。为了作出理性的决策，任何人，甚至一个模糊的、影响广泛的实体如"市场"需要信息，而新兴技术信息短缺，要完善这个或者那个型号有多么困难和昂贵呢？会出现什么问题呢？其中任何一个会被证明是终结者吗？每个选项有长期潜力吗？在开发过程的早期，没有人知道这些问题的答案。人们可以作出预测，当然，预测建立在早期开发工作的经验上，但未来很少表现得如预期。并且当技术较为复杂时，预测者还不如看茶叶。

　　面对这种不确定性，技术决策取决于我们已经遇到的各种类型的非技术因素：工程师的直觉、各种政治力量、商业方面的考虑等。将一个人在恰当的时间放在了对决定技术路径有影响的位置是历史巧合。实际上，大多数这些因素可以认为是随机的，因为无法预测。技术发展不是按照计划好的路径（尽管其中一部分显然是深思熟虑的），而是按照只有事后看来似乎是朝着一个特定结果以一种不连贯的尝试前进的。

　　尽管如此，经济学家和其他一些人传统地假设，这种偶然过程会以某种模糊方式——在市场的帮助下——遴选出最佳选择。这可以看作是数以百万计的个人决策的综合结果，每个个体的决策都可能只有部分是理性的，甚至完全不是理性的，而最终结果本身是理性的。如同在达尔文的进化论中，自然选择将最终导致适者生存。当然通常是这样的结果。本书第 1 章中描述的交流电和直流电之间长期的竞争，尽管过程不应该如此曲折，但最终更好的技术接管了市场。

　　但最好的技术并不总会胜出。在信息相对较少的早期做出决策，会很强烈地影响技术的发展。例如，如果一种方法吸引了更多的投资，可能会加速它的发展，使它打开一个领先于竞争对手的局面，给它一个吸引更多投资的优势。或者当市场规模还小的时候，销售的领先可以在后来滚雪球般发展成主导地位，即使产品没有明显的优点。这样的影响使技术路径选择具有依赖性——最终结果可能取决于大量小的、看似无关紧要的因素。经济学家们发现，出乎他们的意料之外，远远不是完全理性的，市场有时选定那些显然不如其他技术的技术。事实上，即使个体市场参与者表现是完全理性的，他们的决策逻辑根据能得到的最好信息，较弱的技术也可能会被"锁定"，而抛开其他可能更好的选择。

例如，就汽车而言，尽管内燃机已经成为道路之王半个多世纪了，一些人仍怀疑我们在开始之时是否出错了。

5.1 蒸汽机与内燃机

在世纪之交，没有马的车辆首次在欧洲和美国普及。电力、蒸汽和汽油三种不同类型的车辆在角逐流行中各领风骚。电动汽车特别有吸引力，因为它们清洁、运行安静、启动和加速平稳，而且它们快速——那时它们保持着世界上陆地速度纪录。但它们已经被证明存在一个致命的技术缺陷：供电电池沉重，而且必须经常充电使汽车不适合持续使用（事实上，就是现在，一个世纪之后，电池技术经过人们几十年的辛勤工作，才开始使电动汽车变得实用）。这剩下两项技术——蒸汽动力和内燃机动力之间的竞争推动即将到来的汽车革命，虽然我们现在知道了结果，但在当时看起来就像赛马。

内燃机的巨大优势在于，它能使规模相对较小、质量较轻的发动机产生强大的动力。大的缺点是不能在汽车合适的速度下运行。尼古拉斯·奥托发明于 1876 年的标准四冲程内燃机，一个循环经历四个步骤，其中只有一个提供动力：燃料空气混合物被吸入气缸，活塞压缩该混合物，混合物被点燃时，驱动活塞产生动力；废气从气缸中排出，清空后用于下一个循环。这本质上是一个非常不平稳的、不平衡的过程，所以活塞连接到一个大飞轮上，使其进出运动平滑。但飞轮的存在限制了发动机的速度范围；飞轮越大，工作越流畅，但范围就越窄。加之，汽油发动机的机理施加了另一组限制。因为汽油发动机每个循环只产生少量的动力，为了得到较高的效率，发动机必须每分钟运行几千个循环。另一方面，如果放缓远低于每分钟 1000 转，发动机就会失速。所有这些限制的结果是，内燃机存在一个有效的工作范围，也许每分钟 800 千转或 900 到几千转。

这个范围与汽车的要求匹配不佳，其车轮将以每分钟几十转到1000转或在高速度时以更高的转速旋转。为了制造汽油车，发明家因此必须开发一个齿轮传动系统，可以将转速从每分钟几千转降低到300转，或600转，或900转，这取决于司机开车的速度。这是一个困难、复杂的任务，尽管工程师最终设法开发了有效的传动系统，他们给汽车留下了一个难点，即使在今天仍然是个难点，它提醒人们，内燃机至少在这一个方面不适合于驱动汽车的任务。

蒸汽机有自己的一套加速和减速装置。相比于汽油动力同行，电动汽车、蒸汽动力汽车可能会更为平缓和安静。1906年，他们有足够的影响力，斯坦利蒸汽机公司创造了每小时超过127英里的陆地速度纪录。因为发动机每分钟几百转而不是上千转，不需要传动，内部部件磨损更少。蒸汽发动机技术比内燃机技术更为成熟，在工程应用之前，要解决让其可以平滑、可靠工作的问题不多。而且它们要简单得多——斯坦利后期型号的一款发动机，只有22个活动部件，不超过汽油动力汽车自主启动器的部件数量。最后，蒸汽动力汽车更容易驾驶。汽油动力汽车的驾驶员不仅需要担心离合器和换档工作的同时性，而且启动汽车是一项让人"望而生畏"的工作。司机或勇敢的助理不得不充填气缸，推动火花塞，然后摇动手柄，小心翼翼地快速脱离。如果一个不小心，手柄旋转会打断一只胳膊。正如一个汽车作者在1904年写道："每辆沿街驶过的蒸汽车辆证明了人们对其的信心；除非汽油车辆可以去掉其不良特性，它必然会被从路上驱逐出去，把位置让给其缺点少的竞争对手，那些蒸汽驱动的车辆。"

蒸汽机的弱点不是它的引擎，而是来自其燃烧器，在其中各种工况下保持一直燃烧，也来自锅炉，水在其中变成蒸汽推动活塞并给发动机提供动力。直到自动控制在20世纪20年代得到完善之前，锅炉需要司机的大量注意力。此外，早期的型号没有配备冷凝器来捕捉水并重复使用，所以锅炉需要定期填充。老蒸汽机车的特征是车辆后面的水蒸汽云。

综合考虑所有因素，蒸汽机车和以汽油为燃料的汽车似乎旗鼓相当。对于使用者来说，两者各有其优势和劣势，属性各异，内燃机固有紧凑性，而蒸汽机具有简单性。即使经过 30 年的发展，仍然不清楚哪个是优越的选择。汽油动力汽车已经在市场上遥遥领先，但哈佛大学历史学家查尔斯·麦克劳克林写道："20 世纪 20 年代末和 30 年代初制造的多布尔蒸汽轿车，在无故障运行和性能方面，当时没有其他任何轿车能够超越它。"然而，该型的多布尔汽车，是蒸汽机的最后狂欢，由于蒸汽机产业化失败，决定了内燃机成为汽车行业的必然选择。

既然这两种技术在竞争中咬得那么紧，为什么以汽油为燃料的汽车垄断了市场呢？经典经济学的解释会是，这是一个市场的理性决策，在最后分析中，内燃机一定是优越的技术选择。但比经济学家了解汽车更多的人们对这提出了挑战。到底发生了什么，他们说，内燃机的研发比蒸汽机的研发投入的力度更大。在 20 世纪 40 年代从事自动变速器工作的一名工程师 S. O. 怀特这样说道：

> 如果投入汽油发动机的金钱和精力一直集中在蒸汽引擎的锅炉和控制上，我们现在就不会讨论自动变速箱。汽油发动机的缺陷是如此之大，以致我们必须有某种形式的多级变速器来弥补其不足。我们只能使用蒸汽机汽车性能作为我们想实现的理想。

> 即使是现在，工程师计算蒸汽机以及以汽油为燃料的汽车的最佳效率时，仍然怀疑蒸汽机可能被证明是一个更好的选择。

现实情况是，内燃机和蒸汽动力汽车之间的竞争不是由哪个技术更好决定的。相反，内燃机的胜利是（蒸汽机）多种不利因素的结果，大多独立于技术问题之外。

一个因素是汽油动力汽车的开发商，如兰塞姆·奥尔兹、亨利·福特，不仅是优秀的工程师，而且是精明的商人。许多早期的汽油汽车生产商在底特律建厂，他们发展了一种全新的经营方式，大规模生产一个或几个型号，然后通过大型分销网络低价出售。

相比之下，斯坦利公司——蒸汽动力汽车的领袖和寿命最长的厂商，是早期的精湛手艺和当地市场的遗迹。斯坦利双胞胎是发明家，他们更感兴趣的是设计和制造优秀的汽车，而不是卖出数百万辆车。马萨诸塞州的工厂雇用能定制一辆车的熟练工人，甚至根据买方的要求可以改变轴距，而且能以不同的方式连接锅炉，这取决于谁在做组装，这不仅使汽车比福特 T 型车（可以选择任何你想要的颜色，一般是黑色的）昂贵得多，而且使它们更难于服务。然而，这没有打扰到斯坦利。他们满足于销售相对较小数量的汽车给那些愿意支付高价的爱好者。在第一次世界大战开始之前，斯坦利整个公司的汽车年产量为 650 辆，是亨利·福特汽车公司一天的产量。

这种方法维持了 10 多年，但难以为继。斯坦利公司业务量相对较小，几乎没有资本公积金，被一系列的挫折整垮了。因为斯坦利试图保持他们的汽车尽可能简单，它们从未安装冷凝器来回收水。这不是主要问题，因为大多数的汽车是在新英格兰使用，那里一切都很近，人们很少开车行驶很长一段距离，而且，除此之外，沿道路两侧有许多马槽，汽车能取更多的水。但在 1914 年，口蹄疫流行病爆发，大多数的公共马槽被移除以防止其传播。突发的情况使斯坦利兄弟被迫开发带冷凝系统的发动机，他们大幅削减产量，直到他们完成开发工作。到 1916 年，他们已经想出了一款冷凝器，开始恢复生产，但他们再次措手不及。1917 年，美国加入第一次世界大战，政府限制消费者的制造业产出。根据法律规定，公司只能生产过去三年里平均产量的一半，这让斯坦利公司能够制造的汽车极少。战后，被削弱了的公司似乎要恢复时又受到第三遭坏运气的打击：1920 年的经济衰退。经济衰退使商品价格下降，加之受到在经济衰退前以高价购买其库存零件的打击，让公司无法盈利。它再也没有恢复过来。

其他生产蒸汽动力汽车的公司不是破产就是转向内燃机，但麦克劳克林说，汽油汽车接管市场并不是由于任何技术优势："蒸汽汽车失败的主要因素既不是技术的缺点也不是敌对利益的一个阴谋，而是它的命运掌握在小型制造商手中。甚至最著名的制造商怀特和斯坦利，也未能在生产和销售中引入创新，而这使得他们面对底特律的竞争对手时难以生存。"

5.2 正反馈，QWERTY 和技术锁定

蒸汽汽车是否可能优于内燃机汽车，这对我们并不重要。不过一些汽车工程师认为是这样的，但没有人真正知道。重要的是汽车的命运不是注定的，它取决于一系列的行为和事件，如果它们是不同的，可以很容易地得出另一个结果。例如，如果蒸汽汽车的支持者聚集在底特律并且开发了一种能量产的产品和大众市场，而内燃机的支持者仅限于一个小而昂贵的汽车市场，今天也许我们都在驾驶蒸汽机车。

这如同我们在第 1 章看到的路径依赖，并不会有什么特别奇怪的想法，因为不同的路径应该会导致不同结果是个常识——除非你上过一些经济学课程，了解过古典经济学的知识。古典经济学描述世界由各种力量——供求的平衡、成本与收益等决定。在这个视图中，新技术的命运是由诸如成本、工作性能、对需求的满足程度，以及与其他相同或相似工作的技术相比的优劣决定的。在古典经济学的方程式，没有口蹄疫的爆发。

然而，近年来新一代的经济学家和历史学家已经开始研究技术如何发展的问题，而这些研究人员发现，如果不去密切关注一项新技术的历史，就不可能理解它是如何进入人们的视野的。技术创新取决于各种力量复杂而微妙的相互作用：时机、内涵以及科学发现的传播、现有的技术基础设施、对一项新技术市场潜力及其需求的判断；组织的决策，无论是企业还是政府；少数关键人物的行为，比如发明家、有影响力的企业家和强有力的政府官员。

这种理解技术发展的新方式在很多方面不同于古典经济学，但

最重要的或许是它强调日益增加的收益，或"正反馈"。传统经济学集中于收益递减推动市场平衡的情况。当油价在 20 世纪 70 年代飙升时，人们开始通过购买小型汽车、少开车，并降低他们的恒温器节约能源，从而减少了对石油的需求，推动其价格下降。还是在 1994 年，当国会投票禁止"进攻性武器"时，人们在该法律生效前纷纷去枪支商店购买它们；这个需求的增加使枪支的价格急剧上升，推动需求回落，因为愿意支付高价的顾客更少。这是标准的新生经济学：当一些东西推动市场时，会重新建立平衡。经济学家们采用了物理学科的语言，这一推动被称为"负反馈"。它以在机器或电子设备同样的方式作用在市场上，推动一切事物走向一个平衡。根据古典经济学，该平衡是利用资源最有效的。

然而，在现代经济中许多情况是收益递增而不是收益递减占据主导地位。最熟悉的例子之一是 Betamax 与 VHS 录影机市场的竞争。当两种制式上市时，消费者必须选择这一个或另一个，因为 Bata 录像机不能播放 VHS 录像带，反之亦然。许多专家认为 Bata 技术优于 VHS 制式，但优势没有大到其他因素不能抵消的地步——这就是真实发生的事情。起初，两种制式市场份额大致相当，但后来 VHS 取得了一个小优势，也许由于其营销活动，或一些客户心理的怪癖，或仅仅是运气。由于 VHS 客户多一些，录像带电影出租或销售商店做更多 VHS 制式的录像带。这反过来又导致更多的人选择 VHS，进而使商店保证更多的 VHS 货源等，在一个自我强化的循环里，直到 VHS 制式成为事实上的行业标准。

一直在研究这些正反馈影响的斯坦福大学和圣达菲研究所经济学家布莱恩·亚瑟（Brian Arthur）指出，这些影响产生市场的不确定性。因为早期发生小的、随机的事件，之后可以放大成为重大的影响，最终结果可以很敏感地依赖于各种环境——它是路径依赖的。一个偶然的实验室发现可能会在已经发生事件的一个完全不同的方向上推动技术的发展。风险资本家不愿给苦苦挣扎的公司提供资金，会中止可能 10 年后的一个重要新市场。为早期计算机开发的计算机语言，功能或内存相对较少，成为 10 年后为更强大计算机编写程序的标准。特别是，亚瑟指出，这种路径依赖意味着无法以一定的确定性准确地提前预测结果。就像录像机第一次出售时，没有人知道哪种制式将成为事实上的行业标准。

负反馈和正反馈创建的市场，其属性截然不同。审视古典负反馈市场的一般方式是，将其想象为碗内的一块大理石。重力把大理石拉到碗的底部，这是它的平衡点。无论大理石从哪开始或走什么路径，其最终位置很容易预测。字面上的意思是，正反馈将这张图片颠倒过来。认为大理石平衡在颠倒过来的碗的顶点。如果被推动，再也不能回到原来的位置，而是沿着碗的一侧运动，速度不断加快。没有办法预测大理石最终会在哪，因为目的地将敏感地依赖于精确的推动细节。

传统经济学一直专注于负反馈和平衡，亚瑟说，因为直到最近这些都是理解经济的最重要因素。在基于资源的任何市场中——农业、采矿、批量货物生产，收益递减占主导，因为资源有限。例如，牛肉经历了一场突发的人气激增，这种人气不会自己建立，除非牛肉在肉类市场开始排挤鸡肉、猪肉和羊肉。相反，更大的需求将导致更大规模的生产，这将推高牲畜饲料和农场土地价格，使牛肉更加昂贵，而且也许会在比以前更高的平台上稳定牛肉的地位。

然而，在许多现代市场中，信息比物理资源更重要，亚瑟说，当涉及信息时，递增的收益很可能会起一定的作用。思考一下个人计算机，这是一种极其复杂的机器，设计和制造一型需要投资几千万或几亿美元去研发。然而，制造第二台相对便宜，只有劳动力、部件和组装成本。制造第 1000 台或第 100 万台更便宜，由于制造业的学习效应和规模经济，第 100 万台个人计算机用户的好处可能会远高于第一个或第二个用户。有 100 万台计算机在市场上，将会有更多的软件可用，由于软件的成本可以在许多用户之间分摊，人们可以彼此分享经验、互相帮助，从而能从他们的计算机获得更多的东西。亚瑟说，一般地当产品的主要投资是制造它所需要的知识时，无论计算机、药物或先进材料，如高强度陶瓷，都随着生产和销售数量的增加，单位价格下降而利润增长。不像牛肉，知识产品的销售形成自我循环，随着每次新品的成功，成功很可能还将延续。

　　亚瑟指出，随着技术采用更加广泛，有五种不同方式使其变得更有吸引力，一是，制造商制造和销售更多的产品，它可以通过学习自己及其用户的经验来改善产品。边干边学，边学边用，正如我们在最后一章看到的，这对复杂的技术尤其重要。二是，消费者常常发现其支付属于特定产品用户的一个大型社区。这就是为什么VHS录像机在制式之战中获胜了。三是，如果制造产品中存在规模经济，当研究和开发是产品成本的一个主要部分时，这是常态，即价格将会随着产量的增加而下降。四是，很多人会决定购买已经是很流行的那种产品，认为使用少的技术没有得到充分的测试，因此风险较高。五是，许多技术需要基础设施，这些基础设施随着技术的采用而规模增大，并变得更加根深蒂固。例如汽车，依靠炼油厂和加油站网络、零部件制造商、商店和修理店，等等。没有这样一个完善基础设施的竞争技术将处于一个巨大的劣势。

　　诸如汽车和计算机等现代复杂技术通常分为几个类别，使它们特别有可能是递增收益的而不是递减收益的。但现代技术绝不是唯一的例子。最佳案例之一发生在一个多世纪以前技术含量相对低的产品：打字机。

　　今天，几乎所有的打字机和计算机键盘具有相同的按键位置：所谓的 QWERTY 布局，以键盘上的第一排字母的前六个字母命名。QWERTY 不是一个特别有效的布局——打字员的手指必须从它们的"家"的位置移动去敲击许多最常见的字母，很长一段时间，人们试图用更好的东西替它。最著名的替代方案是 1932 年开发的德沃夏克键盘简化系统，相比于采用 QWERTY，它使打字员打字速度快 5% 到 40%，但由于历史事件加上递增收益，QWERTY 已经锁定市场一百年了。

　　来自密尔沃基的印刷商克里斯托弗·莱瑟姆·肖尔斯，是打字

机早期一个型号的发明者。他于 1867 年申请了专利，但这台机器被
许多缺点困扰，其中最严重的是，如果打字员敲击按键太快，打字
棒（飞起的打字棒敲击丝带并将一个字母印在纸上）相互撞击并
挤到一起。肖尔斯不是改善打字机的设计来避免这个问题，而是尝
试了各种布局，寻找一种能防止因打字员打字速度过快而导致拥挤
的布局。1873 年，当他拥有相当有效的东西时，肖尔斯和合作伙伴
将制造的权利卖给了武器制造商雷明顿父子。雷明顿又做了一些微
小的变化，生产在本质上相同于今天的 QWERTY 键盘布局的打字
机。例如，雷明顿的修改之一是将 "R" 放到第二行，以使销售人员
可以通过输入 "打字机"（品牌名）而手指不离开这一行来打动
客户。

在雷明顿提供 QWERTY 打字机的同时，其他公司也一直提供
自己的机器，每种都有自己的键盘布局。一些型号避免了困扰肖尔
斯设计的打字棒问题，这使得可以把键置于更方便的位置。其中一
个布局，"理想" 键盘，把所有最常见的字母（DHIATENSOR）放
在 "家" 行上，这样打字员就可以拼写 70% 的英语单词而手指不用
离开该行。

打字机花了十多年的时间才开始流行，但它在 19 世纪 80 年代
蓬勃发展，接触式打字很快成为办公室一个有价值的技能。一旦发
生这种情况，键盘布局选择受到一个强大的正反馈。如果工人打算
花时间学习打字，就想在应用最广泛的系统上训练。

这样他们可以更容易地找到工作，而不太可能必须去学习另一
个系统。反过来，雇主有动力去买具有最受欢迎的键盘布局的打字
机，更容易找到已经知道如何使用该布局的打字员，这样不用支付
培训他们的费用。工人和雇主都希望使用最流行的布局，正反馈强
烈保证递增收益。无论哪种选择取得了最初的领先地位，都可能会
扩大，并最终将其竞争对手挤出该业务。

QWERTY 键盘可能没有最明智的布局，但它有自己的优势，
比大多数其他设计推出的时间长。在整个 19 世纪 80 年代，售出的

打字机拥有各种各样的键盘布局，但在 19 世纪 90 年代市场倾向于 QWERTY 键盘越来越多，到 20 世纪的第一个 10 年它完全胜出。这种胜出类似于 20 世纪 80 年代末发生在办公室的文字处理软件，那时"完美文书"成为全国各地的办公室事实上的标准。

将近一个世纪，没有什么推翻了 QWERTY 键盘的优势。在 20 世纪 40 年代美国海军用德沃夏克系统做实验，发现它能提升打字速度。的确，美国海军的一份报告声称，它提升打字速度到了这种程度，以致一个办公室使用德沃夏克键盘重新训练其打字员，10 天内就能收回培训成本。其他测试证明打字速度改善不多，一个保守的估计是，打字员使用德沃夏克系统平均要快 5%。无论哪种方式，QWERTY 仍然保持住办公室标准，尽管德沃夏克支持者的争辩相当准确，他们的系统是优越的，但该新品的业绩依旧一筹莫展。

以汽油为燃料的汽车在 20 世纪 20 年代中期面临着类似的挑战，结果也类似。斯坦利公司和其他的蒸汽汽车制造商破产之后，实业家艾伯纳·多布尔决定试一试，最初他认为，如果蒸汽汽车采用所有的进步点控制燃烧器必将优于汽油汽车，所以他使用在大底特律汽车制造商起作用的所有技巧，开始建造并出售蒸汽汽车。他集合了 1000 家经销商网络、应用最新的制造技术，甚至在底特律建立生产线以便更容易招募熟练工人，以及利用为大型汽车制造商提供零部件和用品的如雨后春笋般涌现的所有小公司的产品。据说，多布尔蒸汽汽车是优秀的产品（与任何由一台内燃机为动力的一样好或者更好一些），公司以提前获得 2000 万美元订单起步。如果有什么人能够打破汽油动力汽车垄断的话，那应该是多布尔，但他还是没有成功。多布尔-底特律公司死在大萧条期间，60 年来没有任何东西接近取代内燃机。

面对这种棘手的问题，人们很容易认为有什么东西干扰着自由市场的运行。也许汽油动力汽车的制造商合谋打击多布尔的公司，也许正如奥古斯特·德沃夏克曾经建议的，打字机制造商背叛了他的发明，因为他们担心打字加快太多会降低对其产品的需求。但是这些都只是假设。这种"技术锁定",正如亚瑟命名的,如果从递增收益的角度看,它有完美的意义。

一旦一种技术已经达到一定的采用程度,任何人选择另一种技术最终要付出更大的代价。对于打字机键盘,雇主必须重新培训现有员工,会发现更难雇佣新员工,谁都不愿意学习新系统。从QWERTY系统转来的员工不仅要花时间去学习一种新的系统,同时也损害了他们到另一家公司工作的几率。很少而不是大多数雇主和雇员可能会认为这种投资是值得的。每个人决定留在QWERTY是理性的,但所有这些理性的决策累积起来成为了一种非理性的,或者至少不太理想的选择。

总的来说,从古典经济学家的观点来看,这是一个相当令人不满意的状况。当新技术在递增收益的市场中互相竞争时,最终的冠军竞争往往会由随机事件决定("随机"在某种意义上,它们与技术优点无关)。根据竞争采用的特定路径,技术差的很可能独占鳌头。一旦发生这种情况,二流的选择可能会被锁定。正反馈可能具有其优点——如显著降低许多现代技术的成本——但保证最好的结果并不是其中之一。

5.3 核能与"多胳膊强盗"

因为劣质技术能将更好的选择排除在外,所以技术的早期工作尤为重要。在理想情况下,人们很可能想让事情放任自流直到最理想的选择明朗为止。但在自由市场竞争中,这几乎是不可行的。每个企业的压力是锁定尽可能多的市场份额,而不是担心其竞争对手的产品有更多的长期潜力。所以一个显而易见的问题是:一些中央机关或政府机构或其他决策实体,会介入防止劣质技术锁定吗?现在供职于伦敦西安大略大学的亚瑟的一个学生罗宾·考恩,对这个问题进行了深入研究,他的结论是发人深省的。他说,经济分析和经验证明,即使有完整的中央控制,也会有锁定劣质技术的可能。

而核能发展的历史恰恰证明他的这个观点。

正如我们在前面章节看到的，原子能委员会在 20 世纪 50 年代着手确定建造核电站的最佳技术。原子能委员会并没有试图避免技术锁定——那是一个 30 年以后的概念了。相反，该委员会被赋以发展核能的责任，而其成员认真履行其职责。他们计划做出正确的工作，并在美国开始建造大量的核电站之前找出最好的选项。

那时的选择很多，但从一开始就有一些技术看起来比别的更好。在 1955 年和平利用原子能会议上就已经列出了 100 种的可能性，10 多个重要候选者出现在三年后的后续会议上。最初大幅的削减选项主要是基于物理计算和工程判断作出的，但进一步收窄选择范围只有在建造和运营不同类型的工厂中取得实际经验才行。

各种备选方案的燃料、慢化剂、冷却剂都有所不同。"低技术"选择是燃烧天然铀和避免需要复杂而昂贵的铀浓缩工厂的那些选择。例如，战时建在汉福德的生产钚的石墨慢化、水冷反应堆。

与汉福德核反应堆关系密切的技术成为核电领先的候选者。如在汉福德一样，核能发电以天然铀为燃料、石墨为慢化剂，但冷却剂是高压气体。而具有英国特色的核反应堆，则可以参见英格兰的考尔德大厅的商业配送发电的第一座反应堆，那是一座气冷-石墨反应堆。

在最早的气冷-石墨反应堆型号中，冷却气体是空气——鉴于石墨过热会在氧气中燃烧，这只是强差人意的选择。在以后的气体冷却反应堆中，如二氧化碳和氦气等气体成为标准选择。

不管是什么冷却剂，石墨慢化反应堆有一个主要缺点：中子在石墨中慢下来需要相对较长的距离，所以必须采用非常大的反应堆堆芯。因此，石墨反应堆的机器是庞大而昂贵并缺乏设计灵活性的。但另一方面，更大的堆芯提供了额外的安全性。如果在一次事故中失去了冷却剂，燃料的余热通过石墨扩散，因此不太可能熔毁。

早期，石墨-气体反应堆的两个优点盖过其缺点。它不仅使用天然铀，而且它也可以用来生产制作炸弹用的钚。出于这个原因，英国和法国以这些反应堆开始了其核项目，因此考尔德大厅是一家"两用"工厂，制造钚和发电。

如果人们希望使用天然铀作为反应堆燃料但不喜欢石墨作为慢化剂，唯一的选择是重水。从表面上看，重水反应堆不像是一个很好的选择。它们需要与石墨反应堆一样大的堆芯，因此也带来一些额外的问题。因为重水只占正常水的一小部分，其生产需要大型、昂贵的分离工厂。重水反应堆运行温度比其他类型的低，这对它们的效率不利，虽然如此，加拿大是开发重水反应堆的唯一国家，通过坎杜型设计取得了很好的成功。

坎杜型反应堆从 20 世纪 50 年代初开始研发，采用重水作为慢化剂和冷却剂。每座反应堆由一个装满重水的巨大贮箱并由通过贮箱的数以百计的压力管组成。这些管含有铀燃料包，也作为加压重水的流道，重水快速流过燃料元件并将热量带给蒸汽发生器。分散的燃料以及冷却剂流经这些管路有两个优点：它避免了对大型、难以建造的轻水反应堆压力容器标准的要求，使得反应堆在运行中可以添加燃料；一次可以移除和替换一个燃料元件，而不像在轻水反应堆中一次全换掉。尽管坎杜型反应堆在加拿大发电超过 30 年，可能是使用天然铀作为燃料的"低技术"，但该设计的其余部分是最先进的。

在美国以及后来的其他国家，浓缩铀的可用性打开了反应堆设计几乎无穷无尽的选项。例如，现在建造使用 U-235 含量刚超过 1% 的稍微浓缩燃料的坎杜型反应堆——这让它们具有更紧凑的堆芯和更好的运行效率。而气冷、石墨慢化反应堆设计时便成了一个完全不同的机器，因为其使用高浓缩铀（U-235 90% 以上）。少数已建成的这种典型反应堆，通过将气体冷却剂加热到高得多的温度来获取很高的效率，其可行性比水冷型更高。

但浓缩铀燃料的主要意义在于它使很多的反应堆类型成为可能，而这些类型在采用天然铀燃料时并不可行。由于燃料中 U-235 的比例较高，允许损失更多的 U-235 原子分裂产生的中子，而不会使链式反应堆熄火，所以慢化剂的选择变得不那么敏感。此外，浓缩度越高，堆芯就越小并越紧凑，其设计的灵活性就越大。

采用只轻微浓缩的铀，就可以使用轻水——我们熟悉的且存量丰富的 H_2O—代替重水作为慢化剂和冷却剂。轻水反应堆最大的优势是它潜在的紧凑度。因为中子在水中慢下来比在石墨中快得多，需要体积相对小的水作为慢化剂。采用浓缩燃料，可以建造一座堆芯非常小、功率密度高的轻水反应堆。正是这个因素而不是任何的其他东西让黎克柯主导的潜艇研制专注于轻水反应堆。然而，轻水反应堆确实有其弱点。水不是一种特别有效的传热材料，例如，过热的水和水蒸汽，其高度腐蚀性在一座反应堆所需的高压下更加恶化。由此，腐蚀会成为所有类型轻水反应堆永恒关注的问题。

避免腐蚀问题的一个显而易见的方式是使用液态金属冷却剂。例如钠在相当低的温度下熔化成液体，该温度处于反应堆运行温度范围内，而且作为金属不腐蚀金属管道。此外，钠和其他液态金属是优秀的冷却剂，因为它们吸收和携带的热量比水多。再加上一种有效的慢化剂，液态金属反应堆可以与轻水反应堆一样紧凑，事实上，钠冷却、铍慢化剂反应堆是黎克柯海军反应堆的第二选择。但由于钠与水反应会爆炸，而水是用来产生蒸汽并驱动涡轮机的，即使是传热系统的小泄漏，也会造成很大麻烦。由于这个系统困难重重，黎克柯放弃了液态钠反应堆，但钠杰出的热性能使其保持在后续其他反应堆中的使用，比如在核飞机和民用电力的两个项目中。

有机液体，那些基于碳原子的（物质）提供了另一种回避腐蚀问题的方式，与液态钠不同，它们不与水反应。不幸的是，有机液体没有特别良好的传热性能。此外，位于俄亥俄州皮夸的采用有机慢化剂和冷却剂的原型反应堆于 1964 年启用，但由于有机液体的不断恶化，不得不在仅三年后关闭。

还有其他的混搭组合冷却剂和慢化剂。例如，加拿大人最终尝试了在重水慢化反应堆中以沸水和有机液体作为冷却剂，而且他们似乎在使用重水之前解决了有机冷却剂的故障问题，但最终有机冷却反应堆因政治原因被取消了。橡树岭国家实验室的科学家们建议完全摆脱冷却。在他们的均匀反应堆中，燃料保存在一种溶液中，该溶液在反应堆中流转，在链式反应中被加热，然后通过换热器使水沸腾来驱动涡轮机。

最后，许多人相信增殖反应堆是未来最大的希望。通过将一些非裂变的 U-238 转化成钚（或者，在其他的设计中，钍-232 变成可裂变的 U-233），增殖堆设计成产生的燃料比消耗的多。一定数量的"增殖"发生在任何反应堆中——一些中子被 U-238 核吸收而没有使它们分裂，由此产生的 U-239 原子自发地转化成钚-239——但增殖反应堆的设计目的在于使这一过程最大化。天然铀中 U-238 占 99.3%，只有 0.7% 的可裂变 U-235，在一般的反应堆中，只有一小部分的铀用于生产能源。从理论上讲，一座增殖堆可以从一磅铀中挤出一百多倍的能源，但要付出代价：增殖堆发电的经济性不如其他反应堆，从使用过的并且高放射性的燃料中回收钚本身就是一个复杂且昂贵的过程。在原子能最初的年月里似乎是这样的，即使铀供应稀缺，一切也将是值得的。但是随着发现的铀矿越来越多，增殖堆变得不那么有吸引力了。之后，一些人开始担心，几乎纯钚的大量生产会使流氓国家和恐怖分子太容易偷走钚并使用它来制造核弹。这些问题导致美国放弃增殖堆计划，但其他国家并没有停止该计划。

在纸面上，根据所做的假设，可以有任何类型的反应堆。解决这一问题的唯一途径是构建原型并测试它们，以便在较少的假设和更多的证据的基础上进行争论。

这就是原子能委员会开始着手做的。整个 20 世纪 50 年代和 60 年代，在"让最好的反应堆胜出"的理念下，它资助有前途的反应堆方案的研究和开发，与许多反应堆制造商和公用事业合作，原子能委员会赞助各种反应堆：轻水，包括加压水和沸水；重水；石墨慢化和钠冷却；石墨慢化和气冷；有机慢化剂和冷却剂；快中子增殖堆。每种类型至少有一家电厂建在美国某一个地方。

　　不能获得浓缩铀的其他国家，可供选择的反应堆类型就没有这么奢侈了，它们的核项目通常专注于一种或两种设计方案。加拿大早期就定位于采用天然铀燃料的重水反应堆。英国选择开发气体冷却反应堆，最初使用天然铀，后来采用浓缩铀，再后来尝试了重水慢化、轻水冷却，类似于坎杜型的反应堆。法国像英国一样，以石墨慢化、气冷式燃烧天然铀反应堆开始了他们的计划，后来建造了一种独特的气冷、重水慢化反应堆。苏联的各种设计方案最接近美国。由于有自己的铀浓缩设施，该国可以尝试不同类型的反应堆，它也这么做了：石墨慢化、沸水冷却（切尔诺贝利反应堆就是这一类型）；压水反应堆和液态金属冷却快中子增殖反应堆。

　　所有这些国家都下错了赌注——将其时间和发展资金投入到最终可能证明不如他们所忽视的技术中，但别无选择。不仅大多数国家没有浓缩铀，但它们都扮演追赶美国的角色，而美国在战争期间就建造了反应堆，在核物理和工程上领先了一大截。如果其中任何一个国家想成为核大国，发展本土产业和出口核技术到其他国家，最好的办法是选择一种有前途的技术并尽快完善。这也许不是最理想的选择，但在这种情况下也只好这样了。

　　另一方面，美国有机会"做对"：美国有经验、基础设施和资源对很多选项进行深入研究，花些时间去找出哪一种是最好的。那么接下来的问题是如何去做。

　　情况几乎是教科书上的一个范例，罗宾·考恩称之为"多胳膊强盗"。想一下有几只胳膊的老虎机。每次将四分之一元投给强盗，你拉下一只胳膊并希望得到头奖。每只胳膊获胜的机会是不同的，而你不知道它们是什么，但每次玩你都会积累一点有关头奖概率的更多信息，目的是找出拉哪些胳膊以及以什么次序最有机会使你的奖金最大化。

　　这一挑战不是微不足道的，概率理论家一直在对其进行研究。例如，一个复杂的情况是，你对同一只胳膊玩得越多，你越了解这只胳膊的回报概率——如果回报概率是可以接受的，给了它一个胜过概率鲜为人知的其他胳膊的优点。假设你玩一只胳膊已经足够多，知道如果你继续玩你可能得到一个小的但正的回报，你会切换到你不知道概率的另一只胳膊吗？它可能有一个更高的回报，但它更像一场赌博，因为你对其了解还没有之前的多。数学家已经证明，最好的策略取决于，在考虑对每只胳膊的可能的回报的了解程度，以及对每只胳膊了解的确定度的条件下计算回报概率。

选择竞争新技术是一个类似的问题，但是更加错综复杂。在许多技术中，随着游戏的继续，递增收益将改变游戏回报：你玩一只胳膊越多，其回报就越大。建设一家轻水反应堆发电厂，你学到的经验教训将降低下一家（电厂）的成本并提高效率，因此正反馈了技术多胳膊强盗之间相辅相成的关系。首先，在一项技术中得到的经验越多，其回报的不确定性和赌博型的选择就越少。这让其他技术，即使是那些可能更好的技术，因为没有多少人知道而处于不利地位。第二，经验使第一次尝试的技术提高实实在在得到了回报，把竞争对手置于更加不利的地位。

不出所料，数学分析表明，如果一个人追求严格的理性策略去玩多胳膊强盗时，最终会选择一项单一的技术并坚持下去。对不同的胳膊进行足够的测试后，在利润上其中一只将不可避免地比其他胳膊提供更好的机会。一旦发生这种情况，再去拉其他胳膊或投资其他技术就没有任何意义——除非你愿意把钱扔了，那么结果只能是技术锁定。

就像他的导师布莱恩·亚瑟一样，罗宾·考恩发现，已经锁定的技术可能不是最好的选择，这是真的，即使玩家在每一点上基于预期回报做出理性决策。可以发现其原因在于递增收益的力量。在这个多胳膊强盗的游戏中，假设一项劣质技术是第一个尝试的，并且进一步假设它执行得不太糟，然后，不管它最初尝试是什么原因，该原因在第二次会加强，因为学习效果会对技术的性能有所改善。最终，如果重复模式已经积累了足够的学习效果，那么即使技术并不像最初希望的一样好，尝试另一种技术也不会有什么意义。这项新技术不仅在其回报上是不确定的，而且投资意味着学习曲线从头开始，再次付出一切去了解技术的优点和缺点。

假设不受约束的自由市场会锁定劣质技术，考恩想知道，如果中央权力介入又会是什么样的呢？核项目就是这样的情况，其技术发展受原子能委员会资助。从理论上讲，考恩说，在中央权力的参与下，该情况应该有所改善。在纯粹的自由市场环境中，如果一项技术表现得好到可接受的程度，那么经济竞争会阻止公司尝试别的。毕竟，一家公司投资当时看来并不是理想的技术，就会得不偿失。如果花钱后，发现技术的确是一个差强人意的选择，公司那笔投资就打水漂了。如果这项技术被证明是一个较好的选择，那么该公司得到了这些技术与回报相关的宝贵经验，并可以有针对性地调整其策略——但该公司的竞争对手也将从知识中受益，而他们将不需要支付分文就可以获得它。另一方面，政府或其他中央权力（如由许多公司资助的研究联合体）更有可能花钱去了解强盗的其他胳膊，所以不太可能错过一个更有前途的技术，让技术过早锁定。

考恩说，即便如此，一个中央权力机构也不能保证劣质技术不会压制市场。如果递增收益很强，如果学习发生足够迅速，将很快发生锁定，应用过的第一项技术将是唯一用过的："这在非常复杂的技术中是最可能发生的"，他指出，因为学习是如此重要，如果早期的选择是错误的，正确的选择可能永远不会有机会。

无论如何，这就是理论，为了考证经验与理论结合的密切程度，考恩用多胳膊强盗模型分析商业核能的历史，结果很好的吻合了。

原子能委员会开始了解核反应堆的不同选项时，非常符合多胳膊强盗的数学分析建议的排序策略。通过将一个又一个25美分投入到机器中，拉拉这只胳膊，拉拉那只胳膊，并跟踪出现在窗口的结果，最终将积累足够的信息来判断各种类型反应堆的潜在回报。可能仍然会犯错误并选择一项不好的技术，但这种错误的可能性也会被降到最小，最终的选择可能不会比另一个选择差得太多。

不幸的是，原子能委员会在这个游戏上没有玩得太久，别人就开始插入筹码并拉动胳膊——而他们的选择与原子能委员会基于寻找最佳发电技术的长远战略考虑有很大的不同。最具影响力的玩家是黎克柯，他着手以相同的精力开展压水堆和液态钠胳膊的工作，但很快决定，轻水堆将是他的回报所在。然后，艾森豪威尔加入了，并提出了为"原子和平计划"的旗舰找到运营反应堆。他担心长期前景：他希望得到最简单、最快和风险最低的选择。随着航运港的建设，更多赌注倾注给了该强盗，拉动轻水胳膊的次数多了些。因此，在美国轻水堆赌金独得，大幅领先了。它们的优缺点大家知道得比较清楚，不太可能掀起任何的意外。它们的建设和运营经验已经能给下一代的更好设计带来好的回报。

　　与此同时，欧洲的法国人和英国人已经在发展气体-石墨堆上投下了他们的大多数赌注。西方其他欧洲国家，特别是德国和意大利渴望核能，但没有自己的发展计划。他们将不得不从其他地方获取技术，法国和英国希望成为其来源。1957 年，包括法国、意大利、西德等国的六个欧洲国家签署了一个条约，创建原子能共同体，该机构旨在促进欧洲原子能的发展。法国预计原子能共同体将帮助它们销售气体-石墨技术给它们的邻居，但美国却有着不同的想法。

　　当时，在美国，事态发展比核能倡导者希望的要慢。行业并不急于拥抱核电，加之共和党人阻止了民主党人呼吁政府建造发电的反应堆。一个选项是为美国核技术打开欧洲市场，毕竟欧洲许多国家的政府对核电技术并不犹豫。出口美国核技术到欧洲盟友正是艾森豪威尔原子和平计划的设想。不仅将展示原子和平的一面，而且也会通过提供廉价电力加强欧洲经济，并向世界证明美国核反应堆的优越性，因此，鼓励欧洲国家投资美国核反应堆成为国会和行政部门的当务之急。

　　1956 年，欧洲六国政府任命了一个三人委员会来研究核能并报告其在欧洲的未来。他们被称为"三贤士"：法国国家铁路公司总裁路易斯·阿尔芒，德国的欧洲煤钢共同体副总裁弗朗茨·伊斯特尔，意大利原子能委员会前总裁弗朗西斯科·西奥达尼。当他们访问美国时，原子能委员会接待他们的规格如同皇室，并给他们提供了似乎支持委员会声明的关于轻水反应堆的技术数据。根据原子能委员会的说法，该技术即将比煤炭更有经济竞争力——特别是在欧洲，其煤炭发电成本远高于美国。1957 年，这些智者的一份报告，即《欧洲原子能共同体的目标》得出结论，欧洲需要核电，并敦促与美国的合作。智者们发现，轻水反应堆至少是与法国气体-石墨机器一样好的赌注。

大约在同一时间，意大利政府决定，将建造一座 150 兆瓦核电站，并要求来自美国、加拿大、法国和英国的公司投标，1958 年宣布美国一型轻水堆胜出。

美国主要以"原子和平利用"计划得分。原子能共同体与美国签署了一项协议，合作建设 1000 兆瓦的发电核反应堆，其设计来自通用电气公司和西屋电气公司，结果，美国政府支付反应堆大约一半的研究和建设费用，并以优惠价提供核燃料。最终，在此协议下，在欧洲建设了三座轻水电厂：第一座是意大利的电厂，在美国与欧洲原子能共同体签订协议之前就宣布了；第二座是设置在法国境内、比利时边境附近的法国-比利时协作项目；第三座是位于巴伐利亚的德国工厂。

美国的战略发挥了作用：现在美国技术已经在欧洲站稳了脚跟，甚至致力于气体-石墨堆的法国，也将目光投向轻水堆，尽管明摆着的原因与美国花言巧语一样多的内部政治因素（法国电力，法国国家电力公用事业把建造一座轻水反应堆看作避开法国原子能委员会的一种手段，该委员会一直控制原子材料，其本身一直将焦点放在气体-石墨反应堆上）。轻水反应堆并没有像在美国一样在欧洲取得主导地位，但它已经赶上了气体-石墨反应堆。

因此，到此时，原子能委员会玩多只胳膊来看哪个长期回报最大的谨慎策略被几个因素损害了：黎克柯轻水堆的选择、航运港建设、向欧洲出口核技术的欲望。轻水选择得到的筹码比原子能委员会原先分配的多了很多。尽管如此，除了轻水堆，一些胳膊还在玩——法国和英国的气体-石墨反应堆、增殖堆，以及在美国正在探索的许多其他方案。

正如在本书第 3 章我们看到的，正是通用电气公司和西屋电气公司提供的交钥匙合同最终使轻水堆成为压倒性的技术选择。由于合同诱人的经济影响，公司开始向强盗的轻水堆胳膊倾注大量资金，几乎忽略了其他方案。随着每一座新轻水核工厂的宣布建立，下一个玩家选择轻水堆的理由也变得更多了。即使是 20 世纪 60 年代末和 70 年代初巨大的成本超支，也并没有让轻水堆的竞争对手看起来更有吸引力。如果消除轻水堆的技术缺陷是过于昂贵，那么对其他核技术来说，很可能也是一样的。选择另一种反应堆类型意味着再次从头开始攀爬学习曲线。

渐渐地，轻水堆技术日益增加的经验使其几乎完全占领了世界市场。1969 年，法国放弃了进行过 20 年实验的气体-石墨反应堆，而基于西屋电气公司的设计许可建设轻水反应堆。英国坚持的时间长一点，当气体冷却反应堆发电没有预期的廉价时，第一次尝试重水反应堆，但后来在 20 世纪 70 年代晚期转向压水堆。今天，世界上核电站有 500 座左右，重水堆刚刚超过 100 座。在英国，大部分为气体冷却反应堆或坎杜型的重水反应堆，只有该型反应堆的技术仍然在多胳膊强盗的模型下进行预测。核技术之间的竞争最终落在单一的选择上。

这是最好的选择吗？没有人确切知道，即使到现在也有许多核工程师认为它不是。在 20 世纪 50 年代和 60 年代，轻水反应堆被广泛视为"容易的"选项——与其他选项相比，它们可以更快得以应用，而研究和开发工作更少——但从长远来看，与一些更难完善的方案相比，它们被认为在经济上是不可取的。原子能委员会本身默认这种情况转而关注核电的"第二代"，这不是设想为轻水反应堆现有型号的改进型，而是一种完全不同的机器，最终将取代权宜之计的轻水堆技术。讲到核，你会经常听人提到一种或两种类型的反应堆是最好的技术选择：液态金属反应堆或高温气冷反应堆。

今天的液态金属反应堆与因为存在许多问题而被黎克柯拒绝的反应堆相去甚远。虽然它仍然使用液态钠作为冷却剂，但其他部分几乎没有相同的。例如，令黎克柯烦恼的泄漏，似乎不再是一个问题。在一座实验型液态金属反应堆（实验增殖反应堆-Ⅱ）上的蒸汽发生器，已经运行了 25 年没有泄漏。研究最仔细的液态金属反应堆设计是整体式快堆（IFR），其研究是由能源部发起的。整体式快堆正如其为人所知的，理论上应该比一座轻水反应堆运行更经济，因为它更有效：在商业轻水反应堆上，在铀原子消耗只有约 3% 之前，燃料必须更换，而整体式快堆设计成使用 20% 以上。整体式快堆的支持者也兜售，它比目前轻水反应堆更安全——甚至把控制棒全部从反应堆堆芯移开，链式反应仍将保持受控。整体式快堆应该产生更少的核废料，因为反应中产生的高放射性元素可以在反应堆本身消耗掉。整体式快堆是一种增殖堆，胜过轻水反应堆。但人们关注核扩散，整体式快堆的增殖能力很危险，这些担忧导致其出局。国会在 1994 年终止了整体式快堆计划。

如果考虑安全性和经济性，许多核工程师将高温气冷堆视为轻水堆的最好替代品。气冷堆潜在的效率比轻水堆高，因为气体可以加热到远高于压水或蒸汽的温度，而将热量转化为动力，效率随着温度的提高而增加。此外，气冷式反应堆设计，即使在可能的最糟糕的事故中，堆芯也不会熔毁。为此，反应堆功率必须比通常的 100~150 兆瓦要小，更不是 1000 兆瓦或 1200 兆瓦——但许多较小的核反应堆是可以串在一起的，建成与标准轻水工厂同等能力的发电厂。

其他反应堆类型也偶尔被提及。由瑞典工程师卡雷·汉纳斯设计的 PIUS 型反应堆，是一种轻水反应堆，其工作方式与今天的压水堆和沸水堆完全不同。其卖点是，与小气冷堆一样，它本质上是安全的，不会遭受堆芯熔毁，可以串联来建成与标准轻水工厂同等能力的发电厂。橡树岭国家实验室的阿尔文·温伯格还认为，在 20 世纪 60 年代末测试的一型设计可能是终极反应堆。熔盐反应堆将铀燃料置于熔融盐的液态溶液中，并在系统管道中循环，首先穿过堆芯发生链式反应，加热，然后在一个热交换器里，熔盐会将一些热量传给驱动涡轮机的辅助系统。这座反应堆是一个增殖堆，从钍-232 中产生铀-233，1966 年到 1969 年间在橡树岭成功地运行。尽管该反应堆取得成功并且橡树岭对其有极大热情，但原子能委员会取消了资金，集中精力在快速增殖反应堆上。温伯格说，原因是熔盐反应堆（与其他类型的反应堆）差异太大了。到 20 世纪 60 年代末，核技术已经在一个方向上走得太远，以致将其推向一个完全不同的方向几乎是不可能的。他的结论是：

> 也许将要描述的景象是，与现有技术差别太大的技术不仅要克服一个障碍——证明其可行性，但另一个更大——去说服学术上和情感上隶属于不同技术的有影响力的个人和组织，他们应该采取新的路径。这一点，是熔盐系统做不了的。这是一项成功的技术，被放弃是因为它与反应堆发展的主线差别太大。

我们将不太可能很快知道其他技术是否会优于轻水堆。锁定是如此完美，即使核能如今面临着重要问题，开发轻水反应堆的替代方案一直没有进行过认真的尝试。美国核工业在过去的 10 多年间一直试图找到如何使核能在美国再次被接受的方法。1974 年以来，就没有确定的新核电站订单（除了少数后来被取消的），甚至在可预见的将来也看不见曙光。一个产业任务的力量已经形成了一个战略计划，呼吁在十几个领域作出重大变化，包括工厂运营、许可、废料处置和公众接受，但有一件事情不会改变，即轻水反应堆将保留为选择的技术。反应堆的设计将会改善、简化并标准化，但它们不会远离行业最了解的东西太远。大潮流市场 30 年后，轻水仍然是城里唯一的游戏。

考恩和亚瑟花了很大的力气来解释技术的选择是如何源于不同玩家一系列的个人选择的。此外，两位研究者展示出一些东西，对于古典经济学家来说，如果不是不可能，也是几乎不可能的：最终的结果可能是选择一种转变的技术。当然，现实生活中的一些经济玩家的决策也不完全是理性的，因此，与考恩和亚瑟的模型显示的相比，实际找到或接近一项最优技术的机会更少。

对于核能，正如我们所看到的，偏离理性通常是很远的。当通用电气公司和西屋电气公司提供交钥匙合同时，商业竞争和技术乐观主义如同客观的经济分析发挥了极大的作用。但更重要的是，原子能委员会和政府的其他参与机构偏离理性决策有多远。如果一个中央权力要改善找到最好技术的机会，那么它必须通过提供自由市场所不能做的：致力于长期回报最大化并对短期业绩的诱惑有相对的免疫力。然而，至少对于核能，政府这样做是有困难的，商业核电也是如此。

原子能委员会确实有一个良好的开端。它比自由市场会有或能有更理性的方式靠近多胳膊强盗。通过补贴不同的技术，原子能委员会使核工业获得了各种类型反应堆可能的回报信息，这是该行业不可能得到的。虽然原子能委员会试图从长远的考虑去优化商业核电，但政府的其他利益一直劫持着核计划。

首先是核海军。黎克柯的轻水决策引领着商业决策走向相同的技术。不过，轻水技术从海军取得的领先地位很可能不是一个不可逾越的优势。毕竟，所有人都认识到，虽然对于海上任务，轻水反应堆是一个不错的选择，因为其规模小，但它们的优点和缺点与商业电力需求不是匹配得很好。

相反，是政府自己迅速发展核能的欲望造成了这一问题，给了轻水技术领先的地位并永不放弃，因为其他国家似乎在进行核电竞赛，艾森豪威尔和联合委员会想要一家示范工厂，轻水是唯一的选择，结果是航运港长期对该行业产生影响。几年后，总统和国会担心美国核行业可能被欧洲市场拒之门外。结果是美国—欧洲原子能条约，原子能委员会补贴在欧洲建造了三座轻水工厂。与此同时，同样的人担心国内核行业发展得不够快。结果是补贴核研究、补贴燃料、补贴保险，以及（1956 年戈尔-霍利菲尔德法案）如果私营部门不建核反应堆，就回收到政府越庖代俎的威胁。

除了少数核爱好者之外，公用事业行业没有人匆忙建造核电站。如果没有原子能委员会和联合委员会的推动，轻水就不会这么快被锁定，其中还可能有真正的竞争对手，比如由英国人和法国人开发的坎杜型重水技术和气体冷却反应堆。甚至可以想象，英国人和法国人会开创其他一些技术，例如，有机物或者熔盐冷却，应该得到一个机会来展示它能做什么，或者如果不是美国政府这样的大力推动，核能就不会发展这么快、成长这么早。简而言之，政府它在考恩的模型中一直做着眼于长期回报的理性决策，但起到的作用是，采取行动过早锁定一个特定的选择，甚至比把事情留给私营企业去做来的更早。

这并不令人惊讶。在经济学的理想世界里，中央权力可能是客体，在各种分析和专家意见的基础上做出决策，以确定最好的技术。但在现实中，政府机构受到内部和外部的各种压力，敦促它们在一个方向上或另一个方向上推动技术。技术越重要、越强大，这些压力就越大。

它开始于人们的偏见和动机。正如市场中的个体经济参与者中并不是完全理性的，政府机构中的个体也不完全理性。例如，联合委员会的成员受到一种使原子起作用的热情驱动。他们没有真正的兴趣去寻找哪种反应堆类型是公用事业最大化意义的最好选择，他们只是想要一些反应堆，而任何反应堆都会被电力公用事业公司所接受。联合委员会成员和原子能委员会的工作人员是更有思想的原子能的支持者，但仍然是倡导者。作为工程师和商人，他们意识到，发展核电尽可能更超前的重要性，但他们也有推动民用核能的使命，宜早不宜迟。

机构的惯性也常常影响决策机构。一旦人们已经下决心朝某个方向走或在某个选择上花了大量的时间和精力，他们倾向于抵制替代品。变化威胁他们的思维方式，甚至他们的工作岗位。正如温伯格在试图说服原子能委员会继续资助熔盐增殖堆时发现的，一个机构一旦建立了一个势头，便很难改变方向。

最重要的压力来自于政府其他部门和政府外团体的相互冲突的要求。原子能委员会这样一个机构可能希望确定和发展"最好的"技术，但是，一旦这种权力由一个机构掌握，仅仅追求这个目标是不太可能的，其他机构也想用它自己的权力达到自己的目的。对于核能，原子能委员会发现自己要求帮忙完成很多任务——使国家经济具有更强的竞争力，提高其信誉，与共产主义国家打冷战。

当然，技术政策不考虑这些事情是没有理由的。为了追求自己的目的去塑造技术，政府应该得到多少是一个政治问题。但如果以核电为例，美国政府很难将自己限制在纯粹的经济目标上，即帮助确定能够提供最大经济回报的技术路径。一旦政治目标起作用，政府很难有效地指导多胳膊强盗押注。

剩下的一个问题是：那又怎样？依赖市场有时会锁定不是最好的技术——QWERTY 键盘、VHS 录像带，也许轻水反应堆——但这重要吗？没有人知道常见的这种低劣的选择，更没有人知道到底有多少某些技术可能会更好，因为将现有技术与一项从未充分发展的技术做比较通常是不可能的。有一些真正不好的技术选择例子，例如俄国石墨反应堆，其设计缺陷导致了切尔诺贝利灾难——这样选择的通行费可能会相当高，但比较少见。大多数技术决策，特别是拥有自由市场的开放社会，似乎至少站得住脚，如果不是接近最优，往往也是足够好的。

担心绝对化是经济学家的本质：最好的技术是什么？或者，最好的资源配置是什么？但人们一般更有可能考虑事物是否可以接受，是否值得努力去改变它。是的，德沃夏克是一个比 QWERTY 更高效的系统，但差别真的重要吗？大多数人不关心它是否是绝对最好的。如果它真的还不够好，它可能不会在锁定上呆得那么久。

不过，锁定的存在并不仅仅体现了学术的重要性。任何时候处于开发阶段的一项复杂、昂贵的技术创新，最好的选择很可能会被淘汰。考恩认为，当在两个竞争技术之间进行选择时，其中一个潜在回报高出另一个 10％时，捕捉市场的机会比劣质技术高出十分之三——甚至有相对较小程度的递增收益。虽然考恩警告说，这些数字来自他使用的特定一组方程模拟经济选择，并不一定反映一个特定的现实市场，它们仍然只是提供思考的东西。至少对于一些技术来说，低 10％回报的技术有十分之三的获胜机会可能是一个大概好的图像。对于核等重要技术，占有数千亿美元的投资，回报差异10％算是一些真正的钱。或许不可能保证多胳膊强盗的最佳选择，但知道利害关系可能使每个人都有点不太可能急于做出决策。

第 6 章 风 险

1995 年 6 月，在面对 250 名医生和医学研究人员等同行听众的演讲中，史蒂文·迪克斯描述了他希望在将来通过治疗艾滋病获得突破。人类免疫缺陷病毒，引起艾滋病，攻击人免疫系统的关键组织，逐渐破坏人体抵御感染的能力。因此，艾滋病患者一般死于医生称之为的"机会性感染"——利用身体被削弱的防御能力入侵的病毒、细菌和其他微生物。迪克斯说，如果能找到一些方法来重建病人被摧毁的免疫系统，对美国约 10 万名艾滋病晚期的患者来说，这将是挽救生命的好消息，甚至可能使艾滋病患者过上相对正常的生活。

迪克斯的治疗主张是激动人心的。他提议抽取狒狒的骨髓，分离出一个特殊部分，然后将其注入到一个艾滋病晚期患者体内。因为骨髓包含产生免疫系统的特殊细胞，迪克斯希望骨髓提取能在患者体内产生一个狒狒类的免疫系统，因为狒狒对艾滋病免疫，由此迪克斯猜测病人的新免疫系统能够生存，并能完成被艾滋病破坏的旧系统不再可能做的工作，进而消灭引起疾病的入侵者。艾滋病病毒仍将存在，潜伏在患者自身残余的免疫系统里，但其对病人的主要威胁是反弹。针对迪克斯的观点，治疗过许多艾滋病患者的旧金山医生说，这是一场赌博。

迪克斯在会议上所讲的异种移植，是医学术语，即将器官或组织从一个物种移植到另一个物种，例如从动物移植到人类。其中大多数听众是异种器官移植的研究人员，他们普遍赞同迪克斯的计划，但也有反对者。最直言不讳的反对者是西南圣安东尼奥的生物医学研究基金会的病毒学家乔纳森·艾伦，他指出艾滋病病毒可能起源于以某种方式跨越物种屏障而进入人体的一只猴子的病毒，艾伦对从狒狒身上移植组织或细胞到人类体内提出异议。狒狒体内可能寄生着一种未知的，与艾滋病病毒一样危险的病毒，他说，像迪克斯提议的治疗会将未知的病毒直接转移到人类身上。"你打算打赌艾滋病只会发生一次吗？"

一石激起千重浪，听众开始辩论迪克斯主意的优点。一位医生认为，他提出的试验不应对大众构成任何真正的风险，因为试验的主体体内已经有一种致命的病毒，所以要采取预防措施使其不传播。艾伦回应道，只要迪克斯只治疗一个精心挑选的病人。"但是如果它能奏效，你将会很快看到数百或更多病人（得到狒狒骨髓治疗），然后你就会发现问题"。另一个人指出，筛选出狒狒身上已知的病毒是可能的，但是毫无疑问，狒狒身上尚未发现的很多病毒很可能会感染研究人员。那么能在特殊的无病区域饲养狒狒吗？可以，但这么做的费用将是昂贵的，甚至仍然不能保证狒狒没有携带对其本身没有影响、而对人类有危险的一些病毒。但如果有这种病毒，处理狒狒的人不会被感染吗？不一定，因为一些病毒，例如艾滋病病毒只有通过体液，特别是血液传播。如何监控狒狒细胞或组织的接受者，以确保他们不患上一些新疾病呢？这将是一个好主意，但它不会阻止一个新型艾滋病的流行，因为一个感染了艾滋病病毒的人，症状有时需要多年才会出现。

众说纷纭，没有明确的定论。然而变得清晰的是，如果医生开始将狒狒体内的一点东西植入到人类体内，会发生什么，这存在很大的不确定性。另外，有没有艾滋病病毒一样的危险隐藏在狒狒血液中呢？没有人知道。即使研究人员确实已经掌握了狒狒感染可能的病毒列表，他们仍然不能保证移植将是安全的。一位研究人员指出，很有可能的是，被艾滋病削弱了免疫系统的病人为病毒繁殖和交换少量遗传物质提供一个理想的场所，这个场所是可能会出现新的杂交病毒，其中一些对人类可能是危险的。

听众中的医生似乎对这样假设的危险失去了耐心，他们说，人已行将就木，我们怎么能够仅仅因为某些人梦想的更适合于电影而不是药物的最糟糕情况，而拒绝帮助他们呢？另一方面，公共卫生专家，不接受因为忽略而释放一种新的流行病的可能性。会议结束，达成了一个共识：像迪克斯般的实验应该继续，但必须非常谨慎。在进行从狒狒到人类的移植之前，从临床试验到广泛使用，研究人员将需要更多地了解潜在的危险。

总有一天，迪克斯的实验性治疗可能成为一项全面的医疗技术，虽然到本文写作时，也就是 1996 年底，它的好处还只是理论上的。1995 年末，迪克斯在一个志愿者身上执行了该过程，该志愿者来自旧金山，名叫杰夫·盖蒂，处于艾滋病晚期。显然，治疗不会伤害盖蒂，但是对他也没有帮助。测试表明，狒狒骨髓在新身体中从来没有生长，也不起作用。也许是因为迪克斯没有注入足够的细胞，或在骨髓移植之前削弱盖蒂的免疫系统不够，以致免疫系统排斥移植体。要确定这是治疗艾滋病的一种可行方法，可能需要更多的试验。

不管成功与否，从狒狒到人类的移植技术面临的最棘手问题是如何处理风险。现代科技是有潜在风险的，这些风险不仅包括大型的、可怕的核电站和油轮，也包括舒适的日常用品，如我们所驾驶的车和我们所吃的食物。处理风险的困难之一是识别出什么是风险。像狒狒骨髓治疗艾滋病的情况说明，很难提前找出什么会导致出错。狒狒携带的病毒会杀死病人吗？狒狒致命的病毒可能从病人传播到普通人群吗？狒狒的某种病毒与人类病毒在病人体内交换 DNA，也许艾滋病病毒，会产生一种新的超级病毒吗？可能性有多大？这些事情可能发生吗？即使能够回答这些问题，也只是成功的一半。如何平衡风险和可能的收益呢？假设骨髓移植带来了一个小，但不是无关紧要的公共卫生风险。尽管存在产生一种新流行病的风险，我们会给成千上万的艾滋病患者生存的机会吗？谁决定呢？

传统上，科学家和工程师也将风险视为一个纯粹的技术问题，能够从技术分离出来并单独处理，但对于现代复杂的技术，这通常是不可能的。当涉及风险，技术和非技术问题高度纠缠，以致不可能分离出来。例如，思考一下高科技牛的奇怪案例。

6.1　牛的混乱

　　美国乳品业是一种有趣的商业。几十年来，奶农生产的牛奶总比他们能销售出去的还要多。在其他行业，公司将削减产量，而其他低效率的制造商会倒闭。但在美国乳品业，情况有所不同。在 20世纪 40 年代末，联邦政府开始一项计划以保证足够的牛奶，到了 20世纪 80 年代，政府为农民超产的黄油、牛奶和奶酪每年支付超过 10亿美元，因此受总是能将额外的产量出售给政府的低安全意识的影响，奶农尽可能多的生产牛奶。但事情变得如此糟糕，以至在 1986年和 1987 年，为了减少超产，政府支付给 14000 个农民约 18 亿美元来宰杀 50 万头母牛和小牛。虽然这在一定程度上缓解了供应过剩，但政府继续支持牛奶的价格，确保农民将继续生产比国家需要的更多的牛奶。

　　在这种背景下，四家独立的制药公司在 20 世纪 80 年代中期宣布他们将很快提供一种革命性的、对牛奶产量会有所帮助的新产品。重组牛生长激素（rBGH），能将每头牛的产奶量提高 10％～25％。几家制药公司期望每年数亿美元的销售额，已经花了数千万美元的研发费用，使 rBGH 成为有史以来最昂贵的动物药品。

　　实际上，这种药物会让农民提高每头牛的牛奶产量。在自然界中，一头牛的产奶量在一定程度上取决于牛生长激素有多少，天然蛋白质是由牛的脑下垂体分泌的。很久以前，研究人员证明，通过注射来自被屠宰牛的牛生长激素，可以人为地提高奶牛的产奶量，但这在当时没有实际应用，因为收集蛋白质的成本较高，得不偿失。

　　20 世纪 70 年代末，这种情况发生了变化，那时基因技术的科学家分离出了主导奶牛产生生长激素的基因。现在，随着基因工程技术的进步，他们可以创造会产生几乎与牛相同的牛生长激素的细菌，但比"收获"方式的成本低得多。这种重组牛生长激素——或因为它是更常见的名字，rBGH 与天然蛋白质对牛的影响是一样的，这种药物会使它们的乳房超速运转。

提供 rBGH 的四家公司——孟山都、礼来、厄普约翰、美国氨基氰，其 rBGH 的构成略有不同，其中只有厄普约翰公司生产的 rBGH 包含 191 种完全相同序列的氨基酸，即蛋白质的分子构建模块如同自然形成的，其他有 9 种氨基酸不同于自然激素，尽管这些公司说，稍微不同的结构并不影响激素的功能。

从制药公司的角度来看，rBGH 似乎是一种理想的产品。它是自然的，与牛自己产生的没有什么不同，这在经营农场方式没有重大变化的情况下，它将使奶农提高生产力。虽然激素牛会吃得更多，但它们多产出的牛奶的价值会多于额外的粮食和药物的开支。诚然，美国不需要任何更多的牛奶，但这不是制药公司的问题。"我们认为这是帮助过乳制品行业所有技术的一个延续"，领导美国氨基氰公司进行 rBGH 研究的罗伯特·斯申克尔回忆道。所以在 20 世纪 80 年代初，四家公司开始了一个漫长的过程，他们希望食品和药品管理局（FDA）批准生长激素上市。

起初事情进展顺利。1984 年，食品和药品管理局认为经 rBGH 处理过的奶牛生产的牛奶是适合人类食用的。几年中，四家公司都在进行野外试验，成群的奶牛被注射激素。这些结果使这些公司可以告诉农民，他们利用 rBGH 有望提高的收益率是多少，并给出了食品和药品管理局评估这种药物对牛影响所需的数据。被测试牛群生产的牛奶与未经处理的奶牛的牛奶分开销售。

但与此同时，在 1986 年，药物的使用首次遭到有组织的反对。大概在奶农开始屠宰奶牛作为减少牛奶过剩计划一部分的时期，动物权利组织、环保主义者和农业团体集会，要求食品和药品管理局准备一份关于 rBGH 影响环境的声明。请愿书声称应用 rBGH 将"破坏环境，造成牛不必要的痛苦，并对乳制品业造成严重的破坏"。正是这个最后声明获得了最多的关注。该联盟依赖于与反 rBGH 组织没有关系的康奈尔大学的农业经济学家所做的一个研究结果。这项研究得出结论：引入 rBGH 可能导致奶牛和农场的数量下降 25%～30%。而受灾最严重的将是小农场，它们已经很难与大型工厂式农场竞争了。尽管根据法律，小农场风险不是食品和药品管理局考虑的问题，但引起了其他方面的共鸣。社论作者谴责 rBGH 会对小型乳品业界造成损失。1989 年，冰淇淋本和杰里公司开始打击 rBGH，在其产品的标签上面写着：拯救家庭农场，禁止 rBGH。在欧洲，欧盟委员会讨论一个修正案，把肉类列入药物审批过程，该过程将拒绝任何造成不良社会影响的药物用于农场动物。尽管提议的修正案最终被否决，为了考虑 rBGH 对农民带来的可能后果，欧洲议会做出了为期两年的暂停使用这种药物的决议。

反对 rBGH 的煽动者和组织者杰里米·里夫金，是反对各种类型生物技术产品的著名斗士。1985 年，因试图叫停抗霜冻损害作物的转基因细菌试验，里夫金上了头条。1986 年，他又挑战猪基因工程疫苗的使用。然而，里夫金把 rBGH 视为其最重要的事业。"这是针对严重失去理智的人的"，在 1988 年的一次采访中，他告诉《纽约时报》："如果该产品进入市场，它将打开农场生物技术的闸门。"很难回避这样结论，对于里夫金，如果不是对于其他 rBGH 反对者，问题不是小奶牛场的消亡、牛的伤害或可能的环境损害，而是生物技术本身，里夫金将使用他所能找到的任何证据，试图阻止转基因激素。里夫金和他的盟友并没有花很长时间找出针对质疑 rBGH 安全性的最有效策略。

尽管食品与药物管理局已经做出了决定：经 rBGH 处理过的牛生产的牛奶，人喝了没有风险。药物反对者开始提出问题，他们说食品与药物管理局是否有过失或者没有经过充分考虑。加入里夫金运动的最直言不讳的科学家是伊利诺伊大学医学院职业与环境医学的内科医生兼教授塞缪尔·爱泼斯坦。他是一名环保人士，发表了一篇论文来挑战食品与药物管理局关于 rBGH 的安全性结论。正如《科学》杂志报道的，爱泼斯坦没有针对激素进行过实验研究，但是他说，通过观察别人的研究使他相信，"有许多未解决的问题，包括 rBGH 是否刺激婴儿早产和女性乳腺癌患病几率增长"。爱泼斯坦感到特别担忧的是，因为经 rBGH 处理过的牛，在它们的牛奶中胰岛素类生长因子 1（IGF - 1）的水平高于正常值。正是 IGF - 1 刺激奶牛的产奶泌乳细胞；对于人类，它触发人类产生生长激素。爱泼斯坦声称来自牛奶的 IGF - 1 可能会从胃进入到血液中，通过增加生长激素的数量，导致非自然生长。

对公众来说，爱泼斯坦的指控似乎很严重，毕竟这些指控来自一位医生和科学家——它们看起来很可怕。经生长激素处理过的奶牛的牛奶会导致儿童生长异常和女性患乳腺癌吗？表面上，这看起来是可能的。然而，当其他科学家研究了爱泼斯坦的问题后，他们根本不屑一顾。是的，美国食品和药品管理局承认，经 rBGH 处理过的奶牛的牛奶比未经处理的奶牛的牛奶的 IGF - 1 高出 25% 左右，但即使 IGF - 1 对人有影响，其后果并不比原来每天喝 5 杯、现在喝 4 杯牛奶更加严重。此外，食品与药物管理局科学家指出，对老鼠的研究表明，IGF - 1 进入血液之前在消化道分解了。额外的 IGF - 1 似乎对人类没有影响。

爱泼斯坦等人还质疑，rBGH 可能会对牛的健康有些什么影响。引用从食品与药物管理局内部泄露的文件，反对者称，经 rBGH 处理过的牛感染程度较高。他们指控，这将使农民对牛使用更多的抗生素，导致牛奶中高水平的抗生素。而人类暴露于任何数量增加的抗生素中，导致微生物对抗生素产生抗药性，可能最终损害打击菌株感染的抗生素的有效性。然而，再一次，指控没有听起来那么严重。当用 rBGH 处理时，牛确实更容易患乳腺炎，但至少有一些研究表明，这通常是超过法定剂量的 5 倍引起的。牛奶中抗生素的问题是转移注意力的话题。因为农民通常用抗生素治疗被感染的奶牛，政府已经有规定，在停止治疗之前，农民必须丢弃接受抗生素治疗的奶牛的牛奶，以确保牛奶中不含有抗生素，抗生素离开它们的系统需要时间。此外，所有的牛奶都对抗生素是否存在进行监测，并不允许出售受污染的牛奶。

　　为了解决安全性问题，美国国会要求美国国立卫生研究院组建一个独立小组，研究 rBGH 可能对人类和牛健康所产生的影响。1990 年 11 月发布的结论是，来自 rBGH 奶牛的牛奶和肉都适合人类食用，这种药物没有对奶牛的健康产生重大影响。科学界曾说过，对于食品和药品管理局和制药公司来说，看来应该终止辩论了。但食品和药品管理局和制药公司认为风险的争议是一个单纯的技术问题，是可以用达成科学共识来回答的。但它不是，1989 年争议并没有消失。来自里夫金的压力迫使五大连锁超市在使用其品牌的所有商店放弃任何经 rBGH 处理过奶牛的牛奶制品。这不是很大的牺牲，因为 rBGH 仍进行野外试验，实际上只有少数农场使用这种生长激素。但 5 年后，食品和药品管理局已经批准 rBGH 商业销售之后，杂货店仍然不愿意销售经 rBGH 处理的牛奶制品。1993 年 11 月 5 日，食品与药物管理局决定，药物上市到 1994 年 2 月 5 日，期满后遵照国会暂停三个月的规定。到那时，里夫金发起了纯净食品运动，一个农场组织、动物权利组织和消费者团体联盟，在许多城市用牛奶倾倒仪式抗议美国食品与药物管理局的决定。抗议活动中，里夫金告诉《纽约时报》，雇用 18 个全职员工，一个月支出约 10 万美元。这是起作用的。克罗格公司运营着全国最大的连锁超市，7 家"十一"便利店的母公司南国公司宣布，它们将告诉其供应商，它们不想要任何经 rBGH 处理过的奶牛的牛奶。几家小杂货连锁店紧随其后。

　　这些公司声称不担心牛奶的安全。相反，它们说是为了回应客户的担忧——已经提出了关于使用激素的很多怀疑，人们不想冒险，因此，杂货店采用谨慎的方法。引用类似的推理，许多学校董事会选择防止经 rBGH 处理过的奶牛牛奶进入学校午餐。

　　当年 4 月，药物上市两个月后，缅因州和佛蒙特州通过了针对 rBGH 标签的法律。佛蒙特州要求，来自经 rBGH 处理过的奶牛所制造的任何产品必须按本规定标识。而缅因州规定了一个正式的标签来区分没有经激素处理过奶牛的奶产品。与此同时，其他州的一些公司制定它们自己的标签，向消费者保证，它们的牛奶是不受任何激素污染的。把 rBGH 推上市场的第一家公司孟山都，作为回应，起诉了一些贴标签的公司。"我们认为这些公司错误地暗示消费者，其产品更有益和在其他方面优于来自 rBGH 处理奶牛的奶产品"，该公司发言人说。

什么错了？为什么争议没有消失之前，科学界对 rBGH 的批准沉默不语？对于 rBGH 技术的支持者来说，原因似乎是清楚的。里夫金和其他几个人是为了他们自己的目的而有意识地歪曲科学，而大部分公众不够精明而不能看穿。工业生物技术协会主席杰里说，持续争议的很多原因归咎于公众缺乏了解。确实是这样，他说，"生活在一个相对科学盲的社会"，如果公众能接受足以理解科学数据的教育，就不会有分歧。

当然大部分的公众不了解辩论背后的科学，但有更多科学素养的公众，其行为会有什么不同吗？没有理由这样认为。反对该药品有其根源因素，是科学知识的独立性——譬如对世界如何运行的看法，以及关于处理不确定性的最好方法的信念等一些事情。

例如，很多质疑的公众，对政府和大企业是持怀疑态度的。《纽约时报》采访洛杉矶教育委员会的成员，曾在防止注射激素的奶牛的牛奶进入城市学校发挥了重要作用的朱莉·克里斯汀时，她解释说，她不相信美国食品与药物管理局讲的全部故事。"我认为很多东西被隐藏起来了。我不认为我们的所有信息都摆在那里"。营养师凯西斯蒂尔对该报说，她只买她知道不是激素生产的牛奶，"我知道政府说一些东西是安全的，但结果是不安全的。你不能总是相信他们所说的"。

反对 rBGH 的各种组织，通过描绘食品与药物管理局与受其节制的制药公司过从甚密，煽动这些怀疑。这些组织披露食品与药物管理局内部人士泄露的文件，似乎意味着食品与药物管理局试图隐藏有害的证据。而阴谋指控在 1989 年 11 月达到了高峰，那时食品与药物管理局解雇了曾负责 1985 年到 1988 年 rBGH 评估的兽医。理查德·伯勒斯表示，他已经被踢出，不是因为食品与药物管理局所说的无能，而是因为他指出制药公司所做的安全性研究的问题。他说，食品与药物管理局太急于帮助公司获取药物市场。

更重要的是，rBGH 反对者声称关于 rBGH 的科学证据并不可信，因为大多数的研究是由制药公司支付的。提出关于风险的许多早期问题的科学家爱泼斯坦指控，"这产生了一个固有的利益冲突，对那些获得基金赞助的，存在有意识和潜意识的影响"，他的含义是，研究人员的工资是由制药公司支付的，不太可能发现令这些公司不悦的任何事情。

这样的争论，对科学家来说是令人厌恶的，而科学界以外的许多人是信服的。明尼苏达大学生物伦理学中心主任阿瑟·卡普兰，在公众听证会上花了很多时间，科学家们试图说服观众，经 rBGH 注射过的奶牛的牛奶与一般的牛奶没有什么不同。他说，通常情况下，公众不买它。"人们看一看科学家们然后说，'我不相信你'"。

这并不是确保公众中的每个人都有生物化学的工作知识就可以搞定的事情。德克萨斯大学西南医学中心的心脏病专家大卫·加里，对一位记者说，"我也不信任科学家，而我是一个科学家"，他说，问题是，科学家们是受自己的而不是公众的目的驱动的。科学家们渴望在自己的领域向前推进，他们理所当然地认为，放松限制，如安全性问题可以在以后再绑紧。

简而言之，分歧有其世界观冲突的根源。制药公司和食品与药物管理局将 rBGH 风险当作一个纯粹的科学分析过程——理性和价值自由。对此，其他人有不同的理解。他们想当然地认为科学，特别是为制药公司做的科学及其类似的，被参与者的信念和动机歪曲。从这个角度来看，科学需要不断质疑和挑战，其主张必须循序渐进。

本文写作时，反 rBGH 运动好像已经逐渐消退，rBGH 将会变成大家公认的乳制品行业的一部分。许多农场，尤其是大型农场正在使用它，因为它可以提高利润，而大多数消费者似乎并不在意。

已经成长的乳制品市场的认证来自无 rBGH 奶牛，但它是一个小市场。杰里米·里夫金已经转移到其他战斗。更好或更糟的是，大部分奶牛在未来将从 rBGH 获得提振，比它们正常状态会多产出 20%的牛奶。当然，rBGH 辩论从来就不只是风险。就风险而言，使用 rBGH 的潜在风险似乎相对较小并且是不太可能发生的，如果对小农场的威胁不再，很难相信这曾经是一个主要的争议。尽管如此，rBGH 冲突是各种战斗的象征，未来将变得越来越普遍，特别是在生物技术上。

　　传统上，工程师们将风险视为又一个需要解决的技术问题。保证他们的产品处于安全状态是他们的责任，或者，如果有一些不可避免的风险，权衡产品的风险和收益，并决定是否继续。风险决策一直在系统内部作出，但现代技术的两种特征开启了一个过程。第一种特征是，许多技术路线对许多无辜旁观者，也就是那些对选择使用该技术没有话语权的人的一个潜在威胁。移植狒狒骨髓到人类体内对患者可能是危险的，并且可能会威胁到公众的健康，因此公众很可能会对这一过程是否成为治疗艾滋病可接受的方法讨一个说法。各种威胁将风险决策从工程师的手中夺走的现代科技的第二种特征是它的复杂性。由于这种复杂性，评估并最小化风险成为一个非常不确定的过程。

　　没有什么比操纵生物的技术再明显不过了。不管是注入额外的激素给奶牛，还是将修改过基因的病毒放到作物上，或将狒狒骨髓移植到人类体内，科学家永远不能肯定地说会或不会发生什么情况。生物太复杂。此外，不可能孤立地考虑生物。他们不可避免是错综复杂的活体网络的一部分，不时地作用于其他生物，同时受到反作用。而生物体有个不幸的特点，它们往往在不管你想要或不想要的情况下繁殖，例如细菌和病毒，繁殖很快。建设一座核电站，你现在和将来就确实有一座核电站，除非你建设更多。但产生一个新细菌或者病毒，并在适当的情况下，不久将有数以 10 亿计的细菌或病毒，再加之有可能的突变，其后代可能会以不可预知的方式不同于原始版本。

科学家迈克尔·汉森与消费者联盟（《消费者报告》的出版商）和一个 rBGH 的反对者，提供了说明篡改生物网络会如何危险的一个例子。1994 年 3 月在给《纽约时报》的信中，他反复地断言 rBGH 会导致额外的牛感染，导致农民更经常使用抗生素。不是担心抗生素对人们的影响，汉森关注如何处置感染牛的细菌。增量使用抗生素可能导致奶牛细菌发展出额外的抵抗抗生素的能力，这些细菌可能会以某种方式将抵抗抗生素的能力转移给感染人类的细菌，产生不容易用药物治疗的人类病原体的新菌株。这在科学上是貌似真实的，没人能说它不会发生，机会是什么？大多数科学家会写的场景，并不比一头牛跳过月亮的可能性更大，但是他们不能证明这一点。甚至如果有人可以证明这一事件链是不可能的，汉森或爱泼斯坦或者其他人可能想出一个、两个，乃至更多。牛、人类和细菌的系统过于复杂，如果要进行分析，只有最粗略的细节。风险计算只能是近似的。

在这种情况下，没有明确的正确或错误的答案，人们倾向于依赖自己的关于世界是如何运行的本能、偏见和直觉。一些科学家，称之为"建设者"，认为世界有待于探索和操纵。他们相信人类理性的力量，认为获取知识并将其利用是美德行为。其他人，称之为"保守者"，对人类的推理能力不太乐观，并怀疑未经核实的人类对环境操控将导致灾难。他们认为自然是一些需要保护和被尊重的东西，他们认为无节制的增长和发展不仅危险而且往往在道德上是错误的。

面对潜在风险的同样证据时，建设者和保守者可能得出相反的结论。建设者的偏好是，只要有可能就一往无前，对他所考虑的证据在合理怀疑之外感到满意；保守者对总有一天世界将出现厌人类的意外，有挥之不去的疑虑。建设者承认意外的可能性，但相信他们能够处理；保守者不是那么肯定，建议谨慎。建设者的错误通常是行动上一步走得太远的过错，无视明显的反面警告；保守者的罪过在于畏手畏脚，会因为过分谨慎而错失机会。

　　当这两类科学家彼此谈论风险时，他们使用科学的语言——假设、实验、因果，所以它好像是理性的，他们的分歧可以通过进一步的讨论或一些额外的实验来解决。但实际上他们经常彼此谈论过去，因为他们对证据以及什么类型的问题是值得追求的，有不同的假设。最终，辩论就像 rBGH 归结为从哪划线的问题。当收集了足够的证据并考虑了足够的假设情景之后，认为可以得出这样的结论：冒这个风险是值得的吗？这样画线式的决策，现在不是，将来也永远都不可能纯粹是技术上的。

　　一旦这种争论离开纯技术领域，也不再是科学家和工程师可以垄断的了。面对不确定性，科学没有特殊能力来决定该做什么。明尼苏达州食品协会的一个激进组织马戈斯达克反对使用 rBGH，在 1981 年《技术回顾》的一次采访中正是这个观点。"他们关于所有政策应以科学为基础的断言（食品与药物管理局和制药公司），无法解决的是，我们必须基于一定数量的，每个人（包括科学家）的部分无知做出公共政策的选择。面对未知的风险，比如对于 rBGH，我们应该如何着手，这确实成为一个民主决策的问题"。

　　在一个又一个技术当中，核武器、生物技术、医药和其他，社会成员使用这个论点介入，并使他们的声音在讨论风险中可以听到。关于风险应该如何决策，谁应该做出决策？在下一章，我们将关注这些问题。

　　然而，现在我们将注意力转移到核能。关于风险，没有什么技术有过那么麻烦的问题。部分原因是其暴烈的本性。核能在本质上是有风险的，因为它产生了非常危险的放射性物质，加之，这风险扩展到生活在数百英里之外的人们。但同样重要的是，核能是开拓者。很多今天思考的风险在核能开发时不存在，因为这个问题根本没有出现。所以核先锋犯了许多今天不太可能的错误和失误。事实上，今天对风险的思考分为严重影响核能发展的错误和失误两类。

6.2　寻找安全性

从三哩岛、切尔诺贝利事故的事后分析回顾，人们有时想知道为什么我们还继续干核能。没有人意识到有多危险吗？没有人考虑生活在核电站附近人们的危险吗？没有任何人考虑产生那么多核废料意味着什么吗？今天这些事情看起来是那么明显。

但在第二次世界大战之后的世界不同于之前的世界。首先，在那时，现在的人们的环境意识普遍不存在，对公共卫生的小风险的担心也没有这么多。事实上，人们对今天看来是令人震惊的放射性漫不经心。例如，直到 1958 年，原子能委员会在内华达试验场地面爆炸核炸弹，而许多测试在 20 世纪 50 年代产生了许多可测量的大量放射性尘埃落在测试区域之外。测试后，警告人们待在室内，因为风会把放射性尘埃吹到人口稠密区域。虽然核辐射很可能太小而没有危险，但在 20 世纪 90 年代进行这样的测试是无法想象的。

然而，负责国家核项目的人并不关心风险，他们只是有一个不同于今天的视角。例如，没有人对非常小的辐射剂量担心太多。他们知道人类一直暴露在天然的低水平辐射中，如宇宙射线，认为多一点没有多大关系。更重要的是，40 年和 50 年前，人们非常相信技术及自己处理技术的能力。他们认识到核反应堆是有潜在危险的，并产生大量的放射性废料，但他们认为，核科学家和工程师将找到解决方案。他们认为下面的问题甚至不是一件需要辩论的事——我们能使反应堆安全吗？我们能想出处理核废料的办法吗？而是对所有风险考虑保持沉默。有关的风险纠纷一直是关于"如何"而从不关于"能够"。

阅读核能时代的描述和讨论，如此充满热情和缺乏自我怀疑，让人感到奇怪，甚至不知所措。这真的是只有两代人之前的我们吗？但也许更奇怪的是那时公众参与或想去参与是如此之少。风险被认为是一个技术问题，最好留给专家。在大多数情况下，工程师是赞同的。风险是能从事实和数据、用工程计算和材料测试找到答案的一个问题。等了 20 年，工程师和其他专家在他们自己之间讨论的是如何最好地将核精灵安全地封在瓶子里。

开始一切都是新的。之前，没有人建造过，更不用说运营过核电站。人们担心安全性就是杞人忧天。会出什么样的事情？它们大概会如何？最好的预防方法是什么？人们回答这些问题的信息很少，因此毫不奇怪，人们会根据他们的偏见和观点得出答案，尤其是有三个主要组织影响着核安全讨论——原子能委员会、反应堆保护咨询委员会（ACRS）和国家实验室，而每个组织都有其个性和偏好。

原子能委员会希望促进核能发展。这是原子能法案赋以它的使命，如果核的未来进展太慢，原子能委员会的成员肯定会抱怨的。然而，与此同时，确保核电站安全性也是原子能委员会的责任。这两个目标之间的关系有点冲突，过多关注安全则发展缓慢，而过多关注发展则可能使安全性打折扣，而许多人认为安全性是输家。原子能委员会否认了这一点，事实上确实制定了许多规定，但核工业和联合委员会认为不必遵守。另一方面，原子能委员会经常无视自己专家的建议，这些专家喜欢严格得多的要求。

在这些专家中，最重要的是在 1947 年聚集的一群科学家的最初成员，他们是原子能委员会在反应堆方面的安全顾问。最初以反应堆保护委员会，后来成为反应堆保护咨询委员会为人所知。该委员会为原子能委员会提供独立来源的核安全专家，其影响力在 1957 年之后增长，那时国会授以它的任务是评估建设和运营核电站的所有应用事务。尽管反应堆保护咨询委员会的建议对原子能没有约束力，但通常是有分量的，特别是在早期。反应堆保护咨询委员会的成员，作为科学家，最感兴趣的是如何确保反应堆安全的一般性问题，并帮助原子能委员会设立安全条例的理念。

反应堆保护咨询委员会关心大局，国家实验室所涉及的是反应堆工程的本质。如果堆芯加热到超出它的正常运行温度，燃料元件会怎么样呢？反应堆的安全壳能承受一个什么压力呢？紧急堆芯冷却系统的特性如设计的一样吗？国家实验室的工程师概括了反应堆安全性的技术方法。他们提出了问题并着手解决。通过理解反应堆的所有技术细节，他们认为他们可以确定反应堆是安全的。更重要的是，清晰、明确的数据是很重要的。

所有三个组织被技术爱好者主导，他们都想看到核电站建成。但爱好者有两种类型，就是社会学家詹姆斯·贾斯帕所说的专业和非专业技术爱好者。在反应堆保护咨询委员会和国家实验室中，人员都是专业的科学家和工程师。他们对核能的技术细节非常熟悉并认识到保证安全性有多么困难。"工程的实践"，贾斯珀说，"导致一种对作品的骄傲以及对技术的热情：工程师们相信他们可以建造任何东西，但他们想花时间建造得合适一些"。另一方面，原子能委员会由更多的非专业人士组成，其成员更有可能是律师或商人而不是科学家，甚至担任委员的一些科学家通常来自核物理领域之外，因此原子能委员会的技术热情往往是盲目的、未被工程现实加以节制的信仰。

在早期的核反应堆中，安全性由一个简单的方案保证：把反应堆建到远离人们居住的地方。汉福德场地，第二次世界大战期间为原子弹生产钚，是一大块在一个荒凉地区的政府保留地。如果发生了重大事故，只有核工厂的工作人员处于风险中。1950 年，反应堆保护委员会正式将这种方法公式化，提出反应堆力量的一个"排斥半径"——核电站附近区域大小，人们不能生活在这。半径是这样计算的，即使在重大事故的情况下导致反应堆向大气中吐出所有的燃料，生活在这个半径之外不会受到致命剂量的辐射。该委员会的经验法则是一种钝器。它没有试图深入了解这种事故发生的可能性有多大，或即使这样的事故在物理上是可能的，也仅仅是假设最糟糕的情况并为之做计划。

很自然，工厂越大，其排斥半径必须越大。对于小型实验反应堆，其典型的排斥半径是一两英里——一个可行的大小。但为城市发电的更大工厂，其排斥半径将是小型实验反应堆的 10 倍，而这是一个问题。如果一座反应堆各个方向不得不由 10 英里或 20 英里空地环绕，就不可能把其建在接近城市的地方。为了将核电输送给客户，公用事业公司将不得不支付长途传输的费用。此外，为禁区购买土地的费用使电价进一步提高。要想核能经济实用，必须找到一种不同的方式来确保安全性。

在一年左右的时间内，通用电气的反应堆设计师想出了一个解决方案：他们将反应堆放在一个大型钢铁壳中，这是一种"包裹性"建筑，如果发生泄漏事故，它会将反应堆的放射性物质保持在其内。保障措施委员会接受了这个想法，从通用电气建在纽约北部测试反应堆开始，包裹性成为核电站的一个标准特性。有了反应堆安全壳，原子能委员会曾希望反应堆建在更靠近人口稠密区域，尽管该委员会确实曾经坚持它们之间应该保持一定距离。

为了建造包裹性容器，工程师们必须找出可能发生的最糟糕事故，即所谓的最大可信事故，然后设计壳子去承受它。所以开始一个安全性的思考模式花了几十年的时间。某些人，如反应堆设计师、反应堆保护咨询委员会和国家实验室的研究人员想出了一个场景，反应堆可能出错的地方有哪些，然后要求工程师设计安全特性，以确保此类事故不危及公共安全。一般来说，很少考虑如何才可能发生此类事故。如果物理上是可能的，那么就必须考虑。这种方法播下了原子能委员会与其技术顾问之间关系紧张的种子，这种紧张的关系随核项目的规模增大而更加激烈。原子能委员会，其职责就是监管核电站完成建造，必须在某个地方画线。它不希望因每一个可能出错的事情而推迟建设工厂。反应堆保护咨询委员会和国家实验室并未感受到同样的压力。他们的自然倾向是尽可能完整地回答每个技术问题。这在许多方面对核工业打击极大。1966 年发行的《原子核物理学》引用了反应堆保护咨询委员会一个代表的意见："和黎克柯一样，他们说，'证明这'，所以你要去实践，他们说，'证明那'——你要永远继续做算术……他们应该必须证明问题的判别准则。我们总是不得不证明他们仅能想想，指点江山。也许应该问他们的是'在哪里?''什么时候?''为什么?'"。当原子能委员会与产业界站在一起时,像通常的那样,反应堆保护咨询委员会的核科学家和工程师以及国家实验室对他们看到的对安全性的态度过于漫不经心而感到沮丧。

20 世纪 60 年代,随着核工业开始出售越来越多的反应堆,原子能委员会及其顾问艰难地去解决一大堆的安全性问题。例如,什么情况下反应堆压力容器就会破裂,释放大量放射性物质到包裹性容器里,如果压力容器确实破裂了,包裹性容器能保持得住吗?压力容器是一个大型钢制部件,包裹着轻水反应堆的堆芯。它装载的高压水通过堆芯从裂变的铀原子将热量携带出来。如果压力容器破裂,它将释放大量的高放射性和高度危险的物质,而且钢碎片甚至可能打破包裹性容器飞出来。这留下了一个棘手的问题,因为尽管工程师们知道钢的正常强度很高,但他们不熟悉受中子轰击数年的钢制件会如何。在中子轰击条件下,钢可能因变脆而容易断裂,尽管它在常态下的强度相当高。

但最难以解决的问题集中在所谓的损失冷却剂事故 (LOCA)。如果由于某种原因,供应到反应堆堆芯的冷却水断流,例如,管道破裂,反应堆堆芯的一部分或全部不能被覆盖,没有水环绕着堆芯,没有什么东西将大热量带走。对于损失冷却剂事故,核反应堆设计成将所有的控制棒插入反应堆堆芯,实现自动关闭。控制棒吸收中子并停止链式反应。不幸的是,即使已经关闭了链式反应,堆芯仍然保持热的状态,因为反应堆一旦运行了一段时间,建立在燃料中的放射性"裂变产物",会自发衰变产生热量。对于防止这个自发衰变及因其提高的堆芯温度,控制棒起不了任何作用。结果是,即使链式反应已被关停,如果没有冷却,燃料可能变得太热而熔毁。

1966 年以前,原子能委员会认为即使冷却剂停止流动,反应堆堆芯熔毁释放出放射性气体,厂房的安全壳应防止气体泄漏。但那一年,原子能委员会意识到在一座大型反应堆中 (1000 兆瓦或更大),燃料在损失冷却剂事故后可能会变得太热,可能烧穿混凝土地板并进入地下。这被称为"陶瓷综合症",这是个玩笑,指的是燃料的宿命,后来有些人认为,这是针对燃料寿终正寝的比喻。实际上,燃料在固化之前将下降到地下远远超过 100 英尺似乎不太可能——或许可能性很小。但燃料是否变成了陶瓷就扯远了。这样的事故可能破坏包裹性容器并把辐射性释放到周边地区。更令人担忧的是,损失冷却剂事故可能导致除了地板外厂房安全壳的其他部分破裂。如果热燃料熔毁后通过压力容器,而不是通过包裹性容器的地板,可能会以某种方式产生足够的气体压力,导致在地板以外某个地方炸开一个洞。这会把多得多的放射性物质释放到大气中而不是陶瓷综合症。

　　反应堆保护咨询委员会和原子能委员会同意,必须找到一种方式防止损失冷却剂事故导致包裹性容器被破坏,但他们不同意战术层面的策略。反应堆保护咨询委员会的几位成员想探索即使反应堆堆芯熔毁也要保持厂房安全壳完好无损的方式。这是有可能的,例如,建造一个大型混凝土结构——一个"堆芯捕手"在包裹性容器的建筑下面。如果堆芯熔毁后通过包裹性容器的地板,它将被捕获并保持在这里。但是,原子能委员会在该行业不要因为添加额外的要求而推迟建设核电站的压力下,对这不感兴趣,相反,它将依赖于其他两个策略,要求在设计上改进冷却系统的冷却功能缺失来降低事故的可能性,并专注于防止如果冷却剂停止流动带来的堆芯熔毁。在实践中,这第二个策略意味着强调紧急堆芯冷却系统,该装置在损失冷却剂事故的情况下可以迅速用水淹没反应堆堆芯。

　　这似乎是那时解决堆芯熔化问题的最直接途径,但对于原子能委员会和反应堆保护咨询委员会,这实际上会让生活复杂得多。现在,反应堆的安全显然依赖于在紧急情况下正确执行的工程保障措施,而不是依赖距离或包裹性容器,工程师们必须保证,不管发生什么事,堆芯不会熔毁。为此,他们设计的系统越来越复杂,在备份上加上备份。但是它们会按计划起作用吗?没有人确切知道。一座反应堆损失冷却剂、突然加热,然后大量的冷水从紧急堆芯冷却系统流出，各种力将是剧烈和不可预测的。例如燃料棒受热和受冷却那么激烈会发生什么呢？需要大量的测试和研究来寻找答案。

然而，当时原子能委员会削减了此类基础的安全性问题研究，原子能委员会反应堆发展和技术部门主管弥尔顿・肖，相信这样的安全研究达到了递减收益点。作为老黎克柯的门生，肖将轻水反应堆看作是一项成熟的技术。他想，商业电厂的安全关键，这是与工作得这么好的海军反应堆计划同样的事情：厚厚的规章规定了反应堆的每一个细节，加上仔细的监督，以确保遵守各项规定。肖拒绝了反应堆保护咨询委员会的末日情景，认为那是学术的幻想。例如，最坏的损失冷却剂事故，设想一根主冷却管断为两截。这是一个科学家对安全的方法：找出最严重的可能事故，为其做准备，其他一切将会迎刃而解。但肖认为，核事故更容易被许多小故障如滚雪球般演变引起。照看好小事情，大事情就不会发生，这是肖的安全理念，他负责原子能委员会所有的设计安全性研究。

由于相信轻水反应堆需要更多的基础研究，肖把他大部分的关注投到他认为将是下一代的反应堆：增殖堆。他推动原子能委员会将其注意力转到这个方向，把轻水反应堆留给制造商和公用事业。他向原子能委员会提出申请，将大部分经费集中到研究增殖堆的安全性上。例如，1972 年，美国在建的或订单中的轻水反应堆有上百座，而没有商业增殖堆，肖在他的 5300 万美元安全性预算中间砍了一刀，让轻水堆和增殖堆各占一半。

肖专制的个性和对安全性的态度迅速疏远了国家实验室许多从事安全工作的人员。像反应堆保护咨询委员会的科学家、实验室的工程师能够看到反应堆中许多可能出错的事情，他们认为跟踪这些事情很重要。找到答案正是他们的本职工作，他们无法理解肖为何忽略反应堆中所有的这些潜在问题。许多人相信肖是有意识地抑制安全性问题以保护反应堆制造商的利益。最终，这种纠纷爆发成一个透明度很高的争议。

事情发生在 1971 年春天，几个人与最初为反对各种反弹道导弹等武器而成立的"忧思科学家联盟"联合，挑战在马萨诸塞州普利茅斯核电站的许可。在原子能委员会的黑话中，他们变成了"干涉者"，这意味着他们在许可听证会上会有很多对手。三个干涉者，丹尼尔·福特、詹姆斯·麦肯齐和亨利·肯德尔，开始寻找弹药来反对核反应堆，在发现似乎确凿的证据之后，他们很快定位在紧急堆芯冷却系统。几个月前，原子能委员会进行了紧急堆芯冷却系统的缩比模型试验，而试验失败。应急冷却水从原来冷却剂泄漏的管道同一个破损处流出。因为测试是不太真实的，没有人会真正期望紧急堆芯冷却系统会以相同的方式执行工作，但失败突显出一个引人注目的事实：没有过硬的证据表明，这样一个系统会以其设计的方式发挥作用。

当福特、麦肯齐和肯德尔深入研究紧急堆芯冷却的机理和工程时，他们决定直接访问大多数信息的源头：橡树岭国家实验室，他们惊奇地发现实验室许多研究人员赞同他们的观点。橡树岭国家实验室的科学家们不相信核反应堆是危险的，但是他们也认为没有足够的证据确认它们是安全的。他们对原子能委员会的安全性研究资金的额度感到沮丧，他们感到特别恼火的是，在冷却功能缺失的事故中燃料棒故障的一系列实验经费在1971年6月被取消了。橡树岭国家实验室的研究人员与三个介入者深度交流，以成堆的文件送他们回家。

同时，在全国几个其他反应堆的听证会上，对紧急堆芯冷却系统的担忧显现出来。为能平息这个批评，原子能委员会决定就此问题举行国家级听证会。听证会开始于1972年1月，开开停停，直到1973年7月，该委员会有点尴尬。国家实验室的许多工程师证实他们担忧的安全问题被原子能委员会忽略或掩盖了，而肖本身傲慢、专横和不愿听批评。到听证会结束时，很明显，在冷却水供应管道完全断裂的最糟糕的情况下，原子能委员会不能保证紧急堆芯冷却系统能正常工作。这重要吗？原子能委员会认为不是，拒绝就紧急堆芯冷却系统作出任何重大改变。但许多启示给人一个印象，原子能委员会的反应堆开发部门忽视了专家的意见，迎合了核工业的意愿。1973 年 5 月，原子能委员会取消了肖的轻水反应堆办公室负责安全性研究的职责，将其放在了新成立的"反应堆安全性研究部"里。肖几周后辞职。第二年，原子能委员会本身被肢解，其监管部门转世为美国核监管委员会，它的研究和开发活动交给了后来成为能源部一部分的能源研究和开发管理部门。

原子能委员会用自己的火焰筒抬高自己。它的安全思维基于最大可信事故，因为它们是方便的分析工具。但是他们已经到了自杀的境地，而许多安全专家达到了将其工作看作确保反应堆在最糟糕的事故中幸存下来而对外界没有风险的境界。因为安全性已经作为一个绝对的东西提出来了，没有办法画一条线说，"跨过这我们不会担心任何更多的假设"。当肖确实试图去画一条线时，他成为反对核电站人们的一个明显的目标，因为他们总能指出一直没有得到回答的问题。它使不太可能发生的最大可信事故在程度上没有什么差别；原子能委员会在对安全性处理方法的逻辑上走极端，要求这样考虑事故，要么防止发生，要么不对核电站以外有任何损害。

如果头 20 年在核安全思考方面能得到什么教训的话，那就是试图确保安全性很难。核能发展迅速，在 20 世纪 60 年代中期和后期，反应堆的规模每年都有很大的飞跃，反应堆制造商竞相提供他们认为是不断增加的规模经济。而发电厂反应堆之外的部分从来没有标准化，因为每个公用事业公司建造核电站时，自己选择设计师、供应商和建筑商。与此同时，原子能委员会关于安全性的思想不断发展。该委员会每年提出不同的要求，而且一年比一年多。结果是困惑和形势混乱，核工业抱怨被过度监管而受到伤害，而在反应堆保护咨询委员会、原子能委员会的顾问担心在确保电厂处于安全状态所做太少。通常似乎原子能委员会试图区别对待。它要求企业增加预防措施，但前提是这些预防措施不那么昂贵、耗时而导致核能的发展放缓。这是一种粗放型的成本效益决策：通过建立安全性政策，使企业和反应堆保护咨询委员会的筹码数量大约相等，原子能委员会可以估量额外安全性措施的性价比。在 20 世纪 60 年代后期，随着陶瓷综合症的出现，核技术界的人们开始意识到他们需要一种新的方式来思考反应堆的安全性。似乎不再可能保证绝对安全性——保证最糟糕的事故没有辐射性会逃出来威胁到公众。现在安全取决于主动安全性特征的性能，如紧急堆芯冷却系统。如果它们失效了，包裹性容器可能被损坏，进而放射性物质被释放出去。"然后，我们不得不改变反应堆是'安全的'断言的基本原则"，阿尔文·温伯格回忆说，"不是声称因为反应堆被包裹而事故不会导致波及非现场的后果，我们不得不认为，是的，一场严重的事故是可能的，但其发生的概率很小，反应堆必须仍然被视为'安全的'。把反应堆安全性视作概率，而不是'确定的'"。

核技术界逐渐采用的方法被称为概率风险评估，它通过考虑某些事故发生的可能性和事故的后果来评估风险，因此预计反应堆运行 100 万年才出现一次事故，事故可能杀死 1000 个人，处理为等效于预期 1000 年发生一次只有一人死亡。反应堆每运营几千年预期出现一次致命事故。这是工程师可以理解的东西，而不是无休止的争论，一些潜在的事故是否值得担心，他们可以建立反应堆安全性的一个数字目标，也就是说，反应堆每运营几千年，你将死于辐射释放——开始奔向这一目标。讲到反应堆的安全性，工程师们不会保证某些事故不可能发生，只是确保它们不太可能。

概率方法的优势是消除最大可信事故，但它有几个缺点。它明确地承认可能发生重大事故。虽然甚至声称最大可信事故不会对公众造成任何威胁是虚构的，但这是一个有用的虚构。核电站能以公众理解的一种方式认为是"安全"的：工程师们表示，严重的放射性释放的事故是不可能的。采用概率风险评估，现在工程师说重大事故确实是可能的。虽然这样的事故可能是一百万分之一的概率，但因大部分公众没有发现而得到安慰。

但概率风险评估的主要弱点是实践上和技术上的。计算不同事故的概率几乎是不可能的。从理论上讲，它是通过识别可能导致事故的事件链来进行的——管道断裂、检测它的传感器失效、操作人员动错开关、备用发电机不起动——估算事件链的每个事件的可能性有多大，再乘以独立事件的概率，计算出整个事件链总的发生概率。然后把各种事件链的概率相加，可以得到一个给定的事故概率。但由于那时核能仍然是一项新技术，识别可能的事件链和评估每个事件的概率涉及大量的猜测。反应堆的设计师可能会列出他们能想到的可能导致意外事故的所有事件，但不可避免地会忽略一些，或许很多。虽然其他行业经验可能有助于评估管道断裂或泵出故障的可能性有多大，但核电站大部分的设备与其他地方的设备不同，而且它在独特的条件下运行。不可避免的是，直到有更多的核电站运行经验之前，大部分的概率风险评估靠猜，听天由命。

在所谓的拉斯穆森报告发布后，这变得非常清楚。该报告 1974 年发布，是一份试图计算重大核事故可能性的研究报告。原子能委员会希望以一份客观的报告去抗争与日益增长的对核电安全的担忧。原子能委员会满心希望该报告将验证其地位，聘请了麻省理工学院核工程教授诺曼·拉斯穆森一起做研究，并要求他做得快些。拉斯穆森和他同事从通常作为美国核电站代表的两座反应堆现场获取数据，然后规范地分析了这些数据。研究人员所做的大部分工作是非常宝贵的。通过想象可能发生的各种意外，比如，他们发现了过去被忽视的事故类型，如中型损失冷却剂事故，反应堆堆芯逐渐而不是突然失去了冷却剂，这些会在管道发生一个重大破裂或压力容器失效时发生。报告第一次将注意力集中在几个相对较小的事件叠加进而引起事故的事故类型，不管哪一个（事故单独发生），其本身不是一个问题。但原子能委员会对拉斯穆森报告的这一部分根本不感兴趣。相反，在公共讨论中，它侧重于更弱的、推测成分更大的部分，即核电站事故的概率估算。

事实上，即使在研究被公布之前，原子能委员会官员吹嘘，堆芯熔毁有望每座反应堆运行数百万年只有一次，反应堆运行 100 亿年只有一次重大事故。报告正式公开时，原子能委员会总结调查结果时说，一个人死于核电站的一场事故比被流星击中的可能性都小。

拉斯穆森报告收到了其预期的效果。它被媒体广泛报道，它的结论也被接受。但是许多科学家深入研究后，对他们所看到的并不赞同。他们中的一些人是怀疑主义者或者是核能反对者，但一个特别有说服力的批评来自受人尊敬的、无党派源头的、物理学家的主要专业组织——美国物理学会。应已经取代原子能委员会安全职责的美国核监管委员会的要求，物理学会成立了一个研究小组审查拉斯穆森的工作，它返回一个毁誉参半的评价。该小组发现，虽然拉斯穆森使用的概率风险评估在可能发生的事故的确定方式上是有价值的，他们对他如何估计重大事故的可能性有严重的保留。该小组断定，报告包含一些缺陷，使其结论比他们应该得到的信赖更少了。核能可能是安全的，但很少人认为拉斯穆森报告证明了这一点。

然而，批评者没有说出能够匹配该报告重大名声的任何东西，该报告提交不到五年后，1979 年 3 月 28 日，宾夕法尼亚州米德尔顿的三哩岛核电站的 2 号机组出现了重大事故，反应堆堆芯部分熔毁，一些放射性物质被释放到大气中。尽管反应堆堆芯的大部分还在厂房安全壳里，拉斯穆森的概率风险评估研究得出的结论是，对于美国轻水反应堆熔毁，预计反应堆每运行 17000 年只有一次（报告发布前，原子能委员会宣传的这个事故发生概率是 100 万年一次）。因为那时只有几十个核电站在运行，美国就可能在几个世纪没有反应堆熔毁，但现实是仅仅运行数年，熔毁就出现了。

三哩岛事故引发了对核安全的强烈反思。它震惊了公众，但是它同样震惊了核当权派。领导核监管委员会系统安全部门工作的罗杰·马特森是这样描述的：

> 相信和不相信会发生事故是有区别的。20 世纪 70 年代中期做出的基本政策决策——我们所做的已经足够好，而监管的目标应该控制许可过程的稳定性，要求体系稳定并足以表达对公共卫生和安全"没有过度风险"，如果出现新思想，我们必须认为他们是对不成熟技术的精细化，这就

是政策的含意。这一直是我的行事方式……这是一个错误。这种做法错了。

相比于任何其他事件,三哩岛核电站反应堆堆芯部分熔毁对形成最近关于风险思考的影响最深刻,也不只是在核能领域,从分析得出的是什么导致三哩岛出错的教训,已经应用到几乎任何有风险的、复杂的技术。

在三哩岛之前,原子能委员会和核监管委员会关于安全性的大多数精力都是针对设备的。流行的理念是:确保设计、建设、维护一切事情得当,安全性就会随之而来。事实上,一台故障设备确实在事故中扮演者关键的角色。但凯梅尼委员会,调查三哩岛事故的总统委员会得出的结论是,设备只有一小部分的问题。更令人担忧的是运行反应堆的操作人员的素质。他们训练严重不足,对导致事故类型的紧急情况准备不足。他们不但没有采取正确的措施来解决这个问题,而且他们的行为使情况变得更糟。

然而,操作人员的缺点仅仅是一般性失败的一部分。凯梅尼委员会认为,运营核电站与运营化石燃料工厂对管理和组织能力的要求是不同的。公用事业公司倾向于在满功率运营燃煤和燃油电厂直到某些东西损坏为止,然后解决它,再次启动。对安全性关注甚少,预防性维护的关注也少,也很少在问题发生之前去解决它们。这些工厂是很好的,是相对简单的,并在故障时不危及人类。但许多公用事业公司,不仅是运营三哩岛的,还是以这种态度管理它们的核电站,而这不起作用。成功运营核电站要求一种完全不同的制度文化(我们将在本书第8章更深入地探讨)。

但也许从三哩岛事件中得到的最重要教训是对小事情可以引发大事故的认识。直到那时,对核安全性的思考一直聚焦于重大故障,如大型管道破裂。通过拼凑导致三哩岛事故的事件链,调查者证明许多看似微小的失误可以引起一场大灾难。

事故在4点开始,那时水泵将水送入反应堆的蒸汽发生器,由于一系列的人为错误和设备故障而关闭。三哩岛是一座压水式反应堆，这意味着有两个主要的水管系统。一个是反应堆冷却系统，携带水通过核反应堆再到蒸汽发生器，再回到反应堆。该冷却水将热量从反应堆堆芯带出，热量被用来加热蒸汽发生器的水使之沸腾。第二个管道系统将水送入蒸汽发生器，在那里变成了蒸汽驱动汽轮机。流过涡轮后，蒸汽被冷凝成水然后回到蒸汽发生器。正是第二个系统在泵关闭时停止了工作。

由于辅助系统关闭，主冷却系统没有办法把热量从反应堆堆芯中传出去，所以主系统的水开始升温、膨胀，使系统的压力升高。按计划，反应堆立即关闭，控制棒插到反应堆堆芯里吸收中子并杀死链式反应。大约在同一时间，一台自动阀门打开释放主冷却系统的压力。到目前为止，工厂完全按照预想作出了精确的应对。但是安全阀在释放冷却系统足够的压力后应该重新关上。事实上，控制室的一个指示器报告，关闭该阀门的信号已经发出，但出于某种原因该阀门并未关闭，而控制间里的人没有办法知道。两个多小时后，首先是蒸汽，然后是蒸汽和水的混合物通过打开的阀门逃逸出去，这导致了主冷却系统压力持续下降，几分钟后，压力下降到足以触发启动高压注射泵喷水到系统中，但由于反应堆的操作人员误读了所发生的情况，他们关闭了一台泵并削减了另一台泵的流量，导致不能弥补通过打开的安全阀跑掉的蒸汽而损失的水。他们认为他们做了他们在训练中所做的，但他们让事情变得更糟。渐渐地，主系统中的冷却剂成为了水和蒸汽的紊乱混合物。然后，事故到了一个半小时，操作者决定关掉在反应堆和蒸汽发生器之间使冷却剂循环的泵。再次，因为操作者不明白反应堆内部到底发生了什么，他们认为他们是按照标准程序行事的，但是切断反应堆冷却泵却把堆芯最后一点冷却活动搞掉了。很快，堆芯一半未被覆盖，其温度快速上升，熔毁了部分燃料并释放出高放射性物质。一些放射性气体逃离了包裹性容器，但幸运的是不足以威胁到周边地区的任何人。最后，在事故发生后近两个半小时，有人发现压力安全阀从来没有关闭并将其关闭。之后花了12个小时重建堆芯冷却，并开始将系统恢复到正常温度。

　　这是执行概率风险评估时没有人能够提前想到的一条事件链。根据听到的所描述的事件链，很容易得出这样的结论：操作者负主要责任——毕竟他们忽视了打开的压力安全阀，拒绝启用注射泵，并关闭了反应堆冷却剂泵，但其他方面也有很多责任。设计师未能在控制室包含显示压力安全阀是否关闭的任何东西；一只指示灯告诉的只是发送了关闭它的一个信号。核监管委员会已经在 18 个月前知道了另一座反应堆发生的类似事故，事故中安全阀打开，但没有通知其他核电站，这个阀门可能是个问题。工厂管理层以小问题几乎不纠正这样的方式运营反应堆，加之人们对这些小事情麻木了，也对这次事故的发生起了不良的推动作用。例如，事故前反应堆冷却剂在有故障的阀门上存在某种稳定的泄漏；事故期间，操作人员看到的异常读数应该是在告诉他们压力安全阀是打开的，但他们认为该读数是由泄漏造成的。

　　但更重要的是，罪魁祸首是系统的复杂性。它产生了许多看似微小的事件可能相互作用从而导致重大事故的一个情形，而对于操作者来说，几乎不可能明白到底是怎么回事，当明白时却为时已晚。

　　政治学家艾伦·瓦尔达沃夫斯基建议，因为这种复杂性和核电站中不同组件之间的互动方式，增加安全设备和操作流程实际上会在某种程度上降低安全性。三哩岛的事故提供了这是如何起作用的大量例子。例如，控制室有超过 600 只报警灯。每一只都是考虑本身作用而添加到安全系统的，因为它在有些事情出错时会报告。但在严重事故时，整体效果总是很混乱的，因为有警报太多以致大脑不容易理解发生了什么。

　　耶鲁大学的社会学家查尔斯·佩罗将这种推理向前推进了一步，认为如核能这样复杂、紧密互连的技术，就其本质而言是不安全的。在大量组件的交互作用下，事故可能会以很多不同的方式发生——这类事故是技术不可避免的特性，就是佩罗称之为"正常的事故"。技术无法通过添加额外的安全系统而实现安全，这只会增加其复杂性并产生更多的出错方式。

不可能用短短几句话公平对待佩罗关于复杂性备受争议的观点，但本质上他认为，成功控制某些技术的各种要求包含着内在的矛盾。因为核电站的一个局部发生的事情可以极大地影响到其他部分的行为特征，一些中央控制是必要的，以确保在一个地方的行动不会导致另一个意料之外的后果。这种控制形式可能是一个中央管控，所有操作由其批准，或以一组严格的规则形式管理整个工厂的行动。另一方面，因为技术是如此复杂且不可预测，在特殊情况发生时，操作者需要快速响应的自由和想象力。严格的中央集权和局部自决的自由都是需要的，但佩罗说，同时拥有两者是不可能的。因此核电站总是容易受到一种类型或另外一种类型事故的伤害——或者由快速适应一个意料之外的问题的失败造成的，或由整个工厂不协调的行为造成的。

佩罗认为，除了核电，许多技术面临同样的内在矛盾的要求：化工厂、太空任务、基因工程、飞机、核武器和军方早期的预警系统。他说，每场事故不应当作流程的异常，而应看作正常过程的一部分。通过改进设计，更好地培训人员以及进行更有效的维护，可以降低它们发生的频率，但它们永远会与我们同在。佩罗继续建议，社会应该在这些正常事故的成本和这项技术的好处之间作出权衡。化工厂事故的成本相对较低，通常由化学公司及其员工承担，同时，关闭化工厂的成本可能会很高，因为没有什么来取代它们。但是核能是不同的，佩罗说。重大事故的成本之高，将是灾难性的，而放弃核电的成本将是可以承受的：其他发电方式可取而代之。

当然，到目前为止这并没有发生。但已经发生的是，人们思考安全的方式已经改变，不仅是在核工业领域，同时也在其他行业领域。再也没有人相信，工程师可以用确定最大可信事故，然后确保它不会以威胁到任何人的方式完成安全评估。能做到的最好的措施是尽量降低危险事故的可能性。

由于难以解释一切可能出错的方式，人们也已经开始领悟复杂性是如何改变风险方程的。但是同样重要的是，复杂性会放大风险。技术越复杂，可能出错的方式就越多，在一个紧密耦合的系统，可能出错方式的数量随系统组件的数量呈指数增长。复杂性也使得系统更容易出错。甚至一个小错误可能会推动系统以奇怪的方式行事，使操作人员很难了解到底发生了什么情况，使他们有可能会犯更多的错误。

三哩岛事故以来，美国核监管委员会试图通过研究核能历史上一个真正成功的楷模来确保安全——黎克柯的海军核电站。这导致覆盖更小问题的更多的规则和规范，还有为了保证核电站质量和不同组件设计的堆积如山的文件。据说，三哩岛事故之前，该行业正是靠其摆脱凌乱的困扰。

但在业内，已经存在一个逐步深刻的认识，如此复杂的、危险的技术，其安全性最终掌握在人类手中。它在改善核电站技术方面可能是有用的——机器和规定指定如何操作，但仅仅是其复杂性，注定总是会有意外的地方。在意外的情况下，最好的防御就是人类的能力、专业知识和想象力。我们将在本书第 8 章看到，这样强调人类因素，会在复杂、有风险技术安全性保证方面保持最好的希望。

无论我们的技术经理在控制风险上做得有多好，然而，风险评估并决定多少是可以接受的问题仍将是一个困难的问题。在这些问题上总会有分歧，因为人们对风险的采信极大地依赖于他们观察世界的视角，而人们使用的视角千差万别。

6.3 通过文化的视角

物理学家伯纳德·科恩在他的著作《核能的选择》中，列举出科学家发展核能的理由。一章接着一章，他用统计学和逻辑知识坚定地提出主张来说服读者相信核能是必要的、安全的，是优越的替代品。书中第 5 章内容特别难忘。他描述，在各种透明公开的核事故中，公众通常暴露在 1 毫雷姆或更少的辐射中。他问，多少是 1

毫雷姆？它的量就是牙科 X 光的辐射量，它的量就是住在砖房里一个月左右得到的辐射量，因为砖和石头有轻微放射性。它的量就是自己的身体在过去几周的辐射量，因为生物体有微量的放射性物质。它的量就是横跨美国飞行受到的辐射量，因为飞行会增加人体暴露在宇宙射线中的量。科恩问道，1 毫雷姆的辐射有多危险？使用风险估计值，几乎可以肯定是夸大了，他总结道，1 毫雷姆的辐射平均会降低一个人的寿命约两分钟——同样风险是，过马路 5 次、抽香烟几口或驾驶汽车 5 英里。然而，他抱怨道，每次有一场小的核事故，报纸和电视上串下跳，就好像它是一场大灾难，而不是相当于几个人开车去杂货店或在一家餐馆坐在吸烟者旁边。

如果科恩的抱怨听起来很熟悉，它应该就是。几十年来，核能的支持者认为，如果公众花点时间去了解事实，那么他们将意识到核能源是一件好事。1964 年，在科恩的书出版的 26 年前，西屋电气公司副总裁约翰·辛普森表达了类似的观点：

> 在我看，应该呼吁进行全行业的执行教育和反驳计划。我们整个行业都在被攻击，整个行业都应该回答这个问题。美国的公用事业和反应堆制造商应该联合起来保护这个行业所付出的努力。唯一需要的武器是介绍真相并广泛传播。

但是，尽管几十年来公共教育持续的努力，以及很多像科恩这样的书的出版，很大一部分的人仍然对核能持怀疑态度。许多人对核能感到恐惧。其他人判断，该项技术是唯一能用于避免全球变暖，或如果没有其他方式能够生产社会消费越来越多的电的最后选择。一个又一个的研究发现，公众评价核能作为一项威胁公众健康最危险的技术，堪比于吸烟、手枪、机动车事故。对科恩来说，争辩燃煤发电每年成千上万的人死亡，而核能最多每年几十人死亡，没有一点好处，人们宁要煤的风险也不要原子的风险。

受到这个差异的困惑，社会科学家们一直探索并促使非专业人员团体去找出，为什么他们对核能和其他技术的潜在风险的评估不同于那些研究这些东西的科学家和工程师。他们发现的答案是，没有在该技术领域训练过的人，甚至很多训练过的人，使用与专家不同的方程来计算风险。专家们倾向于使用很容易计量的，如人员死亡、伤害、金钱损失等具体量从数学上判断风险。通过给一切东西分配一个数值，他们能以简单、直接的方式作出比较。如果从 A 预期的死亡人数高于 B，选择 A 比选择 B 风险更高。但大多数人不这么想。

例如，在一项研究中，一个风险专家团队随机要求三个组的被选人员——大学生、商人和妇女选民联盟成员，给各种活动和技术的风险排序：核电、X 射线、农药、吸烟、汽车事故、摩托车、手枪和其他一些事物。他们也要求十几个专家来做同样的事情。当他们比较排名结果时发现，专家认为核能在 30 个最危险的选择中排第 20 名。非专业人士有不同的看法：其中的两个组认为核能是最危险的选择，而另一个组（商人）将其排在第八。为了找出原因，研究人员让三组成员估计，在 30 项活动和选择中各平均每年死多少人。奇怪的是，按照这一标准，与专家相比，公众成员认为核能更安全。专家们认为核工业应为平均每年约 100 人的死亡负责，死亡来自核电站事故、接触放射性铀的矿工、核电站辐射造成公众患癌症，等等。另一方面，该组成员认为核能引起每年平均死亡人数只有十几个。这估计死亡人数少于列表中其他项目，包括食用色素和喷雾罐。总之，根据预期的平均每年的死亡人数，各个小组认为核能是列表项目中风险最小的。

那么很显然，不是平均每年死亡的人数使得核能似乎如此危险。那是什么呢？答案出现了，当研究人员问列表上每一项在其一个特别灾难性年有多少人死亡时，几乎在对每一个其他项目，受访者认为在一个非常糟糕的年份，死亡率可能会翻两倍或三倍。但他们猜测核能在灾难性的一年可能会使数千人，甚至成千上万人死亡。这是远高于官方从核监管委员会得到的数据，估计美国核电站最糟糕的事故会立即杀死 3300 人，加上其他一些几年后死去的人。核监管委员会计算，任何给定的一年，发生事故的几率为三百万分之一。

研究人员没有询问调查参与者如何想象这样的事故到底会是什么，但似乎可能的是，他们会给出时间不会那么长的异议。

　　研究人员发现，核能潜在的灾难性似乎能解释其大部分的感知风险。在灾难年估计大量死亡的这些受访者，很可能评价出核能的风险比其他选择更高。除了潜在的灾难，人们还考虑核能的其他负面影响。相比于那些认为公众已经学会忍受它的人，那些说核能恐惧的公众更有可能认为核能是非常危险的。

　　简而言之，公众对核能的风险看法与专家不同，因为他们使用一组不同的因素来作出判断。对专家来说，一个项目的风险基本上等同于预期每年平均的死亡人数，并以精算师或会计计算它的同样方式描述。但公众不在乎就平均而言核能是安全的。公众所关心的是，如果事情真的错了，很多人立即会死，但这不重要，最坏的事故是极不可能的。对公共卫生而言，成千上万人死亡的可能性使核能在回答调查人的眼中，与香烟或汽车一样危险。

　　在过去的15或20年，研究人员花了大量的时间试图找出公众是如何衡量风险的。有些时候，非专业人员与专家意见不一致是显而易见的，最初的假设是由于公众的无知。现在很明显，这是错误的。是的，发现了有很多无知，但它并不能总是解释为观点差异的原因。相反，即使公众利用的数据集与专家的相同，他们很有可能得出不同的结论，因为他们重视的对象是不同的。例如，考虑一个严重事故，会杀死30000人，每30000年发生一次。风险专家将总死亡人数除以这个事故的年数，会宣布平均年死亡率每年一人。然而，对大多数人来说，事故造成30000人死亡的可能性，即便今年发生，其可能性是1/30000，所携带的权重比死一个人大得多。公众不会简单地用一个数字除一下变成另一个，他们考虑的是数据的大小。

　　但专家和公众之间的差异远不止于此。对于专家，风险是一个简单的、定义明确的概念。它包括死亡、伤害和疾病，有时还有财产损失。监管机构、保险精算师、工程师使用这些具体的、可衡量的成本，而不是更抽象的、难以衡量的事物，因为它们方便，因为历史上它们受技术之害最深。有数学头脑的人在评估风险时很少看过去的这些数据。但公众没有接受这种思维方式，将风险视为一个更广泛的东西。它不仅仅是可以进入一个计算器的东西。

历史学家斯宾塞・沃特，在他的书《核恐惧》中描述了在 20 世纪 50 年代放射性是如何被视为"非自然"的，是对自然的侮辱和攻击。那时，尤其是电影中描述许多怪物是由放射性造成的，然后攻击人类。今天，大部分公众对核能的态度受到它是对自然世界的一个威胁的影响，在讨论核废料储存时这种态度尤其突出。将成吨高放射性物质填埋到地下墓穴并保存在那几千年来的想法似乎是给了地球母亲一巴掌，科学家对放射性物质将是安全的所有保证不能安抚不安的感觉。

除了对环境的风险，人们还担心技术的社会成本。它对各个层级或各个组织的人会有不同的影响吗？它将会产生经济不平等吗？其成本会平均分配和公正吗？我们的孩子将不得不为我们的行为付出代价吗？这种担忧对于那些对现代世界强调物质持怀疑态度的群体特别重要。例如，在几年前出现的新勒德运动，对于是否接受新技术，主张深思熟虑、有意识的决策，而不是简单地抓住出现的每一个问题进行争论。作为一个富有同情心的作家是这样描述他们的：

> 新勒德主义者判断技术的可接受性，不仅取决于其对人类健康和环境的影响，也取决于其对人类尊严和传统社会的影响。例如，当他们反对核能时，他们注意到的不仅是放射性污染的威胁，而且还有其对民主制度的威胁，因为核电供应直接联系到有史以来创造的最可怕的毁灭工具。放射性物质作为武器的致命潜力意味着核电站必须始终由武装警卫看管。

但不仅仅是新勒德主义者等边缘群体在评估风险时考虑社会因素，据橡树岭国家实验室的两个分析师史蒂夫・雷纳和罗宾・坎特称，大部分公众在技术风险决策时非常注重社会因素。研究人员说，公众在决定风险上特别关注三个因素是否可以接受：

　　（1）那些坚持被事故伤害的人是否接受技术决策过程？

　　（2）万一发生事故，大家能提前就谁负什么责任达成一致吗？

　　（3）人们信任管理和监管技术的机构吗？

　　如果这三个问题的答案是肯定的，雷纳和康托尔说，公众可能不会担心困扰核电和基因工程的概率低但后果严重的事故。专家强调风险，可以量化和争论"多安全才算足够安全？"公众对风险模棱两可的数值不感兴趣，而是要问"到底多少才算足够安全呢？"

　　这些不同的风险态度反映出不同的文化。工程师的文化是积极理性的。采用科学原理的合理应用来解决问题，这就是工程师在设计一个新的计算机芯片或喷气式飞机引擎时如何攻关的，他们采用相同的规则进行风险评估工作。他们认为他们的方法是合理的，所以很显然，其他人必须或者至少应该以同样的方式思考，但并不是每个人都这么做，也没有必要，因为他们是非理性的。他们有一种不同于工程师的理性，这种理性起源于世界是如何运行的、应该是如何运行的一组不同的假设。

　　或许最引人注目的例子属于被人类学家玛丽·道格拉斯和政治学家艾伦·瓦尔达沃夫斯基称为"教派"的那些人。这些组织的成员认为自己从社会的主要部分脱离出来了，而且他们认为社会正走向灾难，只有他们看得清楚一些趋势。传统上，教派已经成为宗教团体，如阿米什，他们将自己与世隔绝，其组织是扁平化的，每个成员都有平等的发言权，没有任何领导人或层次结构。将教派保持在一起的是从世界其他地方分离的感觉，其成员感到拥有更高的精神价值。今天，道格拉斯和瓦尔达沃夫斯基说，某些环保组织如"地球之友"等宗教文化非常相似于阿米什和其他宗教派别，而这导致世界信仰与宗教派别有许多相似之处：

　　教派宇宙论预计未来的生活会发生根本性恶化，并且坚持认为这场灾难无法避免。可能没有时间去做什么了，但它知道灾难是怎么造成的：腐败世俗，也就是说，大型组织的野心已经将人类置于濒临灭绝的境地，而新技术代表所有最应受谴责的——社会地位、分工、唯物主义的价值观，对个人痛苦无动于衷……。该教派主张最广泛的动机是全人类而不是一个部分。他们称上帝或自然作为仲裁者来证明他们的正确性，而可以归咎于在这里定义为物欲的每个悲剧，就是归因于神灵或自然的警告。

简而言之，教派成员看待风险与工程师有很大的不同。事故概率和损失生命可能性的计算对他们来说是没有意义的。他们的观点有一个完全不同的基础。他们看到更大的事实——整个世界的危险，他们对各种特定细节并不感兴趣。他们可能利用有助于他们事业的这个或那个工程细节，但他们的论点并非起源于科学和工程的理性主义，而是来自于更高的权威。

在分析反核运动中，道格拉斯和瓦尔达沃夫斯基展示各种反核团体的信仰和目标与组织的文化是如何关联的。更传统的、有分层的组织在系统中起作用，通常愿意妥协。例如，奥杜邦协会表明，它不是不可逆转地反对核能，如果核能能做得安全、经济，如果核能被证明优于其他能源选择，该团体可能会支持它。但蚌壳联盟等教派对妥协没有兴趣。人不会与魔鬼妥协。道格拉斯和瓦尔达沃夫斯基说，"蚌壳联盟将所有经济和社会弊病看作源于有利于大型企业和政府利益的资源分配。在阻止核能上，他们的目标不仅是维护自己免于可能暴露在有害的辐射中，还有打破他们认为这些利益对社会的束缚"，这样的信念与工程师的理性主义的、唯物主义世界观相去甚远，当两种文化的成员试图沟通时，他们发现彼此之间几乎没有共同点。

但没有必要走那么远进入各种边缘组织去看文化如何塑造技术和对技术风险的态度。整个社会，人们对核能、基因工程和其他技术的看法是与政治意识形态和各种其他的信仰密切相关的，从表面上看，似乎与技术无关。

1990 年，两位政治科学家，理查德·巴克和汉克·詹金斯-史密斯，就认知风险，尤其是与核废料有关的风险对 1000 多名科学家和工程师进行了调研。他们也调研公众和塞拉俱乐部的成员。与公众相比，作为一个群体，科学家们认为核废料的风险较低。综合风险值从 1 到 17，几个问题的答案集中在一起，科学家们评估的风险值是 9，而公众的平均值为 12，塞拉俱乐部成员给了 13，这并不令人感到意外。科学家和工程师比生活在其他圈子里的人们对技术更有信心。令人惊讶的是，科学家们之间意见有重大分歧，取决于他们的领域，也取决于他们工作所在的不同类型的组织。

关于核废料的危害，物理学家是最乐观的，在相同的 17 分的标尺内，物理学家们给出的风险评估值约为 7.3。接下来是工程师、化学家和地球科学家（地质学家、大气科学家等），他们给出的风险评估值从 8.3 到 8.5 不等。分值较大的是生物医学研究人员和生物学家，平均值为 10.1，而医生给了 9.3。换句话说，研究人员发现，与无生命的物体打交道的人相比，与生物打交道的人认为核废料风险更高。

当巴克和詹金斯-史密斯分析科学家根据他们所属机构的反应时，他们发现了一种不同的模式。受雇于联邦机构和政府研究实验室的人员给出了最低的风险等级，接下来是从事商业咨询师的科学家。认为核废料最危险的科学家们来自大学、州和地方机构。这项调查限于科罗拉多州和新墨西哥州的科学家，在这两个州，为各种联邦机构或实验室工作的研究人员很可能在一家研究机构，如洛斯阿拉莫斯国家实验室，其业务涉及核研究。另一方面，为州和地方机构工作的科学家更有可能参与保护公共安全。从这些科学家之间对核能的不同态度，很难判断反映的是他们机构的态度或仅仅是因自己的工作性质而选择的态度。也许对核废料和技术持怀疑态度的科学家一般不太可能去参与核研究的联邦机构工作，而大学、州和地方机构更有吸引力。

然而很明显，关于核废料的意见分歧是对技术、环境和联邦政府作用的持续不同意见模式的一部分。生命科学家比起物理科学家，他们认为环境问题更严重，更有可能认为政府应该控制核能和核废料（相比之下，生物学家和生物医学研究人员看到政府监管基因工程的需求更少）。此外，生物研究人员不太愿意社会在没征得他们的同意下将风险强加给个人，例如，核废料库建设地区的许多居民反对就是这种情况。

这些结果意味着科学家们受到他们总体信念系统的影响，他们的文化形成了他们对风险的看法，而各领域研究的科学家有不同的信仰体系。甚至在科学家当中，评估风险并不是一个纯粹的理性追求，而是强烈依赖于研究人员观察世界的视角。

根据政治科学家斯坦利・罗斯曼和罗伯特・里胥特博士的研究，这在科学家当中更为真实。他们调查了超过 1000 名有权威或影响力的人员，包括记者、军事领导人、国会工作人员和高层政府官员、律师、公益团体的领导人。调查包括核电站的安全问题，设计了一系列问题梳理出受访者的政治信仰。罗斯曼和里胥特博士分析答案时发现，超过 40％的受访者之间的意见分歧可以归因于他们的意识形态。两个重要的因素是，个人的社会经济自由主义和他的疏远政府的情感。越自由的人越疏远政府，他越有可能认为核能是有风险的。

就像巴克和詹金斯-史密斯，罗斯曼和里胥特博士发现，科学家比非科学家（除了最不担心核电站安全的军事领导人）认为核能的风险更低。此外，更熟悉核电的科学家们对安全更乐观。在所有抽样的科学家当中，有 60％认为核电是安全的；在专门从事能源研究的科学家当中，有 76％是这么认为的，99％的核能源专家认为核电站是安全的。此外，在塑造对核能的态度上，意识形态对科学家的作用比对非科学家的作用少。

从罗斯曼-里奇特尔和汉克・詹金斯-史密斯的研究呈现出来的图像达成了一个技术共识：核电站是安全的，但存在非技术上的疑虑。在核能专家中，关于电厂的安全几乎完全一致。担心风险主要出现在不沉浸在技术知识和不熟识核反应堆运行那些人上。如果没有技术知识来指导他们的意见，在决定他们如何考虑核电安全上，这些非专业人士更有可能倾向于意识形态的偏见。

正是这种形势使伯纳德·科恩和其他核支持者试图对公众进行说教。显然，在他们看来，关于核能的知识会让人们认为核电站是安全的。毕竟，最接近、最熟悉该项技术的那些人相信它的安全性。如果公众知道的和专家一样多，他们会同意专家的意见。但是这条推论成了关键——有缺陷的假设。它假设专家的意见是一个完全理性过程的产物，在这个过程中，专家对核能信任的存在仅仅因为他们彻底、冷静地核对了所有的证据，然后使用逻辑得出他们的结论，仅此而已。然而，如果是这样，很难解释三哩岛事故。核专家在20世纪70年代相信核能的安全性，与10年后罗斯曼和里胥特博士采访的那些人一样，他们在本质上采用相同的方式得出他们的结论。这不是也不可能是一个完全理性的过程。该技术过去存在，而且现在仍然存在一定程度的不确定性，从某种意义上说，专家们必须离开证据和逻辑的领域，并给出他们的判断。在这里，显现出来偏见、倾向，以及隐藏的核工程文化的假设。事后来看，很容易看出，核技术界文化对缺陷的无视，导致三哩岛事故发生。因为其特定的观察世界的方式，不是那么容易知道核技术界现在小看或误判了什么。

对于风险，没有所谓的完全理性的方法。工程师不愿意承认，但这是真的。即使是那些由科学家作出的每一个风险判断，也反映出在其中形成的文化。在《原子和过错》一书中，理查德·米讲述，工程师和地质学家，两个非常不同的科学文化，当被问及选址在加州断层线附近的核电站是否安全时，往往得出非常不同的科学判断。他们已经访问了相同的信息，但通过不同的视角来观察它。

因此，人们很容易得出这样的结论，科学家和工程师的理性主义方法并不比任何其他的风险评估方法好到哪里。每个群体成员都受其文化基本假设的影响，这些假设既不能证实也不能证伪。实际上，许多技术的反对者，一般是理性主义就是这样认为的。他们说，工程师的判断最终并不比"贝壳联盟"成员的判断更可信或更"真实"。两者都是文化产生的，应该由更多的社会成员决定接受什么。

　　但这忽略了理性主义文化与其他文化之间的关键区别。科学和工程文化之间一个重要而又明确的层次是从错误中学习并在经验的指引下修正自己的观点。用实验证据验证理论预测，并相应地改造理论。该科学理念，如果不总是现实的，那么，一旦数据指向不同的方向，必须心甘情愿地尽快改变主意。观察世界的其他方式很少或根本没有这种理念。例如，"贝壳联盟"这样的教派，几乎没有或根本没有可以用实验证据来验证的信仰。理性主义的方法为今天的选择比昨天的选择更好地提供了最好的机会。

　　理想的风险评估方法将强烈依赖于科学与工程，同时在心里记住其缺点。它们不能提供绝对的答案，有时其从业人员甚至不能实现他们不知道的，事实上，低估复杂系统的挑战、对预测和控制这些系统的行为的能力过于乐观，似乎是工程师文化的一部分。社会的大部分公众看重工程师对风险的意见并决定给予多少信任，为此，如果每一个人，工程师和公众，对科学方法的优点、缺点有更好的把握是很有帮助的。

　　除此之外，一个民主国家必须让公众决定哪些风险需要考虑并对每个风险的程度进行强调。只考虑有形事物是工程师工作的本质，因为他们的工作一向如此，但这不是一个只有工程师的国家。一般的公众考虑核能对民主制度的威胁或 rBGH 对于家庭奶牛场的危害等无形的因素是他们的权利。工程师可以提出主张，但当其主观的意见参与到这些问题的讨论时，他们的专业知识并没有比其他人多。

第7章 管 控

德克萨斯公用事业公司是一家大公司，通过其子公司，德州公用事业电力公司，给德克萨斯的一大块区域，包括达拉斯-沃斯堡大都会区提供电力服务。它雇佣大约10000人，每年销售额50亿美元，资产近200亿美元。

然而，这个企业巨人由于一名前教堂秘书，名叫埃利斯的顽固女人而一蹶不振。近10年，埃利斯针对德克萨斯公用事业公司建设科曼奇高峰核电站进行抗争并使之搁浅。建设工厂的成本从原来估计的7.79亿美元上升到近110亿美元，增加的大部分成本至少间接与埃利斯有关。公司高管开始时嘲笑这个嫁给一个割草机修理工的家庭主妇的想法，认为他们无法承担高昂的律师费和顾问费，但最终他们认识到，既不能绕过她也不能跨过她。最后，为了清除针对科曼奇高峰核电站的阻碍并让核电站开始运行，埃利斯和德州电力公司执行副总裁之间进行了一对一谈判使问题得以解决。

没有人对这个结局真正感到快乐。反核团体谴责这种解决是一种出卖，而埃利斯是叛徒。德克萨斯公用事业公司抱怨几年不顺，因为时间浪费在监管的吹毛求疵上，而安全性无真正改善。最不高兴的是公用事业公司的客户们，因为他们不得不为电厂造价大幅增加到110亿美元而导致电费上涨买单。所以寻找替罪羊是很自然的。反核团体指责德州公用事业电力公司，说他们忽视了基本的安全防范措施，建设了一家对公共健康构成威胁的电厂，误导了公众和核监管委员会。德州公用事业电力公司反过来指责反核团体介入了审批程序，法官似乎决心要德州公用事业电力公司跳过它所能想象到的所有障碍。纳税人不知道该相信什么：工厂是安全的吗？是危险的吗？找到答案为什么要花这么多钱？

这些问题的答案与公用事业公司或它的对手没有多大关系，但与已建立的保证核电站安全性的系统相关。如果社会受到技术的威胁，无论是农药、医药或者核能，人们会创造出一些方法来监督并使这个威胁受控。对技术进行管控的最简单方法是"杀死"它，它就不可能造成任何伤害。但是，如果公众想从技术中受益，就必与一些风险共存，因此必须在一项技术的收益与风险之间作出权衡。社会不同阶层会以不同的方式去做权衡，取决于其对科技的态度与政治文化。

当社会对技术施加管控时，该技术的发展成为一种协作。而这种协作的形式——公众与做技术工作的设计师和工程师之间互动的各种特定方式会大幅度影响技术的最终结果。美国在核能上采用难以操控的管控体系，是 20 世纪 70 年代末和 80 年代造成该技术不景气的很大一部分原因。

7.1 家庭主妇与核电站

1971 年，当德州公用事业电力公司决定建造一座核电站时，它给出了一些令人信服的理由。首先，该公司几乎全部采用天然气发电。在这一点上，与德州许多其他公用事业公司没有什么不同，因为在该州天然气丰富且价格低廉，但天然气即将变得不那么丰富而且要昂贵得多。已知的天然气储量在下降，因此，供应商对长期的供货合同的适用性感到担忧。实际上，一些事件将证明德州公用事业电力公司的担忧是正确的。1972 年，两家供应商在与电力公司的合同中发生了违约，在一个案例中，在 12 月的大部分时间里，达拉斯动力与照明公司没有燃料供给其燃气发电厂。1973 年，担心没有足够的天然气用于其他用途，德克萨斯铁路委员会（在德克萨斯州调节能源生产的机构）将开始推动公用事业公司使用更少的天然气发电。到 1975 年，该委员会禁止建设新的燃气发电厂。与此同时，欧佩克石油禁运推动了石油和天然气的价格一路飙升。

　　所以，随着客户需求稳步上升，德州公用事业公司开始寻找其他燃料发电。褐煤，一种低品质的煤，在德克萨斯州贮量丰富，是一种显而易见的选择，因此，该公司建立了许多褐煤发电厂，第一家在1971年底投入了运营。但燃烧褐煤会释放大量的污染物，而且联邦政府开始打击空气和水污染，最终该公司被迫在其褐煤发电厂安装了昂贵的洗涤塔来清理它们的尾气。

　　另一个具有明显竞争力的替代是核能。1971年，核潮流市场的第二阶段刚刚开始。核工业因第一波电厂的成本超支变乖了，确信它知道现在正在做什么，而且与天然气、石油和煤相比，核能变得越来越好。德州公用事业电力公司像许多其他公用事业公司一样，决定投资核能。该公司1972年8月19日发出公告：在格伦玫瑰镇附近，沃思堡西南35英里处，该公司将建设一座被称为科曼奇高峰的双反应堆电厂。

　　建设始于1974年底，在接下来的几年似乎一切进展顺利。令德州公用事业电力公司施工团队经常性头痛的一个问题是核监管委员会不断变更的要求。一些工程实践和设计在这一年是可行的，但在下一年就成了禁忌，因为核监管委员会制定出的规范的细节越来越多。更糟糕的是，从公用事业公司的角度来看，美国核监管委员会需要越来越多的、表明一切都正确完成的证据。建设核电站的公司必须详细记录一切，大部分设备安装后要测试并记录这些测试的结果，并且要验证相对于原来计划的每一项设计修改，最后一项特别繁重。如核电站这样复杂的任何项目必然有很多的现场修改，因为建筑商发现事情不像它们在图纸上那样起作用。对于其他类型的工业厂房，做出必要的更改没有什么。但对于核电站，必须停止工作，与此同时，工程师重新制定计划以适应这一问题。

　　因为电厂正在建设的过程中，核监管委员会的要求不断变化，德州公用事业电力公司发现自己要重新做其认为已经完成的工作。有时这意味着要执行一套新的工程计算来展示工作符合修改后的规定，如果工作不符合，必须推倒重来。1979年三哩岛事故之后，核监管委员会的要求变化更加迅速、更加严格。

正如后来变得明显的，德州公用事业及其承包商在采用核监管委员会的法规上遇到了麻烦，的确，核安全的整个问题非常严重。像从化石燃料文化过来的许多其他公司，在他们看来，几乎没有理由支持这些挑剔的规则，有时如果要求操作起来太不方便，而且似乎并不重要，他们可能只是绕过或忽略它们。在这点上，德州公用事业电力公司与其他建设核电站的公用事业公司几乎没有什么不同，认为反应堆只是加热水的另一种方式。但其他的公用事业公司没有胡安妮塔·埃利斯让他们为自己的傲慢付出代价。

显然，埃利斯似乎不是那种能阻止大公司的人。她的教育背景是包括两个学季的大专。在不同的时期，她曾在长老会教堂、他丈夫所在的幼儿园、一家保险公司做秘书工作。她和杰瑞·李·埃利斯住在达拉斯橡树崖分区的一个小砖房里，至少从外面看，它似乎与达拉斯其他成千上万的小砖房没有什么不同。但是这些年来，由于担心科曼奇高峰的安全，这个安静的女人把自己变成一位观察家称之为的"反许可专家、朝着庞大和复杂的核监管机器投掷扳手的大师"。

事情开始于 1973 年 12 月，那时埃利斯阅读了当地园艺杂志的一篇关于核能的文章。在那之前她对核电站所知甚少，并没有太担心德州公用事业电力公司计划建造科曼奇高峰核电站，但那篇文章触动了她，以至于她联系作者鲍勃·波默罗伊学习更多的知识。在确信德州公用事业电力公司没有告诉公众全部真相之后，1974 年 1 月，她加入了波默罗伊和其四个朋友成立的"公民能源评估协会"，其英文缩写为 CASE。开始时他们的目标是，敦促德州公用事业电力公司提供关于其已计划的核电站的更多信息。

他们反对该公用事业公司的活动逐渐变得更广泛、更个性化。波默罗伊得知德州公共安全部一直保持着关于他的一份文件，因为他被视为一位反核活动家，该部门给他贴上"颠覆性"的标签。与德州公用事业电力公司打交道越多，埃利斯越觉得它的确是想隐藏一些东西。"公用事业公司的人似乎不愿意让人们看到他们在做什么",她告诉德州月刊记者,所以,她说:"我觉得需要对他们进行深入的调查了。"1974 年 10 月,科曼奇高峰核电站施工开始后,埃利斯和"公民能源评估协会"的其他成员开始听到核电站的问题。质量控制检查员担忧公用事业的管理被忽视,埃利斯设法联系他们中的一些人,起草书面陈述,并送到美国核监管委员会。

　　1978 年 2 月,科曼奇高峰核电站的两个单元开始成形,德州公用事业电力公司向核监管委员会申请营业执照。当时预测,1 号机组和 2 号机组将分别在 1981 年和 1983 年投入运营。在 1979 年 3 月三哩岛事故后,核监管委员会发放许可暂停了一年,加之由于该公用事业公司做的所有工作必须遵守新规定,进度延长了,在 1981 年 10 月,德州公用事业电力公司预计两个单元将分别在 1984 年和 1985 年开始运营。

　　1981 年 12 月开始举行科曼奇高峰核电站营业执照的公众听证会,三个局外小组提出申请参加听证会:"公民能源评估协会"(此时几乎由埃利斯运作);"公平公用事业监管公民"(CFUR);"德克萨斯现代改革社区组织协会"(ACORN)。这样的听证会现在办得像一场审判。作为法官,三人成员的原子安全和许可委员会听取举证和辩论并对营业执照作出决定。在听证会上,委员会听取美国核监管委员会的工作人员、公用事业公司,以及"干涉者"——请求参加的公众的辩词。如同审判一样,当事人可以叫证人和盘问他人叫来的证人。如果没有干涉者,是否授以营业许可证是核监管委员会和公用事业公司之间的问题,没有许可委员会参与,没有公众参与。

　　听证会使人在身体上、心理上和经济上精疲力竭。他们需要数周的极其详细的工程证词,梳理成堆的文件和争论技术解释的细节和难点。在此设置中,干涉者正处于一个巨大的劣势。公用事业公司有数百万美元花在技术专家和律师上,而干涉者通常是依赖于捐赠和志愿者的公益组织。这并不令人感到意外,科曼奇高峰核电站听证会举办的第一年的年底,"德克萨斯现代改革社区组织协会"退出了，它没有钱去继续下去。后来，"公平公用事业监管公民"也放弃了参会。令人惊奇的是，埃利斯和"公民能源评估协会"坚持下来了。作为仅剩的干涉者，埃利斯是唯一保持公众参与许可听证的人。

公用事业公司的官员没有试图隐藏他们对埃利斯的看法。"他们在电梯里侮辱胡安妮塔像一个老家庭主妇"，一位观察家告诉德州月刊。"他们会坐在观众那里并使用粗鲁的话语。他们认为她是一个白痴"。但是已经沉迷于这种情况的埃利斯，比任何人意识到的都强大，虽然她可能没有明白所有的技术细节，但她有一个武器使她能与德州公用事业电力公司平分秋色。

1982 年夏天的一天，几周前从科曼奇高峰核电站辞职的一名工程师马克·沃尔什来到她的门前，沃尔什告诉埃利斯，他对他的老板说了些什么——核电站中的一些管道支撑件是有缺陷的，但他的老板听不进去，所以他辞职了。但埃利斯听懂了。管道支撑件一般是很平常的，但对核电站却是关键项。管道支撑件的作用就如其名字所表示的：把管道固定住。一座典型的核电站有数以千计甚至数以万计的管道支撑件，其中一些是至关重要的。如果支撑件得不到正确的设计和安装，突然增压可能会导致管道破裂，切断反应堆冷却水的流动。最终，管道支撑件问题可能会导致堆芯熔毁。埃利斯听进了沃尔什所说的话，她没有办法知道他和老板到底谁是对的，但她知道她掌握了扔给听证会的一个爆炸性问题。当埃利斯听到杰克·柯南道尔所说的后，事情又变得更好一些。他也曾作为一个工程师在科曼奇高峰核电站工作过，曾担心管道的支撑件的安全性。由沃尔什和柯南道尔的指控内容，以及其他揭发者声称管道支撑件没有正确安装的指控内容，"公民能源评估协会"汇编了一份关于管道支撑件的 445 页文档。

德州公用事业电力公司被打了个措手不及。当许可委员会听到对管道支撑件的指控时，它暂停了听证会，直到美国核监管委员会的工作人员能深入调查此事为止。1983 年 5 月，听证会复会。核监管委员会派了两个不同的检查小组到科曼奇高峰核电站调查管道支撑件的问题以及核电站建设的整体质量。虽然这两个小组发现了一些问题，但核监管委员会认为问题没有严重到吊销运营许可证的地步。可以相信该公用事业公司能够改正这些问题。

如果原子安全和许可委员会愿意接受美国核监管委员会员工的建议，这件事情可能会平息。但委员会重新开会时，两个最初的成员已经辞职，所以听证会举行时来了两个新法官。其中一个法官，说得婉转些，不是核监管委员会和德州公用事业公司之前熟悉的、打过交道的那种人。4月，彼得·布洛赫接任许可委员会主席。他的简历显示他是哈佛培养的律师和行政法官，但正是他的业余爱好让他注意到，美国核监管委员会的成员和公用事业员工是古板和技术思维型的人。在许可听证正在进行的过程中，布洛赫正在上各种"个人成长"课程，包括瑜伽和自我提升，这些是维尔纳开设的加州时尚自我探索课程。到1988年，他创建了自己的组织"未来基金会"，举行个人发展研讨会，包括设计冥想和练习，以帮助人们表现出他们的感受。练习之一是核战过程中，参与者考虑自己死于原子武器之手。

重组的许可委员会在法官布洛赫指导下，筛选了检验报告，仔细考虑了核监管委员会的工作人员、德州公用事业电力公司和"公民能源评估协会"的建议，1983年12月28日，胡安妮塔·埃利斯获得了预料之外的胜利。委员会拒绝了核监管委员会的成员、公用事业公司关于管道支撑件问题已经解决的保证。此外，还发现德州公用事业电力公司在处理设计领域变化时没有遵循适当的程序，尽管美国核监管委员会的工作人员曾同意公用事业公司的方法。为了向许可委员会证明核电站运行是安全的，公用事业公司不得不对几乎整个工厂进行检查，并重新审查大部分的设计和施工。

德州公用事业电力公司的管理层花了一年的时间才意识到，到底需要多少工作量才能满足许可委员会的要求。1985年1月，该公用事业公司由于受到这个问题的攻击，要求听证会暂停。未来几年，它对科曼奇高峰涉及核电站安全的每一部分进行了重新设计和重新施工，唯一例外的是反应堆和西屋电气公司提供的蒸汽发生器。做这一切都是为了满足许可的严格规定的要求，这意味着证明每一个步骤的细节，确实，要求比其他的核电站详细得多。翟纳能源服务公司，受雇于德州公用事业电力公司的一家咨询公司，帮助其获取营业许可，在总结中将这描述为"科曼奇高峰前所未有的设计重新认证计划"：

> 相比于行业惯例进行的这类评估，（许可）委员会的程序和翟纳能源服务公司工作的听证预期需要一个更广泛的检查和讨论。所需要的特别详细的评估要求对设计和工程实践的技术充分性进行调查，这长期以来被认为是一个行业标准。对于经验丰富的工程师，一个系统或组件的稳健设计在许多情况下是显而易见的。然而，当该设计实践的稳健性证据遭到质疑和需要以科学类的准确性来证明时，相关的成本和精力是巨大的。

在很大程度上，它是核电站或有史以来任何行业工厂最大的返工。

到 1988 年中，很明显，德州公用事业电力公司可能有能力满足委员会的要求并获得经营许可证，甚至举报者沃尔什和柯南道尔同意管道支撑件的修改计划是可以接受的。剩下的一个障碍是"公民能源评估协会"和胡安妮塔·埃利斯。他们可能无法阻止科曼奇高峰核电站启动，但他们仍然可以大幅度使其延迟——工厂搁浅一年要花掉德州公用事业电力公司约 10 亿美元。

1985 年 5 月，比尔·康恩斯尔，离开雇佣他的东北电力公司来领导科曼奇高峰核电站的新管理团队。他带来了与公众打交道的一个不同的理念，采用的不是德州公用事业电力公司传统做法——对立，他相信沟通与合作。他开始主动接触埃利斯，与其会面、秘密谈话，有时提供德州公用事业电力公司内部文档盒子。最终他提出解决的想法，他们讨论在什么情况下"公民能源评估协会"放弃反对科曼奇高峰核电站获取营业许可证。埃利斯是愿意听的，不像她的许多盟友，她不是反核者，她只想确保科曼奇高峰核电站是安全的。1988年4月，这项工作取得了突破。埃利斯签署保密协议后，康恩斯尔给她看他写的一封信，信中承认德州公用事业电力公司在科曼奇高峰核电站犯了错误。对于埃利斯来说，科曼奇高峰核电站的管理层似乎真正转过弯了。

7月1日，康恩斯尔和埃利斯宣布了一项协议，"公民能源评估协会"将放弃反对科曼奇高峰核电站营业许可证，这将导致公众听证会的解体。作为回报，德州公用事业电力公司将支付"公民能源评估协会"1000万美元，其中，450万美元用于听证会的花销，550万美元用来补偿50名被解雇的告密者。康恩斯尔在公开场合宣读他的信，承认科曼奇高峰核电站的问题。"公民能源评估协会"成为工厂参与者，被授予公用事业公司的独立安全审查委员会的一个席位，得到提前48小时通知可进入工厂的权利，并允许参与检查和出席德州公用事业电力公司和核监管委员会之间的会议。

仅此而已，科曼奇高峰核电站在没有更多麻烦的情况下得到了营业许可证。1号机组在1990年8月开始商业运营，3年后是2号机组开始商业运营。埃利斯多年来是反核运动的宠儿，立刻变成了贱民。然而，她没有什么可遗憾的，也无需道歉。她已经迫使德州公用事业电力公司以对的方式做一切事情，作为业外对手，她实现了许多不可能的事情，她为自己保留了内部监督机构的一个席位。对于从园艺杂志上核电第一课的前教会秘书来说，结果并不坏。

7.2　体系各有不同

像霍雷肖·阿尔杰或哈克·费恩的故事，胡安妮塔·埃利斯和科曼奇高峰核电站的传奇是真正的美国神话——它捕捉到一个国家、一个机构和一些人民身上发生的一些重要的事情。每一个现代社会都监管危险的技术，特别是接受了核恐龙的每个国家都已经建立了一些系统使其处于受检查之下，但控制的细节变化无常。社会选择如何监管核能或任何其他技术取决于它的法律、政治体系和文化，以及处理有风险技术的过去经验。美国人，在他们关于一个国家应该如何运行的特殊理念下，创建了一个不同于别国的监管体系。

该体系最显著的特征是它的开放性。埃利斯开创的进入体系的方式，在世界其他地区没有可行性。它起源于 1954 年原子能法案，该法案设定了美国核电商业发展的基本规则。国会法案要求原子能委员会在考虑核电站建设或运营许可证时，"在利益可能会受到计划影响的任何人的要求下"应举行公众听证会。到 1969 年，这一过程已经被修改成目前的形式，在给任何核电站发放建设许可证之前，原子能委员会必须在原子安全和许可委员会之前召开公众听证会。没有人需要请求参加听证会。授予运营许可证之前，原子能委员会必须在原子安全和许可委员会之前举行第二次听证会，但前提是有干涉者质疑许可的授予，否则，它就变成了公用事业和核监管委员会之间的事情。

法律上，这些干涉者与"官方"（公用事业和核监管委员会的员工）各方平等。加之埃利斯在许可委员会面前的成功表明，这种平等不仅是理论上的，对干涉者提出的论点和证据是要认真对待的。

在许多其他国家，这不是一个普遍的情况。例如，在法国，公众基本上没有介入的方式或对有关核能的决策有什么影响力。监管政策设定在法国原子能委员会（CEA）、国有公用事业公司——法国电力，以及法马通国有核供应商之间的讨论。法国原子能委员会没有公开其个别反应堆的安全性研究，而美国核监管委员会是必须的，没有公民在其中可以反对计划好的核电站的公众听证会。

这两种方式的差异反映出对政府和公民角色的不同态度。美国人对政府有实用的方法，他们相信官方会议应该尽可能开放，他们认为政治家和政府官员应该对公众开放，当他们访问华盛顿时，他们希望能够走进国会议员办公室并讨论他或她的农业补贴投票或对外国的援助；他们认为对于可能会威胁到他们的健康或福祉的决定，人人应该有一个直接的声音。他们可能不会接受法国的体系，在该体系里建设核电站的决策可以不听取公众的声音。

美国核监管体系第二个不寻常的特性，虽然不太明显但更加重要，即其对立的本质，这在司法上可以看到，许可听证会的参与者，即公用事业和干涉者是对手。各方试图使自己得分并反驳另一方的得分点，各方对找到共同点没有任何兴趣。一般来说，程序结束产生一个赢家和一个输家。

更重要的是，美国核工业和政府监管机构之间的关系是对立的，而在其他国家，监管机构和被监管的企业通常认为它们是合作伙伴。它们可能并不总是一致的，它们之间的关系有时也会紧张，但是它们认为目标是一致的。事实上，监管机构和被监管行业间通常是表亲关系，而这可能招致美国公众的愤怒呐喊。

然而，在核时代的早期，美国的事情并非如此对立。随着原子能委员会推动核能的商业化，反应堆制造商和公用事业公司将政府理解为一个盟友。但在20世纪60年代末和70年代初，伙伴关系破裂。随着商业核能日益被人们接受，原子能委员会在安全问题上开始投入更多的关注，因此与行业的关系很快从合作到对抗。公用事业对于不断增加的安全性要求，其中许多似乎对工厂的安全性贡献甚少而恼火，而监管机构意识到许多公用事业的经理不懂控制核能的困难。到20世纪80年代末，一群麻省理工学院的核专家描述了这样的情况："许多业内人士认为委员会工作人员在技术上无能或促进一个隐藏的议程。相反，监管机构认为公用事业的经理人往往不能直率地回应请求和命令，而一些经理人没有把安全性放在优先的地位。德州公用事业电力公司并非唯一的、对遵循一定的规则漫不经心的公用事业公司。由于公用事业普遍认为，如果没有恶意的话，监管规则是误导，因为它们认为很多过度的监管要求对安全性并不重要，它们认为没有理由遵守这些规则。如果忽视本本，而又不危及安全去做一切事情，公用事业公司、其股东和客户都会省钱，为什么不呢？另外，监管机构很少试图说服核工业，他们的要求是合理的、正当的。结果是大量的顶牛，你说你的，我做我的，业界指责对其问题过度监管，监管机构认为他们不得不变得苛刻，因为无法信任行业本身可以处理好安全性问题。"

当然，核工业的经历并不是唯一的。监管者和被监管者之间紧张的关系似乎是注定的规律，没有例外。美国工业制药公司经常指责美国食品与药物管理局在批准新药上过度谨慎而导致受众付出生命的代价。化工企业抱怨美国环境保护署强加的负担。没有人喜欢职业安全与健康管理局制定的工作场所规定。

在美国，事情为什么会如此有争议呢？在核政治上，詹姆斯·贾斯珀提出，对于核能，美国监管机构的监管习惯于"从外面"阻止政府和业界共同努力找到解决方案，这在 20 世纪 70 年代成为突出的问题。在其他国家，政府和行业之间的界限很模糊，政府代表成为行业内部监督（事实上，法国的核工业是政府的一部分）。但在美国，企业和个人都喜欢政府与其保持一定的距离。

与大多数其他国家的民众相比，美国人倾向于不信任政府，不喜欢政府干预他们的生活。在他们的内心深处知道"我们来自政府，我们来这里是来帮助你的"是一个矛盾。即使每个人都认识到需要政府参与，例如监管核能，但没有人喜欢听到来自政府的敲门声。所以，美国在管控技术的工作上有某些不可避免的紧张。随着时间的推移，监管机构和被监管方可以达成相互理解，但这个过程可能是痛苦的。

除了向公众开放和对立的本质，美国核监管体系有第三个特征，即更广泛的社会的特性：喜欢明确的书面规则。美国人是法律人，他们去法院对合同条款的精确含义讨价还价，即使是最小的俱乐部或组织，他们都制定章程，他们阅读沸水冲调食品优惠券上的小字，他们签署婚前协议，但政府和被治理者之间的关系规则的制定是最令人抓狂的。这部分要归因于他们认为权威应谨慎，美国人喜欢将他们的权利和责任写下来。近年来，政府法规、规范、标准和指南等堆积如山的繁文缛节已成为一个国家的笑话。但核工业在二十多年前就落在这座山的影子之下，这绝非玩笑。

从 20 世纪 60 年代开始，黎克柯门生弥尔顿·肖负责原子能委员会的反应堆安全性计划，他为核电站制定了日益庞大和详细的一套要求。这种形式对于黎克柯的核海军效果很好，有出色的安全性记录，但它并不能很好地适合商业核电行业。黎克柯的团队成员早期进行了一些标准化设计，他们拥有的经验使海军工程师能够编写一组有效的要求。但商业反应堆在 20 世纪 60 年代和 70 年代发展太快以致没有任何规章能跟得上。原子能委员会被迫不断地修改其安全法规，而公用事业感觉就像站在流沙上，以致一种设计在去年是可以接受的，但今年却被认为是不够安全，甚至在电厂建成后，原子能委员会的要求都会发生变化，以满足最新的安全考量。许多公用事业公司以前从未建设过一座核电站，让他们修改计划以满足所有挑剔的细节是有困难的。它们习惯了化石燃料的电厂，所有的细节并不重要，而现在它们被迫标注几个维度的细节。

不出所料，公用事业公司被迫做一些修改，但通常不会做得更多。凯门尼委员会研究了三哩岛事故风波之后的核工业，发现其安全性已经衰减到仅仅是遵循规定。北卡罗莱纳大学教堂山分校的政治学家约瑟夫·里斯是这样总结的：

> 核行业的公用事业官员为完成核监管委员会"巨量和复杂的"迷宫式法规的监管要求的巨大任务，而被搞得精疲力竭——根据手册行事，等同于安全。托马斯·皮福特，凯门尼委员会的成员和核工程教授试图解释："符合（核监管委员会）庞大体系要求和证明其符合性所需的巨量工作……感觉所有工作在满足各类规定的同时必须在某种程度上保证安全性。"

原子能委员会及核能监管委员会，通过从外面监管并颁布具体的要求，已造成了核公用事业公司担忧遵循这些规则，而不是确保电厂处于安全状态。

　　这在别的地方是不同的。在加拿大、英国、法国、德国，事实上几乎在已经建成核电站的每一个其他国家，监管更关注的是结果而不是手段。例如在 1982 年，英国反应堆运营商被迫遵循的是 45 页安全指导方针，而在美国，运营商面临的是 3300 页的详细规定。这个国家的中央发电董事局主席沃尔特·马歇尔说："在英国，我们专注的问题是，'核反应堆安全吗?'而不是'规定满足了吗?'。"在三哩岛事件之后，加拿大核安全监督组织负责人乔恩·延内肯斯，在一次演讲中提出了类似的观点。"加拿大保证核安全的方法是建立一套基本原则和基本准则……主要责任放在支持性工作上，以发展计划的工厂所需的各种能力，例如，不构成公共健康威胁，不构成不可接受的安全性风险"，他说，"加拿大监管机构，小心翼翼地不让写这样的细则，如若写了，实际上是从公用事业接管设计工作"。安全设计和操作的主要责任在于被许可方，并且必须尽一切努力防止破坏它的主动性和创造力。

　　很难知道，美国和其他国家的核监管体系之间有多少差异可归因于政治文化的差异，又有多少可归因于核产业的差异。在其他国家，核能是由在核领域积累了大量经验的几家大公司研发的。例如，在法国，只有两个合作伙伴在整个国家起作用：法马通，设计和建造反应堆及工厂的蒸汽系统，而国有垄断公用企业法国电力公司负责工厂其余部分的建设和运营。在德意志联邦共和国，一家大公司几乎建造所有的核电站，该公司由九大公用事业公司拥有并经营。在日本，9 家公用事业拥有所有的核电站，几乎所有的核电站由 3 家公司建设。相比之下，美国几十家公用事业公司运营核电站，其中许多公司只拥有一座，而核电站的设计和施工分散在几家反应堆制造商和许多建筑/工程公司中。因此，美国监管机构不知道核电站会发生什么。有相当多经验的公司设计和建造的一些电厂标准很高，而其他一些从头至尾都有问题。面对这样的矛盾，原子能委员会和核能监管委员会能做的，不是与公用事业公司密切合作（内部监管），而是要非常仔细尝试指定的所有事情，使公用事业公司只要遵循这些规则建造其第一座核电站，就能保证安全。考虑到美国企业和政府之间一臂之长的关系，内部监管从来就不是一个真正的选择。

随着核产业的发展，美国的管控体系被证明极不适用于其监管的行业。首先，系统的开放性给了反核活动家拖延许可程序的机会，增加建设成本，有时甚至杀死核电项目。在类似于德州公用事业电力公司面临埃利斯反对的战斗之后，至少两座核电站建设计划被取消。密歇根州米德兰的环保主义者玛丽·辛克莱，花费了 15 年的时间成功地对抗陶氏化学公司的米德兰工厂；在俄亥俄州的莫斯科，10 个孩子的母亲、当地的家长教师学会成员玛格丽特·埃尔比，降服了计划在齐默建设的工厂。埃利斯似乎是真正出于对工厂的安全担忧，但许多干涉者本意是反对核能的。这可以从活动人士的谴责方式看出。在德州公用事业电力公司似乎解决她的问题之后，埃利斯反对科曼奇高峰核电站的热情下降。在埃利斯与公用事业公司和解后，当《商业周刊》采访反对新罕布什尔州西布鲁克核电站的一个组织的领导人简·道缇时，他反对埃利斯妥协的意愿："我们的目标是停止西布鲁克核电站。我看不到与该公用事业公司谈判能得到什么。"在这种情况下，听证会不是成为消除安全担忧的机会，而是对公用事业公司继续其计划的打击。因为核电站是如此复杂，核监管委员会法规又十分宽泛，坚定的活动分子能够抓住一些问题是不可避免的。

这并非一无是处。听证会可以集中注意力于工厂建设的真正的问题，还可以指出核监管委员会规定的缺点。但因为干涉者往往要么对区别真正的安全问题和琐事不感兴趣，要么无法区分它们，这两种特质也会混合出现在干涉者身上，这使得核能比本来需要的要昂贵得多。在听证会上，公用事业公司在争论一些小问题上会花费大量的时间和金钱。

研究美国核工业的人们一致的看法是，干涉者和其他人造成的许可延误使该行业受到严重的伤害。如果没有埃利斯这样的顽强反对派，科曼奇高峰核电站可能已经被许可数年了，也不会损失数十亿美元。马萨诸塞州与反对执行西布鲁克核电站计划的群体的对抗，花去了公用事业公司 6 个月的时间和 3 亿美元。但这种延期对该产业并不致命。相反，是不断变化的法规杀死了 20 世纪 70 年代和 80 年代美国的核电。不断变化的法规把美国的核电成本推高到公用事业公司不再考虑订购核电站的地步。

三哩岛事故发生后，情况变得特别糟糕，因为核监管委员会震惊地意识到，严重事故真的会发生，由此发布了一连串的新规定。即使是最好的、最谨慎的公用事业都不能幸免于新规定苛刻的要求。例如，杜克动力公司，在整个核电站建设行业被认为是有其专长的。但是杜克动力公司负责建设的副总裁鲍勃·迪克对《福布斯》说，公用事业公司总是被不断变化的核监管委员会的要求搞得很难过。"麦奎尔工厂项目，我们真的是一边投入，一边退出"，比杜克经验少的公用事业公司受到的打击更大，结果是可以预见的——毁灭性的打击。工厂最初预计耗资 6 亿美元或 8 亿美元，最终为 20 亿美元、30 亿美元，甚至更多。根据查尔斯·库曼诺夫的仔细分析，原子能委员会和核监管委员会的要求变化是引起这些成本超支的主要因素。

由于成本飞涨以及由于美国在 20 世纪 70 年代采取了严格的节能政策，加之电力需求的增长放缓，公用事业以冷淡的态度看待并决定其不需要核项目。核的价格太高了，同样重要的是，其不确定性太高。工厂将耗资 10 亿美元，或 20 亿美元，甚至 50 亿美元？它需要 5 年或 8 年，还是 15 年完成？不稳定的监管环境，加之永远存在的导致拖延许可过程的干涉者的威胁，使公用事业公司判断投资核能或寻找融资建设工厂变得越来越困难。20 世纪 70 年代末和进入 80 年代以来，公用事业公司取消了许多 70 年代早期和中期的核电站订单。最终，1974 年之后的所有工厂订单都被取消了，结果，美国运行中的、在建的、70 年代中期订购的共 200 座左右的工厂，现在发电的只刚刚超过 100 座。

杀死了该行业的不断变化的法规，是时代和美国业已选择的监管体系的产物。在 20 世纪 70 年代和 80 年代，核能是一项不断发展的技术，还在攀爬陡峭的学习曲线的早期斜坡。真正的大型发电厂——那些能产生超过 1000 兆瓦的只是在 20 世纪 70 年代中期刚刚开始，并在接下来的 10 年或更长的时间里，公用事业和监管机构仍在学习会发生什么。安全规则的进化可简单归功于获得技术经验的过程。

但美国监管变化的剧烈程度远远不是技术变化可以解释的。其他国家都面临着同样的技术环境——核反应堆。知识的迅速进化，但并没有让其核行业背上相同的、要求大幅变化的负担。这是特定类型的监管体系，美国建立了导致不可避免的日益增长和不断变化的监管体系。干涉者，推动原子能委员会和核监管委员会创建各种没有经济意义的新规定，所附加的安全系数非常小，钱花到别处会更好一些。干涉者并没有将他们的抱怨限制在能真正改善核电站安全领域的变化，监管机构也没有试图确定实施哪些变化花费额外的经费将是值得的，毕竟，核监管委员会的责任是使核反应堆安全，而不是使核公用事业公司有利可图。

但比干涉者角色更重要的是，选择利用规范明确、详细的规则从外部监管。美国把自己锁在这样一个体系中，政府明确告诉核工业如何建设电厂才足以得到安全许可证。公用事业自己很少为安全思考。但后来，随着对安全思考的发展，大部分设计变化必然来自公用事业之外。如果公用事业和监管机构一直是合作者而不是对手，那么公用事业早就会参与到这些变更里，它们也不会感到意外。此外，如果没有原子能委员会和核监管委员会的放之四海而皆准的教条式的方法，并能适应对安全思考不断的变化，公用事业就不会如此痛苦。如果一切没有详细阐明，公用事业工程师和核监管委员会员工就可能合作找到核监管委员会的安全关切和针对特定电厂的特殊要求的答案。然而，实际上由于监管机构将明确的规则强加到公用事业之上，没有妥协的余地。公用事业要么符合，要么不符合。如果它今年符合了，它明年便可能不符合。

　　能采用不同的方法去做吗？通过采用法国的监管体系，美国能避免它的问题吗？听起来很有吸引力，尤其是对于因核能技术没有像在法国那样取得成功而感到失望的核能的支持者，法国核电占电力总供给的大约 80%。但这种推测忽视了监管体系的一个重要特性，其目的不仅是为了使该技术安全，也为了让它可接受——用政治学家的语言来说，让其"合法化"。每四年美国人选出一位总统，很大一部分人不同意该选择。但是每个人都接受它，因为选举方法，在50 个州的每个州的普选投票得出选举人票被视为合法。同样，人们接受国会通过的并经总统签署的不受欢迎的法律，尽管人们可能会努力去改变它们。美国特色的核监管体系，以其对干涉者的开放性、其对立的性质、其规则的集合，全部都起到核能决策在公众眼中合法的作用。他们向公众表明，核电站已经通过了适当的程序，尽管不喜欢，但可以接受。

　　在法国，核能决策合法化需要不同的东西，其本质区别是公众参与少。公民宁愿接受一个更加强大的政府，也不强调个人权利，所以他们不希望开放决策过程，也就没有必要以对立的关系和成册的规则，使政府监管机构和核工业保持在一臂之长的距离。

　　美国体系向法国体系靠拢并仍然保持其合法性能走多远是一个公开的问题，在 20 世纪 60 年代早期，政府和核工业的信誉仍相对较高，合法化不像现在这样难以实现。但信任变更之后，美国人似乎不太可能接受监管机构和被监管者之间的更短距离或公众进入体系的更小开放性。

　　更深层次的问题是，美国核工业的发展过程是否不可避免地陷入美国法律、经济和社会系统的特点引起的麻烦中。核工业的一些人提出，美国文化与危险、复杂的技术（如核电技术）需求之间存在一个基本的不匹配。为了掌握技术，所有参与核项目的人员（公用事业反应堆制造商、建筑公司、监管者）需要共同努力，分享信息和彼此的经验。在法国，事情就是这样处理的。核工业的监管机构和国有企业都把对方看作自己的合作伙伴。事实上，世界各地核能行业的一项研究发现，成功的关键因素解释为行业广泛的合作程度。合作越多，成功越多。但对美国人来说，合作并不容易，他们以个人主义引以为豪。

回首过去，很容易让自己相信，美国社会的基本特性注定了它对核能的错误处理：鉴于我们的文化和我们的政治体制，核能的没落是不可避免的。但不可避免的问题本质上是空洞的问题。不可能通过一些变化去重复历史。一个更为重要的问题是，美国体制的改变程度能否足以有效地处理未来核电问题。这个问题的答案是肯定的，而且会正如我们将在接下来的两章详细看到的。

自 1979 年的三哩岛核事故之后，监管机构和行业逐渐开始认识到需要合作和协作。三哩岛事故后不久，公用事业创建了自己的私营监管组织——核电运营商研究所（INPO），随着时间的推移，它把行业整合到了一起，培育了一种"我们都在一条船上"和"只有把最薄弱的环节联系到一起，我们才能强大"的行业文化。在过去 10 年左右的时间，INPO 大幅提高了在美国的核电站的信用。核监管委员会继续从外部监管，虽然它要求的量更大、也更详细了，但行业已经逐渐接受它们，即使不总是喜欢或同意它们的观点，也学会了忍受它们。在准备可能的下一代美国商业反应堆中，美国核监管委员会和核工业合作提前解决安全要求，而不是零星地处理出现的问题。它意识到之前采取的做法近乎是灾难性的，如果事情继续像以前一样，当其核电站关闭而没有更新，美国核工业注定会缓慢地死亡。

7.3 法院里的技术

在 20 世纪 80 年代早期，当激进的杰里米·里夫金希望将新生的 DNA 重组技术扼杀在摇篮中时，相比于埃利斯，他几乎没有可用的武器。没有公民可以干预许可听证会，也没有大量的法规规定谁违反就可以把谁关在牢房里。事实上，没有类似于美国核监管委员

会的组织去监督这一新技术的安全。里夫金对抗基因工程是在法庭
上进行的。埃利斯对抗科曼奇高峰核电站期间，表面上这是对抗一
项危险的技术，但在更深层次的意义上，这是一个关于谁应该管控
这种危险技术和有关应该如何做决策的斗争。

　　DNA 重组或 rDNA 技术是操纵生物体遗传物质的一种方法。动
物、植物或微生物的特点取决于其包含生物体基因的长长而扭曲的
分子 DNA。修改 DNA，或者重构它，在科学术语中你已经创造了
一种新的生物。当科学家试图安抚公众，他们通常认为 rDNA 技术
什么也没做，正如多年来传统植物和动物繁殖也没有做什么一样。
当育种者选择特定的特质，如郁金香的新颜色，或者一只没有毛发
的猫，他们创造了一种具有一套新 DNA 的植物或动物。就其本身而
言，这是真的。但基因工程与传统育种相比，两者都修改了有机体
的基因，就像将现代计算机等同于算盘因为帮助人们计算他们的算
术问题。育种者必须以大自然给予的事物作为工作对象。如果一只
变异猫天生就没有毛发，培育者可以使用那只猫生产无毛猫，但是
他不能提前确定被创造出来的猫的特征。然而随着 DNA 重组技术的
发展，科学家的控制水平达到了一个全新的高度。原则上，他们可
以将任何他们想要的基因植入到任何生物体中。遗传基因工程师可
以将绵羊基因植入到一只老鼠体内，生菜基因移植到一个细菌中，
或者把人类的一点基因移植到一根小萝卜里。甚至可以修改基因本
身，创造不同于任何自然出现过的全新基因。通过操纵生命的基本
物质，科学家打开了无数种应用之门：以正常繁殖不可能的方式改
善农作物和家畜，以产生的细菌制造比通过传统的化工厂成本更低
的化学物质，或治疗人类遗传疾病。基因工程的潜力几乎是怎么赞
美都不为过。

　　但是潜在的风险也是巨大的。25 年前，这种力量使 rDNA 研究
人员停下来思考他们在做什么。那是 1971 年，斯坦福大学的科学家
保罗·伯格正计划将一种动物肿瘤病毒遗传物质植入到常见的大肠
杆菌里，但其他研究者们陷入了困境。由于大肠杆菌通常以人类胃、

肠道为居所，转基因细菌可能会逃离伯格的实验室，并进入一个毫无防备的人类宿主吗？如果是这样，那么它们在人类宿主中可能繁殖并产生包含伯格肿瘤病毒基因的一个细菌群，这反过来可能会蔓延到其他人身上并引发癌症流行。没有人知道这种可能性有多大，但这真的是重点：风险是未知的。伯格的一些同事认为，直到他们充分认识到风险是什么，并知道如何处理这些风险之前，最好不要轻举妄动。

伯格同意了这个观点并搁置了他的工作。而这一领域的科学家也在讨论他们该做什么。在接下来的几年中，致力于 DNA 重组实验的其他研究人员也推迟了进程，等待发展达成共识。最后，在 1976年，DNA 重组咨询委员会发布了 rDNA 研究的一套准则。委员会由美国国立卫生研究院（NIH）建立，该联邦机构为生物医学研究提供基金。其指导方针要求重组 DNA 研究执行两个类型的预防措施。科学家应该使用特殊的大肠杆菌菌株或无法在实验室之外生存的其他生物，而实验室本身应该有物理安全措施以防止任何转基因生物逃离。实验室与风险最高的研究应该控制最严密：工作人员防护服、空气锁和空气负压，万一在泄漏时空气会冲进实验室而不是跑出去。在这一领域，科学家有理由为他们的自律努力感到自豪，时至今日，对研究人员如何预测他们工作的风险并提出处理这些问题的方法方面，仍是一个典范。

最初的 1976 年指南已经呼吁全面禁止"故意释放"（将基因工程的生物从实验室拿到外面去），而研究人员很快意识到，如果他们的技术要得到实际应用，这过于严苛，所以，1978 年修订版允许故意释放，但需要美国国立卫生研究院的主任批准。然而，该修订版对主任什么时候可以在这样的一般规则下行使例外并没有提供明确的指导，因此，当美国国立卫生研究院开始批准那些包括释放到环境中的 rDNA 实验时，就成为了一个问题。

1983 年，美国国立卫生研究院批准加州大学两个科学家，史蒂文·林铎和尼古拉·帕诺普洛斯将转基因细菌喷在土豆片上。该细菌被称为"减霜",是为了防止作物结霜而设计的。但是在实验可以往前推进之前,里夫金和他的组织——经济趋势基金会,在联邦地区法院提起诉讼来阻止它。里夫金认为,国立卫生研究院没有准备环境影响声明,而且由于试验对环境构成了潜在的威胁,联邦法律对这样的声明是有要求的。在进行这样的野外实验之前,他也要求法院强制国立卫生研究院对故意释放造成的环境影响进行评估。法官约翰·希莱卡同意了里夫金的要求,命令美国国立卫生研究院在防霜实验或其他释放转基因生物之前准备这类评估。特别让希莱卡不满的是,当允许释放转基因生物时,美国国立卫生研究院没有提出明确的标准。国立卫生研究院恳求并取得部分胜利:只是目前的实验而不是整个未来 rDNA 计划需要环境影响声明。

科学界很不高兴。DNA 重组咨询委员会曾考虑过野外实验的潜在风险,并以 19:0 达成了一致,认为风险可以忽略不计。美国国立卫生研究院认为,这本质上是里夫金要求的环境评估。为了取悦法律,法院判决似乎忽视了科学共识。在耶鲁大学《法律和政策评论》的一篇文章中指出,生物法官希莱卡可能从狭窄的法律意义的角度接受原告的观点,但从科学知识的角度看,原告的观点几乎没有意义。不禁让人怀疑,如果法官理解科学,这种情况是否会从一开始就没被发现是毫无价值的。

最终,在跳过里夫金设立的其他法律障碍之后,防霜实验确实往前推进了,对环境和公众健康没有明显影响。科学家认为拖延浪费了时间和金钱,很难理解一个人——一个没有科学专业技能的人能够堵死整个业界的研究人员。

正如里夫金的故事所证明的,尽管科学家和工程师可能会受到监管机构,如美国核监管委员会和食品药品管理局的限制,当法院开始在周围设置障碍时,他们感到绝对愤怒。把科学留给科学家,他们咕哝,但这不是那么容易的。当科学技术伤害或威胁会伤害公众时,公众经常坚持做些事情。如果监管机构已经警惕,这可能就足够了。但如果没有这样的机构,或者如果该机构似乎并没有发挥它的作用，公众便转向其他地方寻求帮助。尤其是对于美国人来说，这通常意味着要上法院。

美国人把法院作为其权利的保护者，作为适当程序的担保人，作为中立的斗争场所，个人可以平等面对最大的公司或政府机构，如果他们被伤害，他们向法院寻求补偿，如果他们将要受到伤害，他们向法院寻求防御，所有这些使得法庭成为公众面对令人担忧的科技工作和生活方式的天然场所。近几十年来，随着人们越来越关注技术威胁，更怀疑政府或私人行业将如何保护他们免受这些威胁，他们上法院的次数越来越多以挑战技术——不仅是核能和基因工程，还有食品添加剂、汽车设计、医疗过程等。

一般来说，在塑造技术上，法院的作用是响应性的，而监管机构的作用是引发性的。法院不确定技术应该朝哪个方向，然后推动其发展。它们只能当有人带来了一个问题或投诉时才起作用。另外，法院是"响应性"的——不像立法或行政部门，这些部门可以忽略看起来不重要的问题，法院必须对带来的问题提供判断。这意味着法院通常是参与技术的第一个社会机构。在立法机关通过法律或监管机构创建自己的规章之前，法院可以提供一个粗略的、个案的管控。因此，法律体系在塑造新技术方面可能比人们猜测的有更大的作用。

然而，作为管控技术的工具，法院是相对的、盲目的。它们不是针对该项工作而设计的，是为了解决法律问题，而不是解决技术问题，但它们能在考虑的问题种类、可以采取的行动方面受到强烈的限制。例如，里夫金挑战 rDNA 实验时，他使用了最好的武器：一款要求政府活动的环境影响报告书的法律。但这将战斗限制在环境保护问题的框架内，而其他地方的许多实际问题是：例如，转基因细菌会威胁公众健康吗？鼓捣这个基因的科学家应该先种上类似的基因吗？

但对于从技术上思考的人来说，关于法律系统最痛苦的事是其处理技术证据和论据的方式。案件似乎是在忽略或跨过科学推理的表面判决的。例如，想一想道康宁公司的破产，数量巨大的女性声称被隆胸手术伤害了。

在 20 世纪 90 年代初，一些研究人员发现了硅胶乳房植入物与某些自身免疫性疾病，如类风湿性关节炎、红斑狼疮似乎有关联的证据。作为回应，美国食品与药物管理局 1992 年 1 月暂停在美国使用该植入物。很快，成千上万的妇女——她们中被律师广告吸引的人，认为她可能有什么情况的可以对植入物制造商提出诉讼。当时，硅胶植入物和造成的女性各种疾病之间的联系充其量是微弱的，但制造商决定庭外和解，同意支付 42.5 亿美元赔偿给由于植入物受伤害的女性。虽然这是历史上最大的集体诉讼支出，成千上万的女性提起诉讼认为这还不够，拒绝加入协议。面临多出数十亿美元的负债，道康宁公司，植入物的最大制造商于 1995 年 5 月申请破产。8 月，协议分歧依然很大，大约 44 万名女性要求参与索赔，但其实际能得到的赔偿款最多是设想的十分之一。在写作本书时，和解的命运悬而未决。

具有讽刺意味的是，在道康宁已经申请破产之前，科学界对隆胸的认识分歧很大。1994 年 6 月发表在《新英格兰医学杂志》上的一项研究得出结论，没有发现隆胸女性的结缔组织的疾病风险增加。这些疾病构成了针对植入物的法律案件的重要组成部分。一年之后，也就是道康宁公司破产一个月后，一个更大型的研究也证明，隆胸对造成结缔组织疾病是无辜的。经过数年的研究，科学界的意见是，乳房植入物可能会有一些有害影响，不可能证明风险为零，但是太小难以检测到。即使没有植入物，提出诉讼的女性中的大多数，如果不是全部，可能会有相同的健康问题。

然而，一些观察家认为，乳房植入物制造商将在法庭上胜出，这就是为什么他们愿意为科学价值这么少的声明支付数十亿美元。历史上，在处理复杂或其他包含一些不确定性的科学论点和证据时，如隆胸的证据是复杂的和不确定的，法庭没有做好工作。在处理科学问题上存在这个弱点有两个原因：

　　首先，法官和陪审团很少人具备专业知识去根据技术优点来评估技术论点。相反，当面对矛盾的科学证据时，他们常常根据那些与科学相关甚少的因素做出选择。这就是为什么好专家、证人对于律师是如此宝贵——他们以知识渊博、值得信赖出现，这能使一个案件的胜利和失败在一线之间。

　　其次法官显然无法或不愿根据科学价值权衡原告和被告证据，而是依赖于角色的判断。就像希拉·贾萨诺夫在她的书《酒吧中的科学》中，描述一个产品责任案件，原告声称，正交制药公司制造的杀精剂造成一个女婴出现严重的出生缺陷。在他的判决中，法官解释了为什么他更看重一名科学家为原告作证的论点：

　　　　作为证人，他的举止非常得体：他以平和的态度，公正、坦诚地回答了所有问题，将技术术语和结果转换成普通的、可以理解的语言，他没有任何偏袒或偏见。

　　相比之下，正交公司的证人之一，由于盘问期间"不那么确定的声调"，法官对他失去了信任，而另一个证人，因"他在表达结论时使用了绝对的术语"，他的意见被降级，法官没有试图去确定，杀精剂导致出生缺陷的可能性在科学界是否存在一个共识，他也没有试图去评估双方提供的科学论点。相反，他根据自己对证人个人的可信度评估，判给那个女孩和她母亲 510 万美元。

　　技术缜密性的缺乏被判决的方式加剧了。法院是为了解决法律问题而不是技术问题而设计的，这两者需要截然不同的思维方式。科学家通过数据收集、形成假设，假设检验过程确定他们的"事实"。作为一个业界，科学家会探索证据不同的可能性并对各种解释进行辩论，逐渐归于共识。相比之下，在美国，法庭诉讼是对立的。确定一个合法的"事实"，双方采取相反的立场，都试图通过引入证人证明其证据来支持其诉求并排斥对方的诉求。

　　对抗的过程不适合于以客观方式解决技术问题。最明显的缺点是，双方能带来大约相同数量的专家证人，法官或陪审团并没有简单的方法来找出他们有利的诉求。研究界可能几乎一致支持一方，但在法庭上好像科学的意见各占一半。更深层的缺陷是，对抗的双方删减和塑造技术论点以适应自己的需要。例如，法院听到的唯一的科学证据只是一方或另一方认为支持其重要诉求的那些东西。法院没有自主收集证据的能力，因此可能错过大量的信息，而这种信息可能是理解冲突的关键，如果它不符合双方试图采取的观点。

麻省理工学院的法律学者乔尔·耶林，提供了对抗系统能怎么歪曲观点的一个例子。在《杜克动力与卡罗莱纳州环境研究小组》这篇分析报告中，他发现每一方对案件都竭尽全力到最终自相矛盾的境地。背景是这样的：为了阻止杜克动力建设麦奎尔和卡托巴核电站，卡罗莱纳州环境研究小组已经提起诉讼，声称普莱斯-安德森法案是违宪的。这是国会最初在 1957 年通过的法案，旨在鼓励核能发展，1975 年晚些时候作出了一些拓展，给公用事业公司对核事故的赔偿额度规定了上限。研究小组认为，原子能委员会和核监管委员会自行估计最坏的事故可能导致的损失远远高于普莱斯-安德森法案的（赔偿）上限，这样的法律侵犯了根据宪法第五修正案赋以小组成员的正当程序的权利。

在做一切事情前，原告必须证明他们挑战普莱斯-安德森法案是有法律地位的。否则，他们将被赶出法庭，无论它有多少优势。为了证明他们的地位，他们认为如果没有该法案对责任的限制，杜克动力就不会决定建造两座核电站，进而威胁当地人民，包括原告的健康。因此普莱斯-安德森法案影响他们，并要求给他们在法庭上挑战它的权利。另一方面，为了表明该法案侵犯了他们进行正当的司法程序的权利，原告必须提出，国会还没有"理性"地激活该法案，因此，作为他们观点的一部分，他们声称国会能找到其他方法来鼓励核能。简而言之，为了使案件成立，该组织认为普莱斯-安德森法案对于杜克核电站建设至关重要，但当针对该法案的合法性时，他们认为这并不是必要的。杜克动力的反驳也自相矛盾：原告根本站不住脚，因为普莱斯-安德森法案对于公用事业公司决定建造核电站并不是很关键，但国会已经在通过该法案上表现出理性，因为其对核能的发展是至关重要的。

耶林指出，核心的法律问题是，普莱斯-安德森法案是否就是核电发展的先决条件，但双方都没有过于强调这个问题，因为双方都需要两者兼得。诉讼的对抗性质使法院几乎不可能得到关于该法案意义的好主意。实际上，地方法院试图偏袒原告，判决普莱斯-安德森法案违宪。然而，最高法院不同意，因此杜克动力被允许继续向前推动其电厂的工作。

这样的事件或丰胸案例为评论家抹黑法律系统处理技术问题无能，提供了充足的弹药。作为回应，许多人呼吁建立"科学法庭"或能提高法律系统处理科学和技术问题的能力的诸如此类的其他创新。科学法庭，正如它通常设想的那样，会被赋以将科学事实从政策中分离出来的责任，然后强调这些实际问题，将法律和政策推理留给普通法院系统。或在审理有关复杂技术问题的案件时，特别请大师或经过技术培训的法律助理代替科学法院协助法官。

这样的建议对于科学家、工程师和具有理性主义性情的其他人是最有吸引力的。他们被法院处理科技的方式所困扰，而且他们相信，如果提高了技术素养，法律制度会起到更好的作用。但可能吗？这在一定程度上取决于如何定义"更好"。

在技术问题上，法院需要帮助的地方实际上是非常有限的。只要有可能，法院倾向于将技术判断留给相关的监管机构，而专注于法律事务。例如，在整个核能历史上，只有一个法院的裁决对核工业产生了重大影响。1971 年，在"卡尔弗特·克里夫斯协调委员会对质原子能委员会"案件中，美国一个上诉法院裁定，"国家环境政策法案"适用于核电站，作为听证过程的一部分，原子能委员会必须提供环境影响报告书。此前，原子能委员会只以最散漫的方式遵循该法案，担心激烈的环境审查可能会阻止公用事业发展核技术。法院谴责这种态度："我们相信，原子能委员会对国家环境政策局晦涩的解释是对该法案的嘲弄。"然而，这一案例对核工业影响很小。取得施工许可证的时间大约增加了一年，这很短暂的——1976 年，许可进程几乎和 1971 年一样快。过去，法院并没有挑战原子能委员会和原子能联合委员会的政策或判断。

只有在立法机关还没有设计一些其他管控手段的前提下，法院才会不得已深入地去淌技术政策的浑水。作为美国科技威胁的第一道防御，法院常常发现是由自己决定前沿科学技术的案件。如果科学法庭是有用的，那么它必须能根据前沿知识去执行其工作。但这正是科学法院的症结所在。

使法院处理技术问题的方法理性化的大多数建议的假设背后，是这些问题能与其他的东西分离，交给科学界审议。有关科学家或工程师将提供能加入到司法程序当中的独立、客观的判断。法院将负责解释法律，平衡利益冲突，以及权衡各方证词的可靠性，等等；科学法院将为案例提供相关的科学事实。当科学界无法提供一个普遍公认的答案时，通常会要求法院对给定案例的类型作出决定，那么科学法院将会承认不确定性，给出科学界的最佳猜测，并显示出科学家对猜测的肯定程度。法院可以决定它将如何处理这个不确定性，但科学界将负责精确定义不确定性是什么。

问题是，在科学的前沿不存在一个独立的、客观的答案。科学家正在努力寻找这样的答案，但一路上他们依靠一系列的假设和偏好，他们中的一些人是有意识的，但很多人不是这样。考虑一下 1974 年拉斯穆森关于反应堆的安全性报告。那时就是这样的事情，科学法院可能想出用严格的数学方法（概率风险评估），结合对核电站内部到底发生了什么最先进的理解，试图计算反应堆各种类型事故的概率。回想起来，拉斯穆森报告几乎是乐观得可笑，但它未超出当时核能工程界认识的界限。那时如果有科学法院，它可能不会像拉斯穆森一样，得出运行 10 亿年才会发生一次严重事故的结论，但它肯定会报告远低于它们的真实值的重大事故的概率。

所以更重要的是，拉斯穆森的错误并不是偶然的。它是那时核技术界大多数人持有的未经证实的假设的产物，该假设与核技术界的想法十分相符。这种偏见直到 1979 年才被识别，那时三哩岛事故迫使核工程师意识到过去的计算错误是多么严重。

有鉴于这段历史，1983 年法院不采纳由 19 个成员构成的生物学家委员会关于转基因微生物释放到环境中是安全的意见，是可以理解的。科学家有自己的无意识的偏见，这种偏见只有经历过事实后才能被认识到。创建一个科学法院系统或类似机构的结果是，将会赋予这些偏见在法律体系中的首选地位。

在《酒吧里的科学》中，贾萨诺夫认为，有两种不同的知识——科学知识和法律知识在这起作用，它们在自己的领域都是合法的。科学家以反映科学界目标和方法的方式构建自己的知识，而法律体系用另一种方式构建自己的知识。

考虑一下乳房植入物，科学界有一个简单的问题，或一组问题：乳房植入物会伤害一个女人的健康吗？研究人员进行各种研究来解决这一问题，用统计和概率提供答案。法律体系问的是一个完全不同的问题：接受隆胸的女性，后来有健康问题应该得到补偿吗？如果是这样的话，应该补偿多少钱？回答这个问题的过程中，法院将审查科学证据，也许听不同专家的意见并估量他们的可靠性，但这样带来更多的东西：受感染的女性和她们的医生的证词，植入物制造商把他们的产品推向市场上之前是否做了适当测试的证据，等等。决定法律问题时，通过法院或协议和解，然后公众提供了一个答案：是的，接受隆胸手术且后来有健康问题的女性应该根据问题的严重程度得到 10000 美元到 100 万美元不等的赔偿（或其他最终解决方案）。对于乳房植入物问题，法律构建的答案比科学构建的答案对大众来说更有意义，这可能是附带各种中止诉讼申请的数学术语陈述。

从某种意义上说，这是当法院参与某一特定技术问题时发生的情况：他们帮助建立面对一项技术的社会态度。如果人们感到受到一项技术的威胁，他们不会满足于让科学家和工程师替他们自己做决定。他们会坚持在技术的发展方向上有发言权。那么法院成为社会和技术相互适应的地方。法院采用科学家和工程师提供的技术知识，并将其置于更广泛的法律和社会环境，创建一个对更多公众有意义的技术构造。"诉讼成为锻炼的大道，通常在初期阶段，一项新技术要获得社会认可，妥协是必须的"，贾萨诺夫写道，"法院以这种方式作为适应技术变革不可或缺的（尽管会使某些人感到不舒服）论坛交换意见的场所"。

换句话说，如同监管机构，法院帮助技术合法化。在现代世界，专家保证并不足以使公众接受一项有潜在风险的技术。这项技术还必须由法院或代表公众的其他机构审查。参与到该项技术的科学家和工程师通常不能认识到他们必须要通过法制的意义，因为在他们眼中技术已经合法，而额外的工作似乎是浪费时间。但为了让更大的社会接受它，人们必须确认它在他们理解的某种方式的管控之下。

7.4　协商

从 1990 年 8 月到 1993 年 6 月，大卫·勒罗伊在政府最孤独的工作岗位供职。作为国家的核废料谈判代表，他负责寻找一个地方，可以接受来自国内其他地方的核废料临时存储的场所，但是如果没有人和你谈判就很难进行。勒罗伊第一次走进办公室时，他曾计划去 50 个州的州长那里，询问他们在他或她的州允许联邦政府建立核废料存储设施需要什么。不过他很快发现，他想要交谈的人都不能给他肯定的答复（时间表），他理解其中的原因。他告诉《纽约时报》，如果他会见州长谈论可能的废料场地，"我会立即产生一个下次竞选连任州长的重要问题"。勒罗伊并没有夸大，犹他州的副州长瓦尔·奥夫森告诉记者："他的恐惧是准确的。如果有人知道他是谁，他正在做什么，并发现他在任何政治家的时间表里，这将是一个重大新闻。"

勒罗伊发现，核废料问题是当今最爆炸性的和最棘手的技术问题。拥有超过 100 个核电站的任何国家，都会产生稳定的使用后的燃料棒以及其他放射性废料的物流。乏燃料占废料的大部分。到本世纪末，将会积累大约 40000 吨核废料，大部分在核电站的水池中，水能防止燃料过热和吸收辐射。但这些水池正被迅速填满，所以公用事业公司正在求助于联邦政府而政府已经承诺了几十年，会对反应堆废料做些什么——将燃料棒脱手。

解决核废料的障碍，在大多数情况下不是技术上的。高等级的核废料，也就是高放射性的核废料，如乏燃料棒，在失去足够的放射性而不再是危险的之前，必须储存数千年。通常的计划是把废料置于地下远离干扰的安全地方。这种废料远离地下水很重要，例如，因为随着时间的推移，水可能会吃透持有废料的桶，穿过周围的岩石将放射性带走，可能污染某些地方的饮用水。这听起来很困难，但是大多数核废料处理专家认为，这并非绝不可能。例如，瑞典核工业设计了一种方法，将核废料存储于埋在花岗岩基岩的铜罐中。这些罐预计保存至少一百万年，如果废料逃出罐子，它在周围花岗岩中不会走远。科学家不能保证这个或任何其他废料处理计划是简单的，但是大多数人认为，将核废料封锁 10000 年不泄漏是可以实现的。

然而，公众却有不同的看法。一次又一次的调查显示，人们发现核废料填埋场比其他任何现代技术产生的危害，例如化学废物填埋场、工厂制造的致命化学物质，甚至核电站更可怕。电话调查要求受访者描述考虑地下核废料的存储库时，受访者的反应几乎是千篇一律的负面："危险""有毒""死亡""环境损害""可怕的"等。研究人员这样总结他们的发现："结果表明厌恶是如此强烈，以致将这种情绪称之为'负面'或'不喜欢'显然是一个保守的说法。这些表象揭示的是，恐惧、厌恶和愤怒无处不在的感觉——原材料的偏见和政治反对派。"

公众的这种态度使核工业从业者们感到挫败。英国原子能机构主席约翰爵士曾经抱怨说："我在任何行业从来没有遇到过，公众对这些问题的理解是如此完全不同于我们这些真正处理这种问题的业内人士对问题的看法……公众担心的（事情），在许多方面都是没有

问题的：但希尔或其他核专家说服公众的希望渺茫。他们的恐惧过
于根深蒂固，难以被核工业专家的保证消除。"

　　核废料加剧了这种恐惧，许多现代工业面临着一个难题：如何
给一个不受欢迎的废料选择一个处置场地。不仅是核废料场地和核
电站引起反对，还有焚烧炉、化工厂、垃圾填埋场、监狱和人们认
为破坏他们生活品质的其他任何东西。当迪士尼公司宣布，计划在
弗吉尼亚北部离华盛顿特区不太远的地方建一个美国历史主题公园
时，该地区的许多居民强烈抗议。他们不想要这样一个会带来道路
交通压力的景点，他们不希望将出现在公园中所有的商业化设施：
酒店、餐馆、加油站、针对游客的商店和其余的什么东西。迪士尼
最终宣布将另觅地方。

　　一个核废料填埋场、监狱或者一个迪士尼主题公园选址的困难，
都有它们一个简单和不可避免的困境的根源：这些设施将使一大群
人受益，一些人受损。那些接近该场地的人们将看到他们的房产价
值下降，他们的生活质量降低，他们内心无法平静。在某些情况下，
他们的健康或安全可能处于危险之中。可以理解的是，他们不喜欢
它。"为什么是我们？"他们问。为什么我们必须付出代价，而其他
人可以有核电；他们的街道上没有罪犯，或嚼着爆米花和戴着米老
鼠的耳朵去欣赏波卡洪塔斯？反对者说：请这些设施远离我的后院。

　　近年来，政治科学家和政策专家针对"不要在我后院"的问题
想了很多解决办法。过去，所谓的 DAD 方法——决策、宣布、防
卫，起到了很好的作用。相关的企业和政府官员将自己决策把机场
或一家工业工厂建在什么地方，当一切都定好之后再告诉公众。如
果他们担心反对，他们会准备详细的理由，说明为什么该场地选择
在这，是一个不错的选择，没有其他地方可行，但并不听取公众的
意见。如果人们不喜欢它，他们可以去法院或者对民选官员抱怨，
但挑战几乎没有成功过。

　　现在有成功的案例。事实上，在许多行业，它们是规则而不是
例外。今天，给一个焚化炉或填埋场找个地方几乎是不可能的，例

如，尽管 20 年来在美国没有人订购核电站，许多业内人士认为，如果有人去做，选址是整个过程最困难的部分。这种变化有各种各样的原因。公众对可能带来的经济利益已经变得不那么感兴趣了，而更关心投建新厂对环境、健康和生活质量的威胁。总的来说，人们不再信任政府和大企业，转而去挑战它们。加之，新法律和法庭裁决更容易挑战曾经是不容置疑的决策。

因此，许多地方的官员一直在尝试一种新的方法：协商。案例各有特别之处，但潜在的理念是相同的。通过让公民早期参与决策，让他们在选址协议的细节上发挥重要作用——该协议可能包括接受设施的各种形式的赔偿，对此，官员希望减少阻力，即使找到的场地是最不理想的。

从另一个角度看，谈判是最大限度降低选址决策强制性的一个尝试。决策、宣布、防卫方法对广大公众似乎不再是可接受的，尤其是当它用作危险技术的场地时，由于其丧失合法性已遭到反对，现在如此多的选址决策遇到的情况就不用说了。相反，采用协商方式，公众应该更愿意接受困难和争议的选址决策。不管怎么说，这只是理论，而实践中有所不同。

例如，马萨诸塞州 1980 年通过一项法律，为危险废弃设施选址建立了协商制度。之前，该州法律有效地给了地方对这类设施计划的否决权，使开发商难以发现该州的任何部分会接受他们。1980 年的法案是在修改这一点的同时，仍然允许当地区域对选址决策有影响力的一个尝试。制定法律的流程是复杂的，但在开发商和一个或多个社区之间的协商的核心是，已经确认了处理或储存危险废料用设施场地的可行性。在谈判期间，社区由市长和其他官员加上几个居民组成的委员会作为代表。开发商可以提供各种补偿说服社区接受设施。如果谈判不能在一定时间内达成协议，双方接受有约束力的仲裁。

在协商法案通过的头 4 年，五个开发商寻求将废弃的有害设施存放到马萨诸塞州。它们中甚至没有一个达成协议，因此法令的批评者认为，在选址决策上授以州政府比地方当局更大的权力是更聪明、更简单的做法。但在马萨诸塞州等州，拥有强大的地方自治的传统，当地社区不能忍受这种先发制人的决策。这是 1980 年法案背后的推理，该法案试图找到地方政府规章和州政府权力之间的一个平衡。它可能需要几年的经验，也许几次修订法律，但长远看，协商似乎更有可能成功。

类似的举措促使美国国会在 1987 年创建了核废料协商代表办公室。但核废料储存选址的困难，使那些为其他有害废弃设施选址的困难相形见绌。这不是公众关注核废料多，关注化学和金属制造产业产生的非危险废物少的简单事情。多年来，原子能委员会、能源部、国会在核废料的处理上产生了一个同样大的问题。

在核能发展的早期，原子能委员会在如何处理商业反应堆产生的放射性物质上所花费的时间甚少，所做的一点点工作就是一些粗浅的想法，并不实用。然后在 1970 年，当原子能委员会确实宣布了一项综合废料管理计划时，它却变成了一个重大的失败。由于急于解决积累的核废料问题，原子能委员会宣布将把堪萨斯州里昂附近的一个老盐矿改成高品质核废料库。这显然是委员会考虑欠周了。当地质学家更深入研究该盐矿之后，他们发现很多东西，比如附近的天然气井和油井，使地下水很容易进入矿区。由于被这事搞得很尴尬，原子能委员会撤回了他们的提议。从那时起，这一事件被认为是联邦政府在处理核废料上不能被信任的证据。从那时起也有其他尴尬，例如汉福德核废料场一系列问题和近似于事故的事件，但尤卡山作为国家长期储存核废料的场地是挑选出来的，这让人们对该系统仅存的信任和信心荡然无存。

1982 年核废料政策法案试图制定一个公平、合理的流程来处理反应堆废料。能源部计划建造两座储存库，一座在美国西部，另一座在美国东部。选址过程将是开放的，结果取决于技术标准。即使一切都按计划进行，场地的选择肯定也不会顺利，但事实证明，美国能源部和国会破坏了这个过程。1986 年选定西部场地最后三处后，国务院宣布暂停东部场地的寻找工作。官方的解释是，只需要一个长期的场地，但大多数人认为，这纯粹是一个政治上的举措，旨在帮助东部场地所处的几个州的几位参议员连任。这对于西部尤其难堪，因为国家大多数的核电站在东部。1987 年末，国会修改了 1982 年法案并改变了规则。批准了能源部门早些时候的行动，通过官方途径正式取消场地的搜索。在西部也将场地的选择缩小到了一个：在内华达州尤卡山，靠近内华达核武器试验场。再次，政治似乎是推动因素。内华达州的国会代表团小，其影响力也相对小，而一直在考虑的另外两个西部场地在华盛顿州和德州，众议院多数党领导人汤姆·弗利住在华盛顿州，而德州，是许多强大政治家的大本营，其中包括众议院发言人吉姆·赖特和副总统乔治·布什。在内华达州，该法案被称为"挤死内华达的法案"。

毫不奇怪，内华达州的居民利用他们所能找到的武器与选择尤卡山作斗争。从表面上看，它们中的许多争论都是技术上的。反对者给出了尤卡山不是一个存储核废料数千年的合适地方的各种理由，其中大部分涉及地下水将进入提出位置的各种方式，而此时该位置极端干旱，争论变得相当复杂，很多时候，在预测必须存储的废料会发生什么事情时造成了一些不可避免的不确定性，但大多数科学家发现尤卡山是核废料安全储存成千上万年的一个好场地。在政治方面，1989 年内华达州议会通过一项法案，禁止任何私人个人或政府机构在其内存储高品质的核废料。州长告诉该州各机构不要批准美国能源部为确定其适用性而在现场进行测试所需要的任何环境许可，因此，该州及其能源部门提出和应对各种诉讼。该州的公民，五个人中有四个人认为州政府"应该尽其所能阻止存储库"。这一前所未有的政治合法性丧失的结果是，官方预计开放尤卡山的时间被推迟了 10 年以上（到 2010 年），大多数人预计比这还要晚得多，如果该计划还可能存在的话。

具有讽刺意味的是，"挤死内华达法案"还产生了核废料协商代表办公室。万一尤卡山被证明不可行，核废料协商代表要寻找其他潜在的地点来永久储存核废料。该办公室也负责寻找一个地方，放置受监控可收回存储（MRS）设施——储存高品质核废料的场地，工作人员将密切关注废料并在必要的时候将其转移，受监控可收回存储设施是暂时的，一旦永久存储库启用，废料会被转送到那。

花了几年时间才找到愿意担任核废料协商代表的人，但运气不佳，但直到 1991 年初，大卫·勒罗伊才试图安排与 50 个州的州长会面。协商进程可能会成功，因为国会确实给了勒罗伊一张王牌。除了各州之外，核废料协商代表还可以同在美国有保留地的近 300 个印第安部落协商。印第安保留地是独立的实体，他们独立于所在的州，保留地的各个部落比各个州的政府官员更愿意跟勒罗伊沟通。

尽管核废料协商办公室在 1994 年之后就过期了，但勒罗伊和他的继任者理查德·斯托林斯让至少两个印第安部落对建设临时储存设施产生了兴趣：犹他州的高斯胡特部落和新墨西哥州的梅斯卡莱罗的阿帕奇人。写作本书时，阿帕奇人，传说中的杰罗尼莫酋长的后裔，已同意建设一个临时存储设施来储存来自公用事业联盟的燃料棒。该计划可能会面临各种各样的挑战，包括新墨西哥州防止核废料在运输时过境的各种努力，但如果办妥，该场地可以容纳至少按计划可以使用 40 年的 20000 吨乏燃料。

有人抨击这一协议，称瞄准印第安部落寻求潜在的场地是"环境种族主义"，论据认为，因为印第安人很穷，他们被贿赂接受不良的设施，而场地附近的非印第安人较为富裕，对此嗤之以鼻。事实上，3000 个部落成员中的许多人很穷，他们将得到相对较高补偿（据说估计约 2500 万美元一年），但环境种族主义的指控很难坚持。首先，并不是所有非印第安人都对存储库嗤之以鼻。田纳西州橡树岭镇，其居民是国家中受教育程度较高的人数最多的地区之一，在 20 世纪 80 年代中期自愿持有在橡树岭国家实验室的一个受监控可收回储存设施，该地区的人们对核废料并不害怕，而这在其他地方是公众的标志性担忧。但田纳西州不太满意这个想法，并予以拒绝。

假设协议达成，受监控可收回的设施设在一个印第安人保留地的真正原因是政治和体制上的。除了橡树岭，全国各地可能有很多社区愿意在其附近建造一个暂时的核废料场地。开始寻找的最显著的地方应该像橡树岭这样的一个地方，有核废料处理或核电的历史。但任何这样的计划会遭遇橡树岭同样的命运。该州其余的地方不希望其境内有一个存储库。人们会担心核废料运输通过城镇公路或铁路。他们会担心存储库影响到旅游业、房价以及吸引新商业的能力。有些人总盯着如果核废料逃离存储库对供水的威胁。最后，该州不会支持它。但州政府难以控制印第安保留地内到底发生了什么，同样重要的是，人们倾向于接受印第安人按他们自己的规则行使自己的权利。因此对一个州来说很难阻挠印第安保留地的建设核废料场地，更容易作为合法的事项被该州的人们接受。

即使杰罗尼莫、阿帕奇人或其他部落同意看守全国的核废料几十年，定位一个永久存储废料库的棘手问题将依然存在。许多人认为，尤卡山无论其技术适用性如何，不会成为这样一个存储库的场地，因为有太多的阻力。一群专家花了多年研究尤卡山和核废料问题，提出一系列建议让永久存储库重回正轨。这些建议透露了造成这棘手技术问题的大量有关因素。

只有一项建议是技术上的：重新评估地下地质处置的承诺。把废料置于海底可能更实用，他们认为应该更加强调工程上的安全措施，而不是寄托于不变的地质学上。一个出于实际考虑的建议是：使用临时贮存设施。这将为解决更困难的问题赢得时间。二是旨在恢复对运行机构的信心和信任：保证严格的安全标准，恢复废料处置计划的可信度。其他四项（一半）建议专注于建立一个可行的协商方案：评估多个地点，采用自愿选址过程，谈判协议和一揽子补偿，承认并接受公众担忧的合法性。虽然他们没有这样做，但他们的总体方案可被概括为：花一些时间，在系统中建立信心，然后学会与将在其余生不得不忍受核废料的公民谈判。

现在，大多只是理论。没有人知道协商是否将有助于使一些真正困难的技术决策，例如选址成为可能。但似乎清楚的是，其他选项不起作用，至少不是对于像核废料永久存储一样让人痛心疾首的东西，协商很可能是唯一的选择。

第8章 管理浮士德式的交易

四分之一个世纪前，在人们对现代技术所做的观察研究中，阿尔文·温伯格提出了一个深刻和令人不安的观点。说到使用核能的决策时，长期担任橡树岭国家实验室主任的温伯格警告说，社会已经学会了"浮士德式的交易"：一方面，原子给我们提供几乎无限的能源供应，比石油或煤炭便宜，几乎是无污染的。但另一方面是来自核电站和核废料的处置场所要求。"我们十分不习惯的是，社会机构的警惕性和长久性"。我们负担不起，他说，我们不能随便将核能如同我们对其他技术仆人（如燃煤电厂）一样的方式对待，必须致力于保持严密和稳定的管控。

虽然温伯格对核能的成本预测现在看起来可能有点天真，但他提出的更大问题在今天甚至比25年前关联性更大：在这些浮士德式技术交易中，社会会在哪划线呢？每过10年，技术变得更加强大，会有更多不可原谅的错误。自从温伯格的讲话以来，我们见证了严重的三哩岛、切尔诺贝利和博帕尔事故以及"挑战者号"爆炸和埃克森·瓦尔迪兹号的沉没。展望未来，很容易看出新技术的能力，以及随之而来潜在的更大的灾难。在10年或20年后，我们的许多计算机和计算机控制设备可能会通过一个广泛的网络连接，该网络使当前的电信系统相形见绌。像这种偶尔发生在长途电话系统上的重大故障可能造成数十亿美元的损失，而且由于网络使用设备的类型不同，每个故障都可能会造成人员死亡。如果大规模的基因工程成为现实，一个错误有可能使20世纪50年代末和60年代初的萨力多胺灾难显得温和许多。那么为了换取它们的好处，有些技术需要付出的代价是否太高了呢？

当然，如何应对取决于很多因素，包括人们对核能、基因工程或任何正在被讨论的技术的贡献的重视程度，但主要因素是我们处理风险的能力。如果我们确信我们能很好地管控我们的技术精灵，那么我们可能会擦更多和更大的灯[①]。但如果不能，那么在某种程度上我们必须抵制诱惑，呼唤另一个神灵。我们必须拒绝浮士德式的交易。

那么，我们能使复杂的技术安全吗？我们能让它们有多么安全呢？传统上，工程师们认为可靠性和安全性主要在技术层面上：如果某款机器设计、建造并且维护得好，那么只要其操作者遵循正确程序，机器应该表现良好。如果对核反应堆冷却剂管道破裂的可能性存在安全担忧，那么通过工程来处理这些问题是最好和最有效的方法：或许添加一些额外的安全系统，或重新设计系统，它就不会如此容易受到威胁。对于运行设备的人们来说，很不幸的是，安全威胁是不可避免的，对付安全威胁最好的办法是写出详细说明书和手册，详细阐述在每种情况下该做什么。

我们现在知道，这是一个有局限的和天真的观点，复杂系统的安全性不仅取决于其物理特征，也和操作它们的人员和组织密切相关。复杂性产生不确定性，而不确定性需要人们做出判断。此外，复杂的系统甚至对许多很小的变化可能相当敏感，以致一个小错误或故障可以滚雪球成重大事故。这种不确定性和敏感性使其不可能在操作规程上写出所有可能的状况——试图这么做可能适得其反。操作者受训的教材都是冻结的案例，但会出现意想不到的情况。或者更糟的是，他们会误解成他们熟悉的情况而采取完全错误的行动。三哩岛核电站事故的发生正是由于这样的紊乱，操作者关闭了进入堆芯的大多数应急冷却水，因为这似乎是那时很好的应对措施。

总之，组织的可靠性与设备的可靠性对于技术安全是一样关键的。如果我们要保持浮士德式交易，我们对我们的组织必须像我们对我们的机器一样警觉。

[①]　出自童话故事《阿拉丁神灯》中的典故。

在过去的几十年里，大量的研究已经发现，是什么让一些组织比别的组织工作得更好，社会科学家们认为他们得到了一些答案。但是经营如核电、石化工厂、太空飞行、商业航空和海洋运输此类复杂、危险技术的群体，面临着特殊的挑战。他们在工作中必须不犯错误或至少不犯那些会造成灾难性后果类型的错误。同时，由于技术的复杂性，组织需要大量的边干边学才能了解他们所监管的系统。在大多数行业，这样的学习是通过"试凑法"进行的，但这对于核能等危险行业并不是一个选择。相反，他们必须尝试"试而不错"的高风险策略。

任何机构都能将这事办成吗？答案当然是否定的，不少机构已经失败了。过去的20年里，从三哩岛事件到"挑战者号"航天飞机爆炸，许多（如果不是大多数）技术灾害都可以最终追溯到制度失败。是的，直接原因可能是设备故障或操作者的错误，但使事故发生的条件是负责这些项目的组织创造的。

正如我们在本书第6章所看到的，耶鲁大学社会学家查尔斯·佩罗认为，对于某些危险的技术，如核能、核武器、化学工厂、基因工程和太空飞行，事故是不可避免的。他说，这些技术对运营它们的组织提出了自相矛盾的要求：它们的复杂性要求分散操作，以确保一个灵活的应对危机的机制，但系统的一部分对另一部分的影响需要集中控制和统一方向，以免事故蔓延。

佩罗的论点很有影响力，但并不是最后的定论。特别是，一组研究人员称，一些组织执行得比佩罗和很多标准组织理论认为的要好是可能的：他们几乎可以在完全避免重大事故的前提下运营危险和高度复杂的技术。用伯克利政治学家托德·拉·波特和他的同事保拉·康塞尼的话来说，"工作取决于实践而不是理论"。拉·波特和几个同事们花了数年时间研究这些所谓的高可靠性的组织（HROs），并相信他们现在理解它们工作得那么好的一些原因。

两个阵营间的争论远未结束，而解决的关键在于未来我们愿意接受什么样的浮士德式交易。如果佩罗是正确的，那么一些技术最好闲置。如果拉·波特是正确的，那么我们能够保持住我们交易的底线——也许无法完全避免事故，但能学会使它们尽量不太可能（发生）。但这并不容易。管理复杂、危险的技术，需要远远超过大多数组织过去所付出的持续的、有意识的努力。

8.1　从错误中学习

1984 年 12 月 3 日凌晨，历史上最严重的工业事故发生在印度博帕尔。异氰酸甲酯的致命的云，从农药制造工厂泄漏，并扩散到周围的贫民窟和棚户区。虽然不知道确切的数字，但估计有 200000 人暴露于这种化学物质中，其中大约有 4000 人死亡，另有 30000 人严重受伤。

造成这 4000 人死亡的原因不是单一、简单的。这场灾难是事后看来似乎注定要导致一些事故的糟糕的决策、许多小错误和难以置信的草率操作程序串联的结果。要了解事故如何以及为什么会发生，要从一些基本事实开始：异氰酸甲酯是一种有毒的液体，其沸点（超过 100 华氏度）低，与水反应强烈。它被用于制造西维因，是联合碳化物公司制造的一种特定杀虫剂中的活性物质。博帕尔工厂生产西维因和其他杀虫剂，该工厂由联合碳化物公司拥有部分股权的子公司联合碳化物印度有限公司运营。

由于异氰酸甲酯的毒性和挥发性，最安全的做法是在任何时候不要持有太多。这样，即使发生事故，损失也将是有限的。根据联合碳化物印度有限公司前董事爱德华·穆尼奥斯在事故发生后提交的书面陈述，印度子公司要求存储少量的异氰酸甲酯。但是，联合碳化物公司对大量生产异氰酸甲酯可以省下多少钱非常敏感，坚持在那里大量生产。事故发生时，释放异氰酸甲酯的储罐装载着约 42 吨的化学物质，没有涉及这起事故的第二个储罐，装载着另外的 20 吨。

1969 年投产时，博帕尔工厂本身不制造这些化学物质。相反，它化合其他地方生产的各种杀虫剂来生产各种农药。因为这不是一个特别危险的活动，工厂位于城市的北边，距离城市的商业和交通枢纽只有大约两英里。然而，几年后，激烈的市场竞争促使印度公司开始在该工厂制造农药的各种成分，以节省运输成本。没有人抱怨，因为那不是特别有害的化学物质，但在1979年，当公司决定在博帕尔工厂的产品表单上增加异氰酸甲酯时，该城市犹豫不决。这没有任何好处。通过利用其对国家和邦当局的影响力，公司能够避开该城市的反对意见。

在20世纪80年代早期，印度的农药市场触底。博帕尔工厂从未特别赚钱，并在1980年之后连年亏损，总部在1984年7月将整个工厂挂牌出售。金融紧缩对工厂如何运行有两个影响。首先，因为工厂亏损，并处于待售状态，联合碳化物公司和印度公司对其都不重视。公司没有委派更好的管理者到工厂工作，也没有提供管理帮助或建议。其次，该公司被迫尽各种可能削减工厂的各类成本。

成本削减摧毁了工厂曾经拥有的安全措施。在1980年和1984年之间，操作异氰酸甲酯单元的工人数量减少了一半。培训计划被削减到了许多操作者不了解工厂运行安全或不安全的做法的地步。设备坏了得不到修理，一些安全设备被关掉了。回想起来，唯一让人感到意外的是，重大事故没有更早发生。事实上，住在博帕尔一名印度记者拉库马·克沙尼，从1982年就开始撰文警告这种可能性，在其1984年6月发表的一篇文章中，他专门预测气体泄漏将导致一场灾难。

回到灾难开始时的12月2日晚上9点半。工人们用加压水冲洗了一些管道。这些管道与其他管道相连，而相连的管道也与异氰酸甲酯储罐连接，两者之间只有一个阀门隔离着。作为应对阀门泄漏的备份，冲洗管道时的正常操作程序要求将一个称为绑定的金属盘插入阀门。尽管冲洗管道是由异氰酸甲酯单元的操作人员进行的，而插入金属盘是维修部门负责的，加之，为了省钱，第二班维护主管已经在好几天前就被解雇了。插入金属盘的工作没有分配给任何其他的维修工人，所以金属盘从来没有插入过。没有它，当水开始加压到被堵塞的管道时，阀门失效。水通过失效的阀门，并开始流向异氰酸甲酯储罐。

还有一条应该能防止水的防线，是常闭的第二个阀门。但它也失效了，没有人知道为什么。也许是已经在早期的一些工作后无意中打开了，或者没有正确密封。无论是什么原因，结果是灾难性的。超过半吨的水溅到异氰酸甲酯中，异氰酸甲酯和水发生反应，使储罐的温度和压力飙升，产生了翻滚的气体、液体和泡沫状混合物。

第三个转机出现在 10 点 45 分。11 点时，操作人员注意到一个异氰酸甲酯储罐压力高，虽然仍在正常的工作范围内。这暗示着要出事了。工人报告眼睛受到了刺激，然后有人发现连接到安全阀的异氰酸甲酯管道有水流出。监控室的操作人员看着储罐压力指标逐步上升，但他什么也没做，直到 12 点半左右，此时的压力值已经爆表了，他才冲出去了解第一手的情况。当他到达异氰酸甲酯储罐时，他听到隆隆作响声并感觉它辐射出热量。储罐上的仪表读数验证了控制室的一个人说过的：温度和压力的读数已经到顶了。

直到此时，也许如果工厂的安全系统一直处于可使用的状态，一些灾难仍可能避免。但它们不是。操作人员跑回控制间，试图打开洗涤器，其目的是消除工厂排气管道中的有毒气体。出于某种原因，也许是因为洗涤器被断开了几个星期，烧碱与气体反应不是通过洗涤器循环的，所以系统是无用的。之后，工厂主管试图利用制冷系统给异氰酸甲酯降温来缓和反应，但是该系统已经在六个月前关闭了，而且其冷却剂已在工厂的其他地方耗尽了。操作人员赶紧打开喷淋系统，但水柱并没有高到足以影响从离地面 100 英尺高度的管道滚滚喷出的异氰酸甲酯。

监管者拉响了警报，警告周围的社区气体正从工厂逃逸。也许这也没有起到更好的作用，因为工厂之外的人们从未进行过紧急响应训练，但出于某种原因警报只响了几分钟后就被关闭了。工厂内部一个警笛响起来了，警告工厂员工为了安全，尽快逃离到逆风的地方。而工厂周围的居民却没那么幸运。下午 2 点 15 分报警重新打开，2 点半才下达疏散命令时一朵毒云正在城市上空翻滚。

成千上万死亡的人，数万受伤的人不是任何一个错误或故障的受害者，而是整个制度崩溃的受害者。问题不能归结于一个或两个人，而是系统本身失败了。这种系统性故障在发展中国家是最常见的，这些国家试图迅速工业化，建立了大型工厂或其他设施，而没有创建一个完整的基础设施来支持它们。专业技能保障不足，培训往往不够，也无处寻求建议或帮助。事实上，在博帕尔灾难的同年，其他两个发展中国家也遭受了重大工业事故，在巴西，汽油管道破裂、爆炸，造成 500 人死亡；在墨西哥，天然气存储工厂爆炸，450人死亡。但工业化国家也不能幸免于组织机构的失败。他们在管理风险技术时也可能发生非常备受关注的失败。

1986 年 1 月 28 日，数千万人惊恐而专注地一遍又一遍观看着网络电视播放的在过去几十年最引人注目的技术失败。发射后 73秒，"挑战者号"航天飞机爆炸，掉进了大西洋，7 名机组人员全部遇难。也许最著名的受害者是高中教师克里斯塔·麦考利夫，她赢得了为使学生和教师对太空科学感兴趣而设计的全国大赛的航天飞机坐席，作为加强民众支持航天飞机计划努力的一部分，美国国家航空航天局曾让她成为了著名人物。但是，正如事故和随后的调查显示，美国国家航空航天局应该花更多的时间去关注机器的性能和人员安全，花更少的时间在哗众取宠的"老师在太空"的比赛等。

从纯技术的观点来看，"挑战者号"航天飞机爆炸的原因是现在知道的著名的"O"形圈故障。由于助推航天飞机升空的固体燃料火箭助推器整体装运太长，它们被制造成 4 段，在现场组装。为防止热气体从段与段连接部位泄漏，每个环形接头装有铬酸锌填料和两个"O"型圈密封件。"O"型圈就像大而细的橡皮筋，长37.5 英尺，厚大约四分之一英寸。为了提供助推器段与段之间的紧密密封，"O"型圈必须容易变形，但在 1 月，通常气温温和的佛罗里达发射场早上的温度是 28 华氏度，而这导致合成橡胶 "O"型圈硬化。结果是致命的。点火后不久，一股燃气通过 "O"型圈逃逸出来，并像喷灯一样冲击到燃料外贮箱而引发爆炸，将航天飞机送回了地球。

尽管 "O"型圈的失效是事故的直接原因，但更严重的缺陷在于人员，尤其是负责航天飞机项目的机构。事故之后的听证会表明，这样一个 "O"型圈有失效的风险已经在从事航天飞机工作的工程师中众所周知。此外，在发射前的晚上，设计固体燃料火箭助推器的聚硫橡胶密封件的工程师莫顿建议飞行推迟到一个温暖的日子，因为担忧 "O"型圈的性能。但无论如何，航天飞机发射了，而这项决策揭示了一个不能胜任处理危险技术任务的组织。

在 "挑战者号"航天飞机发射之前，美国国家航空航天局一直承受着巨大压力，把航天飞机打造成进出太空的可靠、廉价方式。最初将航天飞机兜售给国会时陈述，这是一个通用的主力，可将卫星送入轨道、让科学家在太空进行研究和运送航天员往返国际空间站。但是想要做这么多的事情，会不可避免的使每件事都难以做的完美。例如，在发射卫星上，航天飞机比不上无人火箭，它唯一能在经济上竞争的方式是，在每年有许多次发射的前提下，降低每次发射成本。因此，四架航天飞机的机队原定于 1986 年 15 次飞行，1987 年 19 次。

这种压力，加上阿波罗计划成功而产生的自满，改变了美国国家航空航天局对待发射安全性的方式。过去，它要求提供组件的承包商证明他们满足技术规范和安全要求，但到 "挑战者号"航天飞机发射时，事情改变了。现在看来，美国国家航空航天局将朝前走除非承包商可以证明航天飞机不安全。

发射前的那个晚上，管理固体燃料火箭助推器计划的聚硫橡胶公司的工程师艾伦·麦克唐纳，和参与设计的聚硫橡胶公司的工程师、几个经理、美国国家航空航天局经理和工程师中发起了一个电话会议，目的是提出"O"型圈的警告。在那之前，航天飞机发射的最低温度为华氏 53 度。之前，即使在相对温暖的温度下，航天飞机"O"型圈已经让一些热气体从助推器上逃逸。现在，随着温度在发射时将低于冰点，聚硫橡胶公司的工程师警告说，"O"型圈可能存在导致灾难性后果的失效。他们建议推迟发射，直到天气暖和起来。

美国国家航空航天局的经理们不高兴了。如果他们遵循了聚硫橡胶公司工程师的推断，那么将意味着如果温度低于华氏 53 度，永远不能发射航天飞机，该温度是已经发射的最冷的温度。"我的上帝，聚硫橡胶公司，你想让我于明年 4 月发射吗？"美国国家航空航天局一位经理，劳伦斯·马洛伊曾那么说。

看到美国国家航空航天局对建议意见不满，聚硫橡胶公司经理中断电话会议，转而与他们的工程师召开另一个会议。工程师继续争论，发言相当积极，建议推迟发射。然而，经理们觉得他们必须在这纯粹的工程考虑和商业目标之间取得平衡。尽可能像往常那样发射，不仅对美国国家航空航天局很重要，对莫顿聚硫橡胶也至关重要。航天飞机发射次数越多，该公司挣钱越多。在讨论中，聚硫橡胶的一个副总裁敦促该公司的工程副总裁"脱下你工程的帽子，戴上你管理的"。最终，四个副总裁决定公司撤回反对发射的意见。当他们回到电话会议时，他们告诉美国国家航空航天局的经理们可以进行发射。

它是如何发生的？聚硫橡胶公司的经理们怎么可能忽略自己工程师的担忧呢？美国国家航空航天局经理怎么可能对航天员的安全熟视无睹呢？太空计划已经产生的自满文化似乎是罪魁祸首。24 次成功飞行后，经理们认为航天飞机是安全的，甚至飞行中"O"型圈部分失效的证据被解读为一种信号，即使"O"型圈并不是那么完美，航天飞机也是棒棒的。在这种气氛下，美国国家航空航天局的经理们对聚硫橡胶公司的工程师警告的第一反应是"过于谨慎了"，而且，他们被这种毫无根据的忧虑而推迟发射惹恼了。聚硫橡胶公司的经理们也发现很难相信航天飞机存在严重威胁。只有工程师认为可能会发生最严重的情况。

与自满问题结合的是，已经产生在美国国家航空航天局的僵化的等级制度，这种结构使部门之间的沟通正式，但并不是特别有效。在另一个机构，甚至在更早时期的美国国家航空航天局，工程师可能会以其担忧说服经理人。该机构的老前辈，在事故发生后接受采访说，很怀念美国空军中将詹姆斯·亚伯拉罕森管理航天飞机项目的日子。"当他意识到一个问题时"，其中一个老前辈说："他不等待'批评'的评价，他甚至闯入最低级技术员的办公室问如何修复它"。但在庞大的、官僚的航天飞机时代的美国国家航空航天局，是通过备忘录和报告进行交流的。一切都是一丝不苟的记录，但关键的细节往往会迷失在文书工作的暴雪中。结果都是上层管理人员了解可能出现的"O"型圈问题，连同给出同样高的关键评级的几十个其他问题——但他们从来没有真正理解这个问题的严重性。系统设置成这样，他们可以假设"O"型圈已经被关注了。没有人从顶部闯入别人的办公室里，看看都做了些什么。

美国国家航空航天局的航天飞机计划的问题与联合碳化物公司博帕尔工厂的麻烦相去甚远，但是这些事故都有几个共同的特点。由于自满或对失败的风险估计太低，两个机构对安全性的担忧都远低于它们应该做的。两者在处理不可能准确预测特性的复杂技术时，尽管在每种情况下，如果再谨慎一点，事故本来是可以避免的。而两个组织都面临财政压力，促使他们尝试多比少好。对于风险技术，这是一个灾难。成功比失败更难以分析。当化工厂或太空计划事情出错时，通常可以找出原因并予以解决以在将来避免这些东西。但是当一切事情都顺利时，很难知道为什么。哪些是成功的重要因素，哪些不是呢？成功是因为技能，还是运气？例如，其他化工厂的操作很有可能和博帕尔一样不好，也与博帕尔一样危险，但它们从来没有出现一连串的错误而产生一个重大灾难性事件。尽管如此，如果我们要学会处理危险的技术，我们最好的办法是寻找成功管理风险的组织，看看它们是如何做的。

这是加州大学伯克利分校高可靠性组织项目的目标。10 多年来，托德·拉·波特、卡琳·罗伯茨和吉恩·罗克林一直在研究似乎做不可能事情的团体：操作高度复杂和危险的技术系统基本上没有错误。例如，美国空中交通管制系统，每天处理成千上万的航班。空中交通管制员每小时不仅负责编排数十或数百个航班在机场起飞和着陆，也指挥飞机的飞行路径，以便使每架飞机保持一定的安全距离。成功是明确的：十多年来，监控控制器的雷达屏幕上的飞机没有发生过碰撞。然而飞机接近和离开机场时的复杂舞蹈，以每小时几百英里穿梭彼此间的路径，产生了大量的错误机会。

伯克利分校的三个研究人员得出这样的结论，这个安全记录不是由于极好的运气，而是由于一个机构已经学会了如何有效地处理一个复杂、危险的技术。研究人员称这种机构为高可靠性组织（HROs）。

也许，迄今为止最令人印象深刻、研究透彻的高可靠性组织是美国海军的核动力航空母舰。虽然对那些没有在这样一艘舰工作过的人来说，不可能真正理解其操作的复杂性、压力和危险，一位航空母舰军官的描述让我们有了一些体会：

> 所以你要理解航母？好吧，想象一下这是忙碌的一天，而你将旧金山机场缩小到只有一条短跑道、一个坡道和一扇门。使飞机同时起飞和降落，在现在一半的时间间隔内，从跑道一边推到另一边，要求每个人在早上离开，当天返回。然后关闭雷达以避免被检测到，严格控制无线电、在发动机工作时给飞机加燃料，在空中设置一个敌人，炸弹和火箭到处纷飞。现在把所有的东西用盐水和油弄湿，并用 20 岁左右、其中半数从未靠近见过飞机的人来做这一切。哦，顺便说一下，尽量不要杀死任何人。

尼米兹级航母上有 7 种不同类型的共计 90 架飞机。它们只有几百英尺用于起飞和降落，而不是商业机场的几英里以上，所以它们需要帮助。起飞时飞机由蒸汽动力弹射，在短短两秒之内从静止加速到 140 节（每小时 160 英里）。这个启动是一个复杂的操作。因为每架飞机进入蒸汽弹射器时，机组成员最后一次检查，以确保控制面的功能、没有燃料泄漏或其他可见的问题。每次发射的弹射器蒸汽压力设置取决于飞机的重量和风力条件。发射的间隔大约 50秒——没有犯错误的时间。

但飞机的回收是真正令人印象深刻的。为了降落，飞机以 120节到 130 节的速度接近飞行甲板，在尾部垂下挂钩来抓住横跨在甲板上的四条绳子之一。飞机刚好接触甲板时，飞行员给它全速，这样如果挂钩没有捕捉到绳子，飞机速度足够快可以起飞并再次回来。如果尾部挂钩抓住了绳子，就会猛烈拉住飞机，在 2 秒的时间内并在 300 英尺内停下来。此操作要求讲究团队合作。当飞机接近时，飞行员用无线电报告燃料水平。根据这些信息，负责停车装置的地勤人员计算飞机的重量和勾画出连接到捕获绳的制动机器的正确设置。如果压力设置得过低，飞机就不可能很快停止，飞机会通过甲板最后掉落大海。如果线太紧，可能会把尾钩拉掉，或者整个甲板突然猛烈冲击，伤害或杀害在其路径上的任何人。四根绳子的张力是由一个水手单独设置的。同时，降落信号军官看着飞机接近，给飞行员提建议，如果一切似乎都正常，可以着陆。一旦飞机着陆并停下来，"黄衫军"跑过来检查挂钩，把该飞机从下一架飞机的通道上移走。当捕捉绳子归位时，其他船员检查它们的磨损碎片，然后一切重新开始。这个周期持续约 60 秒。

起飞和回收只是比其大得多的流程的一部分，该流程包括在拥挤的甲板上维修、加油和装载武器、移动并把飞机停到机位。拉·波特和他的学生保拉·康塞尼写道："使 20 架飞机停当的周期需要几个小时的准备，涉及人员复杂的技术和机器，由一个紧密整合的团队操作的机器监控正在飞来的飞机，并将每架飞机处理完毕，转到下一'站'。"

这个表演真正令人吃惊的是，它不是由一起工作多年的人员完成的，而是由定期更换的船员完成的，一位观察家指出："在船上的时间，船长也只有三年，他的20名高级军官约两年半；5000多名士兵的大多数在航母服役三年后将离开海军或被调离。此外，士兵主要是青少年，所以，在一艘航母服役的人员平均年龄为20岁。"

什么样的组织可以在这样的障碍下可靠地操作呢？拉·波特、罗伯茨和罗克林在一些航母上花了大量的时间，有的在港口，有的在海上，有的在训练，有的正在执行任务，至少他们认为他们了解了部分答案。

表面上，一艘航空母舰似乎是沿着传统的分层线组织的，权力通过等级从船长向下以一个明确定义的模式运行。事实上，该航母大部分的日常操作延续这种方式，通过纪律而严格执行。此外，标准操作程序有厚厚的手册，而大部分的海军训练致力于使他们具备第二天性。这些程序将从多年的经验教训转为正式程序。但伯克利分校的研究人员发现，航母的内在生活要复杂得多。

忙碌起来时，如飞机起飞和回收期间，组织结构转变到另一条轨道上。现在船员作为同事交流越来越多，作为上司和下属越来越少，协商和相互包容代替了发出和执行命令。最有知识和经验的人主动处理一个特定的工作，其他人步其后尘。用拉·波特和康塞尼的话说，高级士官通常最了解航母的操作，"建议指挥官，温和地引导副手和少尉"。

同时，各单位之间的合作与交流变得比命令通过指挥链从上而下传递并从自下而上的信息反馈重要得多。由于飞机起飞或着陆一分钟一次，事件发生过快无暇等待指令或授权。相反，船员作为一个团队，各司其职，同时观察其他人在做什么，而且，他们通过电话、无线电、手势和书面细节不断交流。这种沟通的不断流动有助于在造成任何伤害之前捕获错误。经验丰富的人员持续监测行动，监听任何不符合他们所知道应该发生的，并做好准备在错误造成麻烦之前予以纠正。

组织结构的第三个层次是应对突发事件，如发生在飞行甲板上的火灾。在这种情况下，船上的船员已经仔细考虑过和排练过，每一个成员都有一个预先分配的角色。船员反复练习其反应，所以如果发生紧急情况，可以迅速、有效地作出反应而无需指导。

相比于传统层次，这种多层组织结构对船员要求更多，但这些额外的要求似乎是航母有效性的关键。典型的官僚作风是，服从命令是最安全的路径并不鼓励下属独立思考，与之相反，船舶和船员的安康是每个人的责任。正如伯克利分校研究人员指出："即使在甲板上是最低级别的船员，也不仅有权威，还有义务立即暂停飞行操作，在适当的情况下，无需首先向上级澄清。虽然他的判断在事后要进行检查，甚至批评，他不会因为错误而遭到处罚，如果他是对的，往往会被公开祝贺。"其结果是，在一个组织中每个人都有份额，每个人都感觉是其中的一部分。

这涉及每个人，再加上军官和船员之间的稳定轮转，也帮助海军避免事情成为常规和无聊的问题。因为人员正常来来往往，船上的人们不断学习新技能并将其所学教给别人。尽管一些标准操作程序的学习只是死记硬背，伯克利分校的研究人员发现，不断寻找更好的做事方式，这样更好。年轻军官带来他们渴望尝试的新想法，与多年来一直在船上并知道什么起作用的高级士官辩论。新鲜的、有时天真的方法与保守的机构记忆碰撞产生创造性的张力，使安全性和可靠性免于退化成机械的遵循规则。

以某些形式，拉·波特、罗伯茨和罗克林并不确切知道如何，海军已经设法以对变化开放的方式来平衡过去的教训，创建一个在严密运行层次下具有稳定性的、可预测性的组织，但该组织在需要时可以灵活变化。结果是产生了悬崖边上跳舞般的运行能力，推动了人与机器到极限，但保留了非常高的安全性。

当然，航母是一个独特的情况，没有理由认为，在那里可行的事情在一个商业环境下也同样有效。所以更加令人难忘的是，伯克利项目研究了一种完全不同的高可靠性组织，研究人员用一套非常相似的原则追踪它的成功。

峡谷核电站，由太平洋煤气与电力公司运营，位于太平洋海岸加州圣路易斯奥比斯波西部。尽管 17 年的建设时间，58 亿美元的成本，使它的建设受到争议，但据说自 1985 年投产以来，该站成为美国运营最好、安全性最高的核电站。这引起了伯克利团队的注意，特别是奥克兰米尔斯学院的政治学家保罗·舒尔曼，他与拉·波特、罗伯茨和罗克林一起，是高可靠性组织项目合作的几个研究人员之一。

像航空母舰，峡谷核电站开始似乎有着一个严格的层次结构。它有一条通往工厂经理的正式指挥链，该经理也是太平洋煤气与电力公司的一个副总裁。它有厚厚的、告诉员工如何做他们工作的规章制度。舒尔曼形容说：

> 截至 1990 年 5 月，峡谷有 4303 个独立的书面程序，覆盖管理、操作、维护、辐射防护、化学和放射学分析以及监测和其他的测试活动，这些活动在"现场安全检查小组、质量控制、质量保证"和"现场规划和工程小组"指导下进行。每个程序反过来有多重性指定步骤。平均每个程序经历了超过 3 次修正（有一个多达 27 次）。有正式的程序起草过程以及单独的程序修改流程。

这就是监管机构所希望的。三哩岛事故以来，核监管委员会试图通过让核电站遵循越来越详细的规则本本来保证安全。根据他们违反规定多少次来评价工厂，违反一例的将导致核监管委员会深度监督并被处以罚款，情节严重的，罚款达几十万美元。

但是，舒尔曼发现峡谷核电站还有另一面，更为活跃的探索和学习的一面。尽管存在层级和规定，但组织是不断变化的，不断质疑已接受的实践并寻找更好的做事方法。这不是航空母舰上发现的同样变化，其中，人员稳定轮转创建一个无休止的、一遍又一遍学习同样事情的循环，以及技术的逐步改善。峡谷核电站得以保持一个相对稳定的、很好了解其工作的员工群体。尽管如此，以自己的方式，该核电站的动态特征与航母是一样的。

舒尔曼说，原因是工厂培育了植根于坚信核电站总是会让你感到意外的制度文化。在工厂里实际上有两套决策程序：第一，更透明的，过程是所谓的"自动决策"。这包括在特定情况下该做什么的完善的规则。有些由计算机、有些由工人执行，操作者被训练识别问题，然后找出适当的处理程序。舒尔曼说，一般来说这组规则旨在防范忽略错误——人们没有做他们应该做的事情。

但峡谷核电站工人也很努力工作去避免委员会的错误，这些行动会有意想不到的结果，这比遵循标准程序对员工要求更高。在如同核电站一样复杂的系统中，预先规范一切事情是不可能的，所以相比盲目地按照流程做更多的工作，员工必须不断思考他们在做什么，以避免造成系统做意料之外的、可能危险的一些事情。

作为第二个决策过程是如何起作用的例子，舒尔曼讲述峡谷核电站两座反应堆之一被关闭进行日常维护的情形。一个计划中的测试要求关掉给该单元的一些设备提供动力的一个气压系统。由于该反应堆已被关闭，关闭气压系统似乎是无害的，但一些操作者感到不安。他们提出，也许该气压系统以某种方式连接到仍在生产的那个单元的气压系统，关闭第一个将威胁到另一单元的控制。操作人员和工程师坐下来讨论有什么环节可能出错。单元的工程图纸显示两个气压系统是独立的，因此关闭它似乎是安全的，但并不是每个人都信服。最后，监理工程师决定他将亲自检查整个气压系统以确保没有互联。只有他完成检查以后，维修部门才放行关掉离线单元的空气压力系统。

这是一个典型的而非孤立的例子，舒尔曼说，正如一位经理告诉他："这些系统可以让你大吃一惊，我们想让人们知道这些。"结果是一个组织认识到其处理对象的复杂性，并理解其不可预见性。随着人们了解更正确的方法并找到事情可能出错的新方式，尽管工厂经常增加它的标准程序，但没有人相信这个组织能把一切都写在本本上。相反，峡谷核电站工人称他们规程为"活文件"，鼓励每一位员工为其作出贡献。实际上，工厂管理层选择员工时，部分取决于员工对这样的一种灵活的、面向学习的文化适应性。舒尔曼报告称，最不理想的员工是固执的或太有信心的人。"例如，辐射防护总工长断言：'让一个固执的人专注于自己的方式是一个真正的危险'。一个质量控制检查员自愿发表看法认为，带有从来不犯错误想法的人在这里有很大的负面影响"。

如果峡谷核电站组织是严格的层次结构，那么这种持续学习和改进是不可能的。层次结构可能在"可分解"的系统中起作用，也就是说，可以分为拥有独立功能的多个自治单元的核电站，就其本质而言是紧密耦合型的。修改蒸汽发生器可能对反应堆产生影响，或维护程序的改变可能影响到系统对操作者如何响应。由于这种相互依存，工厂内部的各部门必须直接沟通和互相配合，而不是通过官僚的渠道。舒尔曼说，他们就是这么做的。

工厂里几十个不同的部门和小组在高、低两个层面上不断相互交流。部门经理每周见面一次。工厂员工审查委员会，其代表来自工厂的每个单位，每周至少召开一次会议审议程序和设备变化。被称为"安全系统故障修正检验"的小组里，也有工厂主要单位的代表，研究提出的设计更改如何影响安全系统和反应堆关闭。每次一些规定被违反或自动安全系统暂时关闭核反应堆，就会成立一个跨部门小组来了解为什么，防止再次发生，等等。

不同部门的成员不可避免地会将不同的目标和观点带到这样的会议中来，这就是人们想要的。任何超常的行动需要工厂各种人批准，并且任何一个人可以否决它。甚至正常的程序，如保养或维修，必须由好几个部门的代表讨论和商定。提供这种整个工厂的沟通，组织希望避免有意料之外后果的任何行动。

这和航母上的组织结构有惊人的相似之处。与航母一样，底层的工厂层次，这个层次结构在所谓"正常"条件下运行。对航母而言，这意味着不启动或回收飞机的时间；对于核电站来说，其情形是可以在标准操作程序找到适当的行动。第二个层结构会在受到压力时出现，并覆盖在第一层次之上，这一层次无视等级或职位，强调专业知识，并强调单位之间的沟通与合作。这第二层结构的目的在两个组织中是相同的：处理系统的复杂性引起的要求。要求似乎差异很大，是在航母甲板上瞬间做出的行动和决定，还是对核电站可能如何应对这种或那种之间的谨慎考虑——在每种情况下，它们都源自危险系统组件之间的紧密耦合。

一般来说，伯克利项目的成员发现了高可靠性组织的一些特征。他们不仅研究了航空母舰和核电站，还在空中交通管制系统和大型电网的操作中检测到一种模式。

例如，分层组织结构似乎是这些机构有效性的基本特征。根据形势的需要，人们就会自己组织成不同的模式。组织理论家对这非常奇怪，他们普遍认为，组织结构只有一个。一些团体是官僚和分层的，其他是专业和学术的，还有一些是应急响应的，但根据情况，一个组织可以在之中转换，这在管理理论中没有位置。意识到这样的组织存在，开启了一个全新的研究问题：首先，这种多层组织是怎么建立的呢？成员是怎么知道什么时候从一个行为模式切换到另一个呢？但这些组织的发现可能也有实际意义。虽然拉·波特警告说，他的团队的工作仍然是"描述性的，而不是说明性的"，研究可能提供一些见解来避免危险技术的事故。

特别是，高可靠性组织似乎给出了佩罗论点的一个反例。佩罗认为，一些技术由于其本身的性质，给它的运行组织构成了固有的矛盾。关于核能和化工厂等技术，佩罗写道："因为复杂性，最好去集中化；因为紧密耦合，最好集中化。虽然有些混合是可能的，有时也进行了尝试（自己处理小职责，但执行来自上层严重问题的命令），对于相当复杂和紧密耦合的系统，这似乎是困难的，对那些高度复杂和紧密耦合的系统，也许是不可能的"。但如果峡谷核电站和航空母舰的研究可信的话，这并不是绝不可能。正像看起来矛盾一样，一个组织既可以集中也可以分散，既可以分层也可以扁平，既可以规则约束也可以面向学习。

除了分层的组织结构，高可靠性组织拥有有助于避免事故发生的另一个特征。它们强调不断交流——讨论，讨论，讨论，其用处远远超出一般组织的认识。其目的很简单：规避错误。在飞行甲板上，每个人都在事件发生时通报接下来要做什么。如果事情开始出错，这会增加有人注意和反应的可能性。在一个空中交通控制中心，在助理的帮助下，尽管一个操作员在一个特定的部门负责控制并与飞机沟通，在峰值负载的时候，会有另外一个或两个控制人员。控制人员不断互相监看，寻找可能造成麻烦的迹象，交流建议，并提供最佳方式的交通建议路线。

在严格的指挥链上缺乏沟通或误解，往往会在许多技术灾难上起到突出的作用。"挑战者号"事故正是这样发生的，航天飞机组织各级的沟通主要是通过正式的渠道，以致工程师的担忧从未被最高管理层落实过。1982年，一架波音737飞机从华盛顿国家机场起飞撞上了波托马克河上的一座桥，造成了78人死亡。副驾驶员曾警告机长几次，可能有麻烦，因为结冰条件会导致发动机推力错误的读数，但副驾驶员的口气不够坚决，机长对他不予理睬。1977年，一架由荷兰航空公司运营的747与泛美航空公司的747在加那利群岛的特内里费机场跑道上相撞，造成583人死亡。事故的主要原因是，荷航飞行员误判了泛美飞机的位置。坠机后的调查发现，这位年轻的副驾驶员一直关注着高级飞行员的有关行动，但认为飞行员知道他在做什么，所以就闭嘴了。如果在工厂操作者之间存在沟通，博帕尔事故就不会发生了，操作者开始用水冲洗管道，维修人员负责将插销插入阀门以防止水通过。但操作者从来就没有核实维护部门是否完成了它的工作。

除了沟通之外，高可靠性组织也强调主动学习，而不是简单记忆操作规程。员工不仅要知道操作规程为什么这么写，还应该能够挑战它们，寻找方法来完善它们。与其说这种学习背后的目的是改善安全性——尽管这是通常发生的，不如说是为了防止组织退化。一旦人们开始按图索骥地做事情，一切事情将迅速走下坡路。工人失去兴趣和感到无聊，他们忘记或从来就不了解为什么以他们特定的方式做事，他们开始感觉自己更像机器的齿轮，而不是活机构中不可分离的一部分。不管是在一艘航空母舰稳定周转的人员，还是核电站的工人，都面对不断寻找改善操作规程的一些方法或其他一些新方法的挑战，组织需要一些方法来保持新鲜感，使成员专注于手头上的工作。

舒尔曼指出，强调不断学习的任何组织将不得不忍受一定的模糊性。从来就没有能将一切事情都完全界定在某个点上的情况。总会有那么一些时候，人们不能确定最佳方法，甚至在什么是最重要的问题上，不能达成一致。舒尔曼说，这可能是健康的，但对于一个认为运行良好的组织，总是知道该怎么做的人们，却是令人不安的。他讲述会见峡谷核电站经理的场景，该经理描述了他在工厂操作的一些发现。"我们到底有什么问题，我们有这么多的模糊性？"该经理已经完全误读了舒尔曼的研究点。有点歧义是没有什么可担心的，相反，如果工厂的经理人认为他们拥有所有的答案，才是应该担心的。

舒尔曼给人们提供了有关高可靠性组织的许多观察：它们不惩罚试图做正确事而犯错误的员工。在官僚、操作规程驱动的组织里，惩罚可能起作用，或至少不会伤害太大。在这种组织里每个人都根据本本做事情，但是它不鼓励员工学习任何超过他们绝对必须掌握的东西，并且扼杀了沟通。例如，假设一个工人出错并损坏一台设备，甚至如果他这样的疏忽错误都受到惩罚，他就可能不报告。或者他可能试图隐藏错误或试图修复它，会使问题更糟。

舒尔曼和其他人研究的这类组织的可靠性是很难维持的。因为它流传的不是规章制度，而是某种文化，如果外部环境变化，或被那些对其文化或保持它重要性不理解的外界接管，它会迅速死亡。正是这种文化的变化埋下了技术历史上最悲惨事件的种子：阿波罗计划后，美国国家航空航天局的衰落。

作为现代历史上的两个最伟大的技术项目，登月通常能与曼哈顿计划相提并论。他们都取得惊人的成功，至少实现了自己的既定目标，并且都比很多人想象的要快得多。事实上，登月计划的成功经常被拿出来证明，如果我们足够努力，没有什么是遥不可及的。现在是不太常见了，阿波罗 11 号发射后许多年，人们依旧喜欢问，"如果我们能把一个人送上月球，为什么我们不能……"。其次是一些棘手的医疗、技术或社会问题如"能治愈普通感冒吗？"或"能缓解世界饥饿吗？"当然，治愈普通感冒和缓解世界饥饿是比把人送上月球更困难的问题，但那已经够困难的了。登月计划的成功源于可能是有史以来组合在一起的最有创意的、胜任的、完美的技术组织。

20 世纪 60 年代的美国国家航空航天局非常像 20 年后抓住了伯克利小组眼球的高可靠性组织。拥有"经证实可靠"的各种规程，美国国家航空航天局在确保一切都按照规范完成上是无情的。然而该机构认识到未知的比已知的更多，赋以员工灵活性和自由去找到解决方案。美国国家航空航天局的文化与峡谷核电站工人或一艘航空母舰的船员一样接受风险。员工猜想各类错误，他们知道一些错误的代价会非常昂贵——它们有可能导致人员死亡，甚至杀死太空计划。对错误的这种认识使员工工作更努力去避免它们。此外，美国国家航空航天局的科学家和技术人员不断学习的程度，远远大于一艘航空母舰或现代核电站的可能情况。他们站在人类知识的前沿，建造的机器和做的事情在世界上是前所未有的。

尽管有一些失败，比如阿波罗 1 号中的火灾，导致 3 名航天员遇难，但计划是非常可靠的。每次另一组航天员上去，他们尝试了很多以前从未做过的事情，而几乎所有的试验是成功的。一大步、一大步向前走，该组织从 1961 年开始涉足大气层到 8 年后在月球上行走。

然而到 1986 年，美国国家航空航天局已经支离破碎。2 月，"挑战者号"失事。4 月，在范登堡空军基地发射空军一颗间谍卫星的大力神火箭爆炸。5 月，携带气象卫星的德尔塔火箭在卡纳维拉尔角发射后不得不炸毁。6 月，在"挑战者号"事故后成立的罗杰斯委员会建议，只有在机构就如何运行做出重大变化的条件下才可能重回正轨。中断后，航天飞机恢复了飞行而没有更多的重大事故，但最近美国国家航空航天局再次遭受了一系列的失败，该机构的能力受到了质疑。首先是哈勃太空望远镜的镜头缺陷，然后是绕金星的麦哲伦卫星通信问题，伽利略号太空船的主通信天线失效，以及由于未知的设备故障导致火星观察者的损失。过去那个可靠的美国国家航空航天局哪里去了？

　　事实上，甚至在阿波罗飞行的最后阶段，它已经开始衰落。在人类着陆月球的喜悦降温之后，一次又一次地返回几乎变得司空见惯。没有做新东西的不断挑战，兴趣开始消逝，质量控制问题开始出现在美国国家航空航天局的后期月球发射上。

　　阿波罗计划结束后，美国国家航空航天局没有什么任务了。它能做什么？其中一个选项是宣布胜利并关闭该机构，但是没有人认真考虑过这个选项。一个官僚机构总要找新的方式来证明它的存在，美国国家航空航天局也不例外。它提出了一个新的挑战：火星。从表面上看似乎是月球任务的理想后续，该项任务利用了阿波罗计划取得成功的巨大优势。但它不是，而真正的原因只会随着时间的推移变得清晰。

　　火星比月球距离地球更远，因此从地球表面发射火箭更难到达。因此，美国国家航空航天局决定首先在地球轨道建立空间站，然后从那里出发进行火星任务。但建立一个空间站，需要从地球表面运送组装材料和航天员的旅行次数太多，其难度是令人难以置信的，也非常昂贵。为此，美国国家航空航天局决定创建一个系统，其中大部分组件都可以重复使用，是一型航天飞机而不是一次性发射的火箭。因此航天飞机计划诞生了。

　　这个任务与登月计划有很大的不同。在整个 20 世纪 60 年代，美国国家航空航天局的主要研发组织不断地接受新的挑战。尽管研制航天飞机一开始需要大量的研究和开发工作，但开发者始终想将其打造成为一项常规技术，能年复一年地做同样的事情。每一次飞行，航天飞机的航天员可能会在执行不同的任务，但航天飞机被假设成和波音 747 飞机一样可靠、乏味，如果不能把它当成家庭旅行车的话。这就要求美国国家航空航天局具有维持可靠性不变，而不是改变的一种新文化。

同时，美国国家航空航天局的使命一直都在改变，其本身也面临着环境的变化。继 1961 年肯尼迪总统提出在 20 世纪末登上月球的挑战后，美国国家航空航天局处于近似理想的政治局势。得到所需的所有资金，而面临来自国会或白宫关于资金是如何发挥作用的审查很少。但是到了 20 世纪 70 年代，预算被缩减，在完成了每个人都支持的目标之后，美国国家航空航天局现在必须不断地证明其项目的合理性。在几年内，该机构已经从一个国家优先级成了只是争夺资金的官僚机构的一员。官员越来越关注机构的生存，美国国家航空航天局从一个愿意承担风险的组织，变成谨慎、不能容忍失败的组织。

组织结构和文化反映了这些变化。规则和程序数目激增，从外面强加给美国国家航空航天局不断增加的责任，逐渐使它的工程师曾经享受的自由和灵活性荡然无存。美国国家航空航天局变得不那么像一个大学校园，更像一个标准的政府机构。同时，20 世纪 60 年代强大的中央控制沦为半自主性的领域中心，有时互相嫉妒，经常彼此没有沟通好。加之，美国国家航空航天局日益依赖外部承包商，以致在项目所需的专业知识中，自己的员工所占的比例越来越少。

这导致 1986 年的美国国家航空航天局变成了一个非常不同的组织，其效率远低于 1966 年的美国国家航空航天局，甚至受到"挑战者号"的打击，以及由此产生的质量和安全性重启，美国国家航空航天局再未恢复其优势。一位早期为美国国家航空航天局工作的工程师说："看，我不知道是什么驱动这个该死的东西的，我们在这曾经得到了让我们如此之美好、如此之伟大，以及我们激励民众的能力。但我要告诉你，如果我们一旦失去了它，那么我不知道如何告诉你重新获得它。"

8.2 创建可靠性

那位美国国家航空航天局的老工程师可能一直说的是几乎任何高效的组织，尤其是那些处理复杂和危险技术的组织。托德・拉・波特、保罗・舒尔曼和伯克利研究项目的其他成员从他们采访的人那里听到有关高可靠性组织的同样事情。例如，峡谷核电站的管理层运行工厂有某些明确的原则，他们知道这些原则是奏效的。但是他们也没有真正知道它们为什么奏效，他们不知道它们是否会在不同的情况下继续有用。工厂运行另一个 10 年或 20 年后，同样的方法会有效吗？没有人能说清楚。

假设高可靠性组织确实执行得如同加州大学伯克利分校研究人员认为的那样好，而且其原因也和他们所描述的一样，就存在一个大问题：如何创建一个高可靠性的组织？或者，如果一个组织已经存在，如何把一个普通的机构转变成一个非凡的机构？拉・波特教授和他的团队还没有专门研究过这个问题，但是核能产业提供了一个初步的答案。15 年来，行业一直在尝试这样的转换。

当三哩岛核电站 2 号机组遭遇了 1979 年的部分熔毁时，美国核工业并不需要一个算命先生去预测未来。其盈利能力，如果真的有的话，也受到了威胁。如果没有别的办法，美国核监管委员会将创建全新版的、必须遵循的规则和程序并发布到每一座核电站。如果像三哩岛核电站事故的另一场事故发生，或者更糟的是，如果一场核事故真有人死亡，放射性散布于农村，公众抗议可能导致关闭国家里的每一座核电站。而且，三哩岛核电站事故迫使核工业面临一些本身令人不快的真相。核事故并不像行业专家向公众和他们自己所保证的那样不可能发生。少有一些公用事业公司没有按照排除事故所需的高标准来运营工厂。如果另一场灾难或者甚至一个小事故发生在几十个正在运营中的任何一个核电站，其他核电站将为此付出代价。正如政治学学家约瑟夫・里斯在其同名著作中写的那样，他们是"互为人质"。

由于受到刺激，美国核工业创建了自己的监督机构——"核能运营商研究所（INPO）"。它的任务是以卓越的运营标准监督美国的每一座核电站，该标准甚至比核监管委员会的要求更加严格。很多行业已经建立了标准制定机构，当然，核能运营商研究所在两个重要方面是不寻常的。首先，其基准不是极易满足的、"最小公分母"的规则，而这些规则是许多企业合作制订标准时的通常结果。相反，他们是该行业中最好、最严格实践的精华。第二，核能运营商研究所的积极作用不仅在于促进这些标准，还在于根据这些标准对每座核电站的性能进行分级，并指导公用事业公司如何做得更好。尽管其创始人没有想到这样，但核能运营商研究所的目标本质上确实是将美国每一座核电站变成一个高可靠性的组织。

三哩岛核电站事故之后，专家们汇编了导致事故发生的各种因素的一个列表：整个事情开始于有故障的阀门；操作人员错误；仪表布局太差，没有让操作者得到足够的信息来诊断事故；操作人员培训不足，缺乏沟通而没有让三哩岛核电站的操作人员知悉其他工厂相同阀门的类似问题。但更敏锐的观察家透过目前的故障探究一个更深层次的问题：核电站和拥有它的公用事业公司的组织文化。大多数的事故，其原因可以直接或间接追溯到公用事业公司继承了那时只运营化石燃料电厂时的心态和组织结构。

正如我们在前面看到的，在 20 世纪 60 年代、70 年代，甚至进入到 80 年代，公用事业行业的主流文化是燃煤电厂的文化。煤电的需求培育了业界的人们以一种特定的方式对待他们的工作。后来，核工业官员是这样总结这种态度的：

> 在化石燃料行业，通用的理念是运行它直到出现故障，然后关闭它，修复它，并再次运行它。你明白，资金投资是巨大的。如果有一分钟你不使用这些资金用于生产，你在花钱，那么因为资金连续被花掉，你得不到任何回

报……"我们尽可能让工厂每一分钟都在运行，直到出现
故障我们再修复它"。

　　虽然他没有具体指向责任单位，即拥有并经营三哩岛核电站的
公用事业公司，但他说的很可能就是他们。化石燃料的文化在整个
电力行业随处可见，而且它刻画了行业对安全性的态度，这种文化
和态度甚至延续在了核电站上。尽管业内人士常常喊着需要防止核
事故，但没有几个人真正意识到兑现承诺需要做多少工作。多数人
认为他们可以依靠工厂的工程安全特性来避免事故，加之许多人认
为安全规章制度已经制定的过于苛刻和严格；工厂已经足够安全，
不断添加更多的设备和规章制度只是带来一些额外的安全交易是在
浪费时间和金钱。对比之下，在高可靠性组织中，规章制度得到严
格遵守，员工不断寻求改善它们，20 世纪 70 年代核电站工作人员通
常认为除了规定要求的之外，没有理由再严格制度和完善流程了。
事实上，他们通常愿意跳过规章，特别是，如果他们正在研究的规
章似乎符合规定的精神。

　　核能运营商研究所在三哩岛核电站事故的 9 个月之后，也就是
1979 年开始恢复运行，其管理层很快意识到整个核工业必须改变。
但变成什么呢？几乎每个人从一开始都知道部分答案，就是公用
事业公司必须调整它们的想法和彼此之间的作用。他们必须把自
己从自行其事的单独公用事业公司的集合体转变成一个社区。如
果它们早点这么做，这个行业很可能会避免三哩岛核电站事故的
发生，因为正如我们前面看到的，一个类似但不严重的事故 18 个
月前曾发生在另一家工厂。如果公用事业公司共享信息，操作人
员可能会作出恰当的反应，而不是让事故变得更糟。所以，如今
在核能运营商研究所的庇护下，核社区的成员将交换建议、传递
警告、互相挑刺，甚至到了对没有遵守在谈判中作出承诺的成员
进行制裁的程度。

　　单独的工厂要解决的则是另一个不同的问题。它们的目标是什
么？行业领袖开始明白，他们必须在安全上集中精力并摆脱运行一

家工厂直到它出故障为止的化石燃料旧的习惯。但他们应该用什么来取代化石燃料的文化呢？

正如里斯在《互为人质》书中所描述的，核能运营商研究所开始注入的核电站的文化是核海军的文化。然而，这并不是有意而为之，至少一开始不是。当行业高管开始寻找核能运营商研究所的第一任首席执行官时，他们对海军的人没有特别的偏爱。事实上，从核海军退休的高级官员在商业核能方面表现不佳。但是最终核能运营商研究所遴选委员会选定了海军上将尤金·威尔金森，他是黎克柯最喜欢的官员之一。黎克柯选择了威尔金森作为世界上第一艘核潜艇"鹦鹉螺号"的首任船长，后来威尔金森调到长滩，任第一艘水面核军舰的船长。威尔金森加入核能运营商研究所时，他把黎克柯的另一个门徒扎克·佩特调来作为他的主要助手。当他们两人开始在核能运营商研究所建立员工团队时，他们发现很难吸引核产业的人们——当时那里不仅缺少人手，也没有人知道核能运营商研究所能维持多久，所以他们严重依赖于海军退役人员。因此，核能运营商研究所以强烈确定的文化开张：黎克柯的核海军文化。

事后看来，这是核工业的运气。核能运营商研究所不必从头开始创建一种新文化，可以使用核海军文化作为模型并以此开始。尽管在潜艇或一艘水面船只操作一座反应堆与在发电厂商业运营一座反应堆有许多明显的区别，但黎克柯创造的海军文化被证明非常容易适应于民用。事实上，1983年，作为评估三哩岛核电站事故的一部分，黎克柯自己也发表了一篇文章描述如何使海军的文化适应商业核工业，该文章很好地捕获了威尔金森在核能运营商研究所试图做什么，列出了黎克柯在早期核海军时开发的操作核反应堆的许多原则。而这些原则，尽管以不同的词汇陈述，但描述了托德·拉·波特和他的同事们几年后在识别高可靠性组织的研究中完全相同的东西。

首先，黎克柯写道，任何危险、发展中的技术，如核电等"必须建立在不断上升的优秀标准之上"。设定一个目标并满足它是不够的。一旦达到某一个能力水平,管理层必须设定更高的目标。逐步培育从经验中学习的能力。他写道,错误是不可避免的,但是可以预料到的。目标应该是承认错误,找出它们为什么发生,并确保不会再次发生。为了帮助管理层决策,组织应该有足够的核心技术去研究问题并在内部提出解决方案。为了提高安全性、性能,管理层必须作为整体的各个部分去处理系统的每一部分——设备维护、培训、质量控制、技术支持等。黎克柯写道,这些和其他几个原则可以作为一个新的工业基础行为准则,以应有的重视程度对待核能的危害。

隐藏在这些原则背后的是某些重要的态度和信念,黎克柯写道:"他们承认复杂技术。他们认识到,安全核操作需要艰苦的维护。他们宣布在任何时候,管理层必须是负责任的。"核能运营商研究所开始灌输给核工业的就是这些态度,但它并不容易被接受。新的文化要求将旧的思维方式大转弯180°。但三哩岛核电站事故发生和核能运营商研究所建立之后,需要这样一个逐渐得到核公用事业公司接受的转型。从一家工厂到另一家工厂,旧的态度被驱散,新的文化被接受,这很大程度上要归功于黎克柯和核海军,在许多情况下,结果是戏剧性的。

例如,看一下迈阿密南部的佛罗里达动力与照明公司的土耳其点工厂。土耳其点的两座核反应堆建于20世纪70年代,在现有的化石燃料工厂隔壁。"根据当时的标准,土耳其点早期的运行是好的",佛罗里达动力核分部总裁杰里·戈德堡说。但在三哩岛核电站事故发生之后,核监管委员会开始提高其标准,但土耳其点没跟上。戈德堡说,问题是一样的,所以许多其他公用事业公司中,工厂根据化石燃料的文化运行,目标一直是尽可能保持在线。如果出现小问题,正常反应是忽略它们或以尽可能少的工作量去解决问题。态度是,"哦,调节阀呀,戳它一下,它将继续起作用"。这种方法在一段时间内似乎起作用。早期,工厂有一个相对较高的可用性,但是这种高可用性是有代价的。随着时间的推移，工厂积累了许多不好的小事情，而这些导致越来越多的跳闸或自动安全关闭。在土耳其点一年会发生 17 次跳闸。核监管委员会现在认为如果一座核电站一年发生两次跳闸，工厂就会"陷入困境"。

　　为了解决这些事情，佛罗里达动力与照明公司管理层聘请了戈德堡，一名退休的核海军军官。在到任后的前 6 个月，他聘请了 6 个新人，但除此之外，他保留了工厂的大部分员工，并且集中精力于改变他们的态度。他明确表示，他们必须将工厂的化石燃料文化转换为核文化，增强纪律和责任。不愿意或不能够改变的少数员工会被解雇。通过观察行动，其余的员工逐渐学会了相信新系统，戈德堡说："我告诉他们该做什么，当他们看到它起作用时，他们就会觉得好。"自 1991 年秋天，当土耳其点经过长时间停机进行各种维修和修改后回到线上时，它的可靠性和安全记录一直是全国最好的之一。

　　总的来说，自 1979 年以来，美国核电站的平均性能，虽然几乎以任何尺度（可用性、自动安全关闭、工作人员暴露于辐射、热效率和其他的参数）衡量都一直在稳步上升，但改善缓慢。该行业变得更加善于管理核电浮士德式的交易。然而，性能仍然参差不齐，因为一些好的美国工厂与世界上最好的一样好，但也有其他一些在最糟糕的行列。

　　正如核能运营商研究所发现的，一种根深蒂固的文化是不容易改变的。人们习惯了以某种方式做事后并不想改变。他们是"正确的方式。"甚至当面对证据表明这不是最好的方法时，人们仍然坚持它是足够好的，改弦更张没有真正的增益。这种趋势曾使核工业的工作更加困难。幸运的是，土耳其点和其他工厂的经验表明，根本就没有必要去更新全部劳动力来重塑文化。更换最高管理层以及或许一些顽固的员工就足够了（甚至可能有在合作文化上转过弯的一些例子，最高管理层完好无损，但是极其罕见）。

　　当然，一家公司或一个行业必须有动力去改变并对改变到何处要有一个主意。三哩岛核电站和未来核电站事故的威胁给核工业提供了这样的动机，而核海军提供了模板。其他行业会找到自己的方式，但是，随着我们对关于高可靠性组织了解更多，以及是什么让它们起作用的，这个任务可能会变得更容易。

8.3　维持可靠性

社会应该继续做如核能的浮士德式交易吗？答案取决于我们控制它们的能力，反过来，与其说取决于工程师设计得好（虽然可接受的设计能力是最低标准），不如说取决于组织的管理能力。这是一个未知的领域。几个世纪的经验让我们很好的知道我们可以从工程师那里期望什么，不能指望什么，但是我们正在学习能从组织期望什么。

高可靠性组织给出了一个"原则上的证据"：它们证明，至少在某些情况下，可以创建一个非常擅长管理危险技术的组织。然而，他们确实遗留了一些重要问题没有回答。例如，是否有可能保证美国数十个核设施中的每一个都由一个高可靠性组织运营？即使大多数优秀，会不会有几条漏网之鱼呢？而世界各地的数以百计的反应堆怎么办呢？是否有可能保证美国数十个核设施中的每一个都由一个高可靠性组织运营？

在一两代人的时间里，世界可能会需要成千上万的高可靠性组织，它们不仅运行核电站、太空飞行、空中交通管制，而且运行化工厂、电网、计算机和电信网络、金融网络、遗传工程、核废料和许多其他复杂、危险的技术。我们管理技术的能力，而不是我们想象和构建它的能力，在许多情况下可能成为限制因素。出于这个原因，核能运营商研究所的实验是我们和技术一道能走多远的一个重要的测试。若情况属实，在一个行业灌输一种高可靠性的文化，以合作和自我管理推动所有成员成为高可靠性组织，然后大规模使用危险技术是可以接受的。世界核运营商协会已经打算在全球应用核能运营商研究所的原则。为应对切尔诺贝利事故，该组织成立于1989 年，有 139 个成员，运营着世界上 500 座核电站的 400 多座。当然，要知道它会取得多大的成功还为时尚早。

即使证明可以持续创建可靠的组织，问题是它们能否在 10 年又10 年的时间里原封不动地保留自己的文化。美国国家航空航天局的经验表明，任务和外部条件的变化这两者的组合能僵化一个组织，但面对不变的条件，可能更难保持组织的优势。海军在航母上可以做到，因为其人员不断轮换，加强了持续学习，但这种成功在建造运营 40 年到 60 年的核电站或化工厂是可以复制的吗？或者更艰巨的是，核废料存储库的员工必须保持警惕几百年吗？经过 10 年或 20年积极学习和改进后，会不会达到某一个点，在这个点上花很多工作量产生的一些额外增强似乎是不值得的呢？一旦失去持续改进的挑战，文化将回归到已经知道所有的答案的、缺乏思考的官僚机构的中规中矩吗？现在我们只能推测。

另一个威胁更直接，我们称之为成功的代价。如果一个组织成功地管理一项技术，以致使其不发生事故或威胁公共安全，外界的自然反应，不管是公司的高层管理、政府监管部门或者公众，开始认为这种绩效是理所当然的。随着事故的可能性似乎越来越不真实，证明永远保持警惕的代价是合理的就变得越来越困难。

高可靠性是昂贵的，除了要有最好的设备和大量的额外设备备份，组织还必须花费大量的时间和金钱去测试和维护设备、培训员工。而位于高可靠性组织核心的交流本身可能非常昂贵。舒尔曼说，在峡谷核电站，不断在谈论什么可能出错和决策程序的会议占用大量的时间。从外面看，特别是如果工厂顺利运行多年，这些会议似乎是徒劳的，得不偿失的。

然而，如果在组织和风险的研究中有任何教训的话，那么就是对安全的忽视是许多最可怕事故的根源。博帕尔的悲剧就是失去活力的安全设备、缺失的培训和人员配备不足导致的。"挑战者号"航天飞机爆炸前，美国国家航空航天局的问题可以追溯到预算不足而

快速生产的压力。第 4 章所述的 1974 年土耳其航空 DC－10 航班的
坠毁，造成机上 346 人全部丧生，就是对待安全疏忽时的一个结果
等。如果我们继续投资一个项目却不愿意投资于该项目的安全性，
只要我们坚持还在项目中使用危险的技术，那么我们的浮士德式交
易肯定会被证明根本不是交易。

第9章 技术修复、技术解决方案

对于工程师来说，过去的20年一直是很费解、沮丧的时期。他们的创造使世界成为越来越富裕、健康和舒适的地方，对他们来说，这本应该是一个胜利的、值得庆贺的时代。相反，它是一个令他们不满的时代。尽管人们越来越依赖科技，但并不喜欢它。他们不信任据说是他们的仆人的机器，有时对它们感到恐惧。他们担心他们留给孩子的是什么样的一种世界。工程师也开始怀疑是否有什么事情做错了，不仅仅是因为公众不喜欢他们。公众可以接受那些技术，但有些技术的长期成本高于预期：空气和水的污染、危险废物、对地球的臭氧层和全球变暖可能的威胁。过去20年突如其来的技术灾难足以让任何人犹豫：三哩岛、博帕尔、挑战者号、切尔诺贝利、埃克森·瓦尔迪兹号、文森号击落商业客机等。是时候重新思考我们对待技术的方式了吗？

一些工程师认为正适其时。在一个又一个的专业上，以全新的方式做事的一些先知出现了，令人惊讶的是，尽管这些远见卓识者集中关注自己的特定领域工程中的问题和关切点，一个潜在的主题一次又一次出现在他们的消息中：工程师应更多关注他们设备将要运行的更大世界，他们应该在他们的设计中有意识地考虑那个世界。

尽管这听起来可能像一个简单的、甚至是不证自明的一些建议，但这实际上对工程来说是革命性的。传统上，工程师们仅旨在完善机器。这可以在机器的传统衡量标准中看到：它们有多快、它们可以生产多少、它们产出的质量、它们使用有多么的简单、它们花多少钱，它们能用多久？根据定义，改善给定的机器意味着改善一个或多个这些参数，这被认为对消费者是最重要的。但是，正如一些工程师已经开始意识到的，可能存在同等或更高重要性的其他衡量标准。

例如，思考一下博帕尔化工厂。这场事故是许许多多原因交积导致的。正如我们在第 8 章看到的，工厂的历史以及在该国政府影响下，产生了这样一个情形，大量致命的异氰酸甲酯就在成千上万人生活的地方的隔壁生产。工厂盈利能力差，导致人员裁减，缺乏适当的培训，并且这些问题被高管层忽视。由于没人理解工厂的许多安全设备在发生事故时根本就不起作用等原因，工厂员工粗心大意加上设备管理不善就引发了事故。工程师如何能应对这种情况呢？

对于联合碳化物公司的工程师来说，反应是可以预见的。该公司的子公司运营博帕尔工厂，公司官员坚持认为，工厂设计得很好。他们责怪他们的子公司，印度联合碳化物公司，称事故是因为操作失误和心怀不满的员工消极应对造成的。他们说，有人故意松开压力计并把冲洗水倾注装着异氰酸甲酯的贮箱中，产生有毒的气体云从工厂逸出并摧毁了这座城市。除了这个假设的、从未得到过证实是否真实存在的心怀不满的员工角色，这个说法是完全站得住脚的。尽管有些狭隘，但也是合理的。如果运行工厂的人们和组织正确地做了他们的工作，事故就不会发生了，所以工厂设计得很好。这种态度充分体现了以机器为中心的工程理念：把一家工厂设计得有效率，然后期望人们和组织适应它。

然而，还有另一种方式，该方式接受人们会犯错误以及组织变得草率，因此在工程过程中考虑这些因素。生产异氰酸甲酯的标准工业方法要求大量生产，然后存储，直到它变成了其他一些化学物质，例如在博帕尔生产农药等。因此事故时，博帕尔工厂持有 62 吨的异氰酸甲酯，事故中涉及的一个储罐里有 42 吨。设计工厂时，工程师通过设计各种的安全系统来补偿这个危险。如果事情没有严重的错误，这些安全系统会阻止这场灾难。但不是以机器为中心的工程学院相关的一位工程师可能会从一个完全不同的方向来处理这个问题。他可能会问，有什么方法可以避免在工厂存储这么多异氰酸甲酯吗？如果是这样的话，就不需要依靠安全系统、操作人员和机构。

实际上，这正是杜邦化学工程师在博帕尔事故一年之内所做的。杜邦在 1985 年开发了一种生产异氰酸甲酯的不同流程，该流程能回避在手上保留如此之多的异氰酸甲酯。通过制造一种可以快速而容易转换为异氰酸甲酯中间产品，杜邦方法只按需求生产异氰酸甲酯。生产之后，立即加工成最终产品，所以在任何时候，系统中通常只有不到几磅的异氰酸甲酯。该系统重复博帕尔的悲剧不只是不太可能，而是绝对不可能的。

这种新思维拥有工程设计的重大改进潜力。传统的工程方法，根植于机器的命令式，难以解决现代复杂技术的许多问题，因为这些问题往往有很大的非技术因素。传统的工程师不相信是博帕尔工厂的问题，他们认为工厂设计得很好。需要的是政治家、监管机构和工厂经理行动起来。相比之下，新一代的工程师把各种技术问题看作是工程解决方案的机会。无论是由从技术因素还是非技术因素引起的问题，都可能需要进行技术修复。

当然，这种方法也有局限。正如历史学家托马斯·休斯指出的，技术问题通常需要技术的解决方案，技术改进只是其中的一部分。有时看似可能的工程解决方案是不切实际的，原因与技术优点无关。但话又说回来，有时候看似是关于政治和个性的一个问题，只能通过技术突破解决。诀窍在于从技术的内涵中捕捉技术的实质并从那开展工作。

9.1　人类工程

三哩岛核电站事故通常被归咎于核电站的操作人员。如果他们正确应对了初始问题，这场事故本来可以停止，没有辐射释放，没有工厂损坏。相反，他们的行动使事故糟糕得多。

考虑到这一点，似乎有一个显而易见的解决方案：更好的培训。给操作人员更厚更详细的手册、更严格的训练，并对他们进行测试，以确保他们知道所有适当的应对措施，使他们最终能几乎完美应对。
这是一个传统的工程师的回应，该回应以机器为一个给定的事物，
期望操作人员适应它。当你看到三哩岛核电站控制时才能感到这似
乎很有道理。

三哩岛核电站操作人员工作在一个大房间里，大部分设备排列
在墙上。有一个拥有一些主要控件和仪表的中心站，但工厂很多其
他至关重要的评估和操作分散各处。在他们的著作《警告：三哩岛
事故》中，迈克格雷和艾拉·罗森提供了对三哩岛核电站控制室事
故时的印象。他们写道，控制面板是一个令人困惑的装配有"1100
个独立的表盘、仪表、开关指示灯"的装置，他们中的很多探控设
备隐藏着，不能直接看见，操作人员不得不站起来四处走动才能看
到它们。加之，控制室有超过 600 只报警灯"。大约有四五十个这些
警报装置总是点亮的——显示着警报和其监控设备的长期故障：事
故袭来的时候，很多东西都来了，产生的过量信息令人困惑，以致
几乎不可能找出发生了什么。

实际上，三哩岛核电站操作人员的工作条件不同于任何其他核
电站。没有人让工程师布局控制室时充分考虑人们在运行一座核电
站时的特殊需要。相反，工程师布局了化石燃料工厂一样的控件。
一个习惯了在燃煤电厂工作的操作人员，走进三哩岛核电站的控制
室感觉就像在家里一样，只有几个陌生的控件——那些处理反应堆
需要熟悉的。也许对于在燃煤电厂有经验的操作人员来说感觉很舒
适，但它没有意义。核电站与化石燃料电厂在逻辑上差异很大，因
此，操作人员必须完全以另一种方式阅读仪器并对仪器作出反应。
在紧急情况下尤其如此，快速对问题作出反应。

因为对控件考虑不周，在核电站事故时，操作人员没有简单的
方法了解三哩岛核电站的"大局"到底发生了什么。他们不得不通
过混乱的细节并将其综合起来。当事故发生时，其中一条线索是一
个指示灯显示给水阀门被关闭了。这个指示灯隐藏在挂在控制面板
上的维护标签后面。操作人员必须在背后看标签——检查控制阀的

状态，首先他必须记住指示灯在何处，这可能是至关重要的。另一条线索是一组描述反应堆水箱状态的指示灯亮了。它们可能会向操作人员示警，有故障的电磁溢流阀卡住了，打不开是诱发事故的原因。但这些指示灯都隐藏在一个控制面板的背后。还有一个更重要的指示灯从来就没有安装过。事故开始后不久，当安全阀执行其任务后，泄掉反应堆冷却剂系统的超压后，工厂的自动控件发出信号，关闭阀门。一个指示灯显示命令已经发送出去了，但是没有传感器来检测阀门是否关闭，所以操作人员看到已经发送的命令，就假设阀门已经关闭。但情况并非如此，操作人员明白过来已是两个小时之后的事情了。

　　三哩岛核电站事故后的分析没有让操作人员完全摆脱困境。他们在操作中粗心大意，他们不知道基本的反应堆机理，对反应堆内部到底发生了什么，没有必要的了解，以致作出了错误的判断。但每个人都认为由于控件的设计和布局，使他们的工作更加困难。在电力研究所赞助的三哩岛核电站事故的研讨会上，底特律爱迪生公司的劳伦斯·卡努斯斥责该行业设置控制间的方法。"工厂确实是人机系统，没有勇气欣赏这样一个事实"，他说，"因为大多数设计师都有重视硬件倾向，对这种系统人性化的一面关注不足"。

　　卡努斯还谈到任意数量的不同技术。传统上，工程师在设计仪表和控制系统时对人的因素重视程度不够，他们的重点在机器的重要物理功能上，并假设人类的操作人员是可以适应的。

　　唐纳德·诺曼，苹果计算机公司的研究员，在关于自动化上也持有类似的观点。他说，从历史上看，工程师还没有决定把哪些功能自动化，而是基于一种人机交互自动化的考虑，并假设自动化越多就越好。现代飞机提供了一个很好的例子。它们被赋以越来越多的自动化控制，诺曼写道："但是，驾驶舱的设计师做过仔细分析来决定哪些任务最好由人完成，哪些需要一些机器来辅助吗？当然没有。相反，能自动化的部分都自动化了，而剩下的留给人类。"

　　当一切都工作正常时，自动化是好，诺曼说，但面对意料之外的问题，它可能会失效，有时还会让事情变得更糟。"当一个自动化系统突然停止工作时，常常没有预警，机组人员被推到风口浪尖上，需要立即找出什么地方出了错，应该做些什么。不总是会有足够的时间"。

其实，这可能一直隐藏在深受公众关注的 ATR - 42 和 ATR - 72 飞机的一些麻烦的背后，这种飞机是由法国-意大利财团 ATR 制造的涡轮推进飞机。1994 年 10 月 31 日，美国鹰 ATR - 72 在芝加哥奥黑尔机场上空等待降落，突然栽到地面，机上 68 名乘客全部遇难。10 年间，这是该型飞机 12 次事故中最糟糕的，包括规模较小的姐妹飞机 ATR - 42，其事故发生在寒冷的天气。虽然从来没有人确定飞机为什么坠毁，事故发生后，在爱德华兹空军基地的试验指出是各种致命因素的组合，其中，飞机的自动驾驶仪起了关键的作用。

当 ATR - 72 在奥黑尔空中盘旋时，飞行员已经降低了飞机的襟翼 15°，显然是为了平稳的飞行。虽然飞行员并没有意识到，他们正飞过一个冰冷的细雨区，压低襟翼在翅膀上形成了脊冰。在爱德华兹空军基地的测试表明，这种脊冰可以在副翼（翅膀末端的控制表面）的顶部创建一个真空，会将副翼往上拉，自动迫使其他翅膀上的副翼往下。通常，这种副翼运动将使飞机滚动，但由于飞机盘旋时处于自动驾驶状态，自动控制就会与滚动抗争，保持飞机水平飞行，而驾驶员没有意识到滚动力量和自动驾驶仪之间的斗争。然而，一旦滚动的力量变得过于强大，自动驾驶仪会突然关闭，飞机将进入自动驾驶仪一直抵制的滚动状态。飞行员将几乎没有时间作出反应。

虽然这大多都是猜测，这架飞机的飞行记录仪揭示了自动驾驶仪确实关闭，飞机立即进入一个 70° 的滚动，几乎沿一侧飞行。飞行员与滚动作斗争，但没有成功。飞机完全颠倒，在出现首个错误迹象 25 秒后撞到了地面。

在那架"美国鹰"航班上的自动驾驶仪，通过屏蔽一个问题会不会造成飞机坠毁，没有人知道，但为时已晚。但美国联邦航空局得出结论，有一些时候，不值得冒自动化这个风险。针对 ATR－42 和 ATR－72 飞机，制定了一个新规则，坚持在冻雨或小雨天气下关闭自动驾驶仪。

以机器为中心的自动化在飞机上出现了问题，同样在制造上也造成了困难，诺曼写道，早些时候，人们直接控制（生产）过程，他们接触到机器，他们自己可以看到发生了什么，并作出相应的反应。他们往往培育出对机器的感觉，使他们几乎是本能地检测和诊断问题。但采用自动化后，操作人员与机器分离，有时与控制室分离，他们失去了接触。

　　之前，他们能直接关注各种事情，经常在问题出现之前就能抓住，现在他们通过第二或第三层次的各种表征连接到真实世界：图表、趋势线、闪烁的灯光。问题是，人们接受到的各种表征是机器自己最常使用的：数字。虽然机器可以在内部使用数字，但操作人员应该得到最适合于他们执行任务的格式信息。

作为补救，诺曼建议，系统应用来"提供信息"而不是自动化。正如术语所暗示的，一个"提供信息"的系统，是用来提供信息的，最好能提供大量和不同的细节。操作人员使用系统来监控在他们控制下的机器，并回答他们将要发生什么事的任何问题。信息以有意义的形式提供给操作人员，并容易被操作人员消化。

如采用自动化系统，重点是使操作人员更有效率，而不是使机器更有效率。在自动化系统中，工人们被看作观察者的角色，盯着众多的自动显示器，等待提示他们采取行动的报警声。在一个提供信息的系统中，人们总是活跃的分析各种模式、能够不断找到目前相关工作的任何状态。这种参与不仅使操作人员对工作更感兴趣，也会做出更聪明的决策。在一个提供信息的系统中，设备发生故障时，操作人员更了解问题的根源和可能的补救措施。

创建这样提供信息的系统要求完全转变工程重点，从机器转变到操作人员，以及研究提供信息给机器控制人员的最有效方法。这是一个昂贵的过程，其对于燃煤电厂等安全、成熟技术的效果很难证明。但核电站是一个不同的问题。汲取三哩岛核电站的教训后，核电行业正在探索根据操作人员的要求来设计控制室的方法。

例如，康涅狄格州温莎的 ABB 燃烧工程公司开发了系统 80$^+$，为国外销售而设计的新一代轻水反应堆——如果美国核市场回暖，也在美国销售。与公司现有的系统 80 的设计相比，其反应堆和冷却系统得到简化，并添加了大量的安全特性，但旧型和新型之间的主要区别在于控制室。被取消的是令人眼花缭乱的各种指示灯和仪表，取而代之的是以一个简单易读的形式给操作人员提供关于工厂最重要信息的计算机屏幕，同时允许操作者调用他想要的任何额外细节。

该公司表示，操作人员在过去有多达 19 只不同的仪表提供反应堆冷却系统的压力信息，对于一个给定的情况，找出哪些是最适合的超出了操作人员能力范围。新系统仍然需要尽可能多的压力读数，但不是把所有的事情都丢给操作人员。相反，计算机整合所有的信息并显示一个数字。如果操作人员需要一个特定的压力数据，他可以把一只手指按在触摸屏的位置上，就能得到数值。取消了数以百计的对大小问题用相同警报信号的处理方式，警报已经根据它们的优先级排序，会立即威胁到工厂安全的警报信号仍然保留；重要性小一些的显示在计算机屏幕上，一切事情都排序，使操作人员知道哪些需要首先处理。

新设计的目标是以一种符合人类大脑自然思考的方式提供信息，首先给出一个大局，但允许操作人员瞄准系统的任何细节。人类无法根据数以百计的、所有大小和形状相同的、散落在一个大房间而没有特定顺序的仪表及指示灯的信息合成一幅大图片。通过采用设计时考虑到人类效率的系统取代以机器为中心的旧系统，该公司希望核电站操作人员尽可能不犯错误，因为他们之前被他们的仪器误导了。

在过去的 10 年里，这样的人类因素工程不仅仅在核能工程方面，还在许多工程专业成为了越来越受欢迎的主题。受到三哩岛核电站事故后分析显示，操作人员的表现在多大程度上与质量控制紧密相关，工程师们已经开始汲取适用于化工厂、飞机、船舶和其他技术的教训，操作人员必须响应快速、准确。逐渐得到公认的是，精心设计的控件很重要，以及它们应该以最大程度提高技术操作人员的绩效而设置。

　　这是工程理念的一个重大转变，但加州大学伯克利分校的政治学家托德·拉·波特认为这步子迈得还不够大。他指出，在大型的技术系统中，如核电站，组织行为与操作人员的个人行动一样重要。正如我们在第8章看到的，运行良好的核电站，或至少其中一部分有一个不寻常的组织结构。为了避免在正常操作期间的错误，工厂有严格的层次结构，以及大量的法规规定员工应该如何做他们的工作。但覆盖在这个层次结构之上的是一个辅助的、不那么正式的结构，鼓励不断测试和重新评价已接受的实践，并在跨越层级之间有持续沟通。正是这种辅助结构，在新情况出现，还不清楚应该采取什么行动时的压力下走到前台。这种精神分裂的组织结构似乎是对核电站的双重要求——既灵活又严格的控制的一种反应。

　　拉·波特希望看到核工程师在设计核电站时，就像他们已经学会了考虑人类的表现那样，思考这样的组织因素，但他并没有取得多少进展。"工程和技术人员在他们所做的事情中不考虑社会因素"，他说，所以他们没有意识到他们的设计要求来自组织，这与20年前工程师没有意识到他们的设计要求来自核电站操作人员的情形十分相像。拉·波特认为，重新设计核电站，这样他们不把如此巨大的压力加在运行它们的组织上是可能的，但是他不确定如何才能起作用——从工程师那里没有得到多大的帮助。当他问核电站的设计师，"你能设计一家不需要中央管理的工厂吗？"他们不理解这个要领。

　　但是总有一天，他们几乎肯定会理解这个想法。随着技术变得越来越复杂，工程师将会发现，在设计中考虑人类绩效，最终组织因素的必要性越来越大。设计一种在某些抽象的世界中工作的机器是不够的，在这些抽象的世界中，人们并不像教科书工程问题那样真实。最好的设计师应该既是工程师，也是社会科学家。我们正从劳动环境工程师那里看到这一点，这些工程师设计控制室时考虑人及其局限性，但这只是一个开端。

9.2　化学处理方法

化工行业的工程师面临着一组不同的压力。传统上，一家化工厂的设计只需要考虑一件事：尽可能廉价和有效地生产其产品。大部分能源化学工程师已经发现和开发了工作更快、步骤更少、前处理费用更廉价、使用能量更少和杂质更少的化学合成新生产线。

在这种对有用化学物质廉价生产的单一想法的追求中，化工行业倾向于把处理安全和环境问题放在第二位，当作插件处理。化工厂的主要布局根据效率和操作的便利性决定，然后工程师才会处理这些其他事项。他们会添加安全系统以帮助防止在合成的各个步骤中出现的有毒化学物质意外释放。他们会在工厂的大烟囱中添加洗涤塔以清理被排放到大气中的气体，他们会建立污水处理系统清理排入附近河流、湖泊或海洋的废水。他们将计划运送其他废物到垃圾场并填埋，那里将成为别人的问题。

结果是，没有真正考虑到这一点，化工行业已走到了生成大量的非常受欢迎的东西这一步。化工厂生产和处理的许多化学物质是有毒或致癌的：氢氰化物、苯、碳酰氯和多氯联苯（PCBs），这些只是其中一部分，这些往往是中间产品，像博帕尔工厂的异氰酸甲酯，用于制造其他危险性更小的化学品，而且，不打算使其离开工厂的范围。不过，它们把工厂里的工人置于风险之中，而且，它们存在时刻溢出工厂并伤害工厂以外人员的威胁。此外，化工厂产生大量的废弃物，必须转移到垃圾场或焚化炉里，而其中大部分是同样令人不快的：用于聚合反应的有机溶剂、失去效力后被丢弃的重金属催化剂，等等。

与此同时，至少在现代世界里，一些最终产物本身的大量生产已被证明是不可取的。杀虫剂 DDT 就是一个例子，氯氟化碳、氯氟烃是另一个例子。氯氟烃被广泛用作制冷剂和作为"发泡剂"——用作各种泡沫产品产生气泡的气体，直到 20 世纪 80 年代，科学家们才意识到氟里昂破坏臭氧层。

为了应对这种威胁，化工行业已经开始反思其对产品和过程的传统偏见。特别是，化学家和化学工程师在新产品或流程的设计中，明确地考虑环境和健康问题。这个"绿色化学"的目标首先是避免问题而不是事后清理它们。

最引人注目的例子是采用不威胁到臭氧层的物质完全替代氯氟烃。直到 20 世纪 70 年代，氯氟烃似乎是一个完美的化学成功的故事。相关的系列化学物质，无毒、不易燃、相对容易和廉价生产，它们能很好地参与到一些重要的工作中。CFC－12，以氟里昂品牌著名，几乎完全是一种优秀的制冷剂，并无例外地被汽车空调和冰箱选择。CFC－11 被广泛用作泡沫发泡剂，刚性泡沫用于快餐容器，软泡沫用作家具垫子和枕头；它尤其适合于作为冰箱和冰柜的绝缘泡沫，因为它导热差，并且与其他气体相比，不容易从泡沫中泄露出来。CFC－113 是计算机电路板一种近乎理想的清洁剂，因为其表面张力和粘度小，使它可以渗入到小的空间，其他液体，比如水，是到达不了的。到 20 世纪 80 年代中期，全球氯氟烃市场达到 20 亿美元。

然而，它将不会持续下去。1974 年，科学家首次提出氯氟烃可能进入高层大气而破坏臭氧层。具有讽刺意味的是，作为商业产品，氯氟烃的优势之一——它们的稳定性受到指责。它们很稳定，当释放到低层大气时不分解，像许多其他化学物质，直到它们到达平流层保持不变。来自太阳的紫外线辐射，打破了氯氟化碳分子，释放出破坏臭氧层的氯原子。早期对臭氧层的担忧导致了美国和其他一些国家在 20 世纪 70 年代末禁止将氯氟烃用于气溶胶喷雾。到 1985 年，发现"臭氧空洞"——南极上空正常数量的臭氧大幅度减少，使大多数科学家确信氯氟烃是主要的威胁。24 个工业化国家于 1987

年签署了《蒙特利尔议定书》，同意到 1998 年将氯氟化碳使用量降低一半。6 个月后，美国国家航空航天局发布的一份报告表明问题比想象的更严重，杜邦宣布将停止生产氟氯化碳，几年内逐步淘汰。世界上最大的氯氟化碳制造商采用这种重大的举措之后，其他公司也纷纷效仿。这将是历史上最轰动的技术修复：拯救臭氧层，整个系列的化学物质会被弃用，取而代之的是毫无威胁的替代品。

作出决策很容易，但执行起来会比较困难。化工企业需要找到能与氯氟烃起相同作用的产品，以及该产品所做的工作要与或几乎与它们取代的化学物质一样好。例如，为了代替氟里昂，杜邦在具有类似属性的已知化学物质列表中找寻，并最终选定了一种名为 HFC - 134a 的氢氟化碳。它也是无毒、不燃烧的。其沸点比氟里昂低数度，其分子量在氟里昂的 20% 之内，几乎可以被视为高效制冷剂。但 HFC - 134a 必须在更高的压力下运行，所以使用氟里昂的冰箱和空调不能使用它。为了在使用替代物下能正常运行，设备制造商和汽车制造商不得不重新设计他们的设备。此外，由于氟里昂制冷系统使用的润滑剂对 HFC - 134a 不起作用，因此必须开发新的润滑剂。HFC - 134a 可能是代替氟里昂的最好选择，但这是有代价的。

杜邦和其他化工企业确定 CFC 替代品之后，他们面对的问题是如何制造它们。制造氟里昂是一个相对简单的事情，只是将四氯化碳和氢氟酸在高温和高压下混合。经过几十年的经验和改进的磨练，氟里昂的商业生产成为一个高效的过程。但在 20 世纪 80 年代末，没有人知道制造 HFC - 134a 的最好方法。杜邦认为至少有 24 种选项，每种选项都由两到四个单独的步骤获得最终的产品。选择一个优越的选项需要广泛的实验室工作，然后建立一个试验工厂去发现在实验室里没有出现的所有事情，如各种催化剂会持续多长时间，系统将如何处理不可避免地出现的各种杂质，以及重复使用中间化合物的过程会有什么影响。

而且前氯氟烃几乎不见了。现在工业化国家的化工企业大多分阶段消除了氯氟烃的使用，虽然在一些发展中国家持续生产，但毫无疑问，它将在下一个 10 年消失。这种变化是特别显著的，因为为了保护环境，整个类别的化学物质都将被剔除。但其他一些不那么显著的变化也将同样重要。

在大多数情况下，化学工业的问题不是来自成品本身。相反，对环境或公共卫生产生威胁的更有可能出现在制造过程的一个或多个步骤上。一家化工厂无非是一个工厂，把原材料变成成品，尽管"原料"和"产品"都是相对而言的。有时候一家工厂的产品已经成为成品并准备使用，例如，汽油或一种塑料如聚乙烯，熔化和塑造成形。然而，有时整个工厂致力于生产中间成品，这些中间成品被其他工厂作为"原材料"消费。在任何情况下，化工厂都以一系列的化学反应来改变其原料，至少在原理上，这些化学反应与高中生上化学课时在试管中进行的是同样的事情，区别主要在于规模和进行反应的条件。

以低成本生产大量的化学物质，要求工厂的规模足够大以形成规模经济，所以一些工厂的规模相当于一个中等城市。努力降低成本也会引导化学工厂设计师寻找最有效的反应——通常那些会在最短的时间、以最少的输入产生最多最终产品的。为了加快反应，工程师会在反应容器中施加热量和压力，或者会添加催化剂帮助反应，但这些不是化学上的改变。

在许多化学合成步骤中不可避免会出现副产品，它们可能是与水和二氧化碳一样简单而无害的，也可能是复杂的、难以处理的酸或其他化学物质。有时副产品可以在其他地方使用或转换成一个可用的产品，但通常它必须被消除，诸如已经失去了效力的催化剂、反应溶剂、反应容器内积累的杂质等各种废物必须被抛弃。一代又一代的化学家不担心这些事情，他们认为消除废料或确保工厂安全是其他人的工作，根据行业的定义，他们的工作一直只是为了找到最有效的方法来生产化学物质。

由于化学公司要承受越来越严格的环保法规，加之"绿色"的理念在化工行业中站稳脚跟，那种陈旧的态度正在慢慢改变。现在化学工程师开始看到他们的设计目标不仅是产量最大化，而且要找到一个最大限度地减少污染和安全隐患的过程和一个可接受的收益率，那将会是一个截然不同的化学工业的理念。

化学工程师在这个新的斗争中采取了许多积极的方法。一个是杜邦在异氰酸甲酯上采取的方法——找到一种方法按需生产，减少有害物质的量，以便尽快在流程的下一阶段的生产中消耗掉。没有存储，没有运输，没有大规模释放的风险。但这种策略在相对较少的情况下是可行的，而大多数情况需要一种不同的策略。

就体量而言，有机溶剂成为化工行业需要面对的最大的环境问题之一。许多化学反应发生在这些溶剂的大染缸里，化学物质如苯、四氯化碳和氯氟烃，溶剂溶解反应物并提供一个它们可以化合的环境；之后，反应产物与溶剂分离，反复使用。不幸的是，这些溶剂许多有毒、致癌，或以其他方式威胁环境，如何处理它们已经成为一个主要的头痛问题。因此，一些化学家开始寻找其他能够在其中进行反应的物质。一种可能的选择是超临界形式的二氧化碳——一种奇怪的介于气体和液体之间状态的物质。另一种可能的选择是水。一个化学家已经在水中而不是通常的有机溶剂中制成聚合物。聚合过程中，将单分子单元聚合成为长链结构，是制造各种塑料的关键一步，因此化学工业在水中聚合成功的主要诀窍是找到合适的催化剂。标准的催化剂在空气或水中不起作用，但新一代的催化剂可以使化学家减少使用有机溶剂。

催化剂本身也需寻找替代品。今天的许多催化剂是有毒的金属化合物，其成分含有汞、铅和镉，以及强酸等其他催化剂。替换这类催化剂的一种方法涉及一种吸收可见光后释放电子，从而引发其他分子反应的染料。另一种方法是使用沸石或"分子笼"。沸石已为人所知并使用几十年了，但直到最近研究人员才发现如何使它们规范，发现沸石催化几乎任何反应比有机溶剂产生更少废物的可能性。

还有另一个方法是让微生物发挥作用。采用基因修改细菌如大肠杆菌来生产商业上最重要的化学物质是可能的。这一旦实现，细菌在大型缸中培殖，以适当的化学物质喂养，它们会自然转换出所需的产品，然后从细菌中收获。普度大学的一位研究人员约翰·弗罗斯特的报告称，可以在细菌中生产许多重要的化学物质，包括氢醌、苯醌和用于制造尼龙的己二酸。这三种物质通常是用苯制造的，而苯是一种致癌物质，是一种最令人担忧的化学工业污染。其他研究人员已经开始寻找各种植物，因为植物看起来更像生物反应器。修改如玉米或土豆这样的植物而不是细菌，其优点在于，几个世纪以来农民一直在为作物产量最大化而工作；商业化培殖细菌仍然是一个新的、几乎未开发的技能。

无论采取其中的哪种方式，都很有可能导致收益率下降、成本上升。虽然一些研究者声称，某些环保过程实际上会比被它们替换的方法更廉价，但这不会经常发生。旧的方法选择的是效益而很少或根本不顾及环境成本，不太可能找到产量更高、环境友好的替代品。但收益并不是一切。很有可能，有些人可能会说如果将所有的成本考虑进去，包括清理成本，以及对社会的健康和美学的污染成本，不仅对我们这一代，而且对子孙后代来说，新方法可能确实会更便宜。

到目前为止，虽然已经有针对新的化学方法的大量论述，但化工行业的实际采用一直很缓慢。例如，说服化学家改变他们的优先级并在研究中考虑环境和安全因素是困难的。多年来，环境化学在化学研究人员中有个恶名——"软科学"，其从业者被视为是主要在跟踪污染、净化有害化学物质和对回收材料感兴趣的人们——没人变得更加尊重文化，"真正的化学家"钻研反应动力学和催化的本质。而希望寻找环保的制造流程的少数化学家已经很难得到评审小组批准的资助。

但这种情况正在发生变化。环境化学不是污染清理，而是设计化学反应减少废物，与设计反应得到最大化产出是一样"硬"的认识，正得到广泛的共识，对其资助也日益提高。1992 年，美国国家科学基金会和美国环境保护署启动一项计划，为环保化学研究提供资金，化学公司本身正在进行类似的研究，这是由于这种认识已经深入人心——从长远来看，以最低的废物和风险制造产品的成本，比旧方法生产和后期清理的成本低。最后，尽管很难衡量，化学工业似乎改变了其对污染控制的态度——从拖延抵抗转变为积极的承诺。美国主要的行业组织化学制造商协会，通过一个名为"责任关怀"的计划宣传了这种新方法。虽然该计划至少在一定程度上是一个公关噱头，它似乎反映了工厂设计理念的变化，将环境设计目标考虑在内。

即使化学家和化学公司经理在态度上有所变化，化工行业也得要几十年才能完全改善其本身。化学家们不仅要找到新的方法合成数以百计的化学物质，而且这些方法还必须从实验室原始活动扩大到工业流程。许多（如果不是大多数的话）新方法比其正要取代的方法效率低，所以化学工程师必须格外勤奋，以使产量最大化，而化工企业则必须权衡环境效益与经济的劣势。此外，该行业将数千亿美元投资于工厂和设备，而能改造的只有一小部分。大部分的变化将是随着新理念设计和建造的新工厂而来。尽管如此，今天所有的证据都表明这将会发生。当它实现时，将是历史上最广泛的技术修复：重塑整个行业，以反映周围世界不断变化的需求和愿望。

9.3　本质安全性

当杜邦的化学家寻找另一种方式合成异氰酸甲酯（博帕尔的恶棍）时，他们一直运用一个古老但经常被忽略的工程原则：建立本质安全性，不要强加于外部条件。博帕尔工厂依靠工人和附加安全系统来防止事故，或如果发生事故，防止威胁工厂以外的任何人。相比之下，利用杜邦合成方法的工厂将是"本质上安全的"：即使发生最糟糕的事故，工厂中异氰酸甲酯的量将不足以危及公众。

这种本质安全性是终极的技术解决方案。它不需要复杂和昂贵的安全设备及流程，同时提供一定程度的、设计安全特性不能提供的保护。尽管其确切定义取决于你问谁，但内在安全性的本质是为了避免风险而不是设计系统来防范风险。如果建筑师希望减少生活在一所房子里的风险，发现许多伤害是从楼梯上摔下来造成的，他有各种选项：他可以安装栏杆、在台阶上的地毯下铺设额外的填充物；他可以设计不那么危险的楼梯，在降落点的中途添加台阶，或降低上升的角度；或者他可以干脆建一所平房。

当然，许多技术不可能做到本质上是安全的。大坝、商用喷气客机、天然气管线、承运油或化学物质的远洋油轮，这些似乎都涉及不可避免的风险。只要人为地在一个地方收集大量的水或海洋中一船一船的化学物质，事故会对环境和人类健康都构成危害。即使能使技术在本质上是安全的，但通常是昂贵的。本质安全设计必须从一开始就考虑——一旦一栋两层的房子已经建成，再决定废除楼梯就太晚了，所以将现有技术转化为一个本质安全的技术，通常意味着从头开始，重复整个开发过程。不足为奇的是，很少有大规模的技术经工程返工后具有本质安全性的例子。

不过，本质安全性的逻辑在今天复杂、危险的技术中是有吸引力的。如果在第 6 章所述的查尔斯·佩罗的论点是正确的，那么复杂系统，如核电站、化工厂和基因工程技术的事故是不可避免的。即使可以构建和安全运行这样的系统，但它们的复杂性——无限多的东西可能会出错，很难说服公众认为它们是安全的。无论哪种方式，完全消除风险都是一个诱人的目标。

本质安全性的诱惑没有任何地方比在核能领域更强烈的了，而这个吸引力在美国核工业界引起了一场激烈的争论，试图让核能再次在这个国家成为可以接受的产业。业界主流——核公用事业公司、反应堆制造商和其他主要供应商决定，虽然本质安全性是一个值得称赞的目标，但现在并不可行。这过于昂贵，可能引起对全国 100 多座现在运营的核电站在本质上不安全的质疑。美国正在研制的三座新一代核反应堆：通用电气公司一座，西屋电气公司一座，ABB - 燃烧工程公司一座，没有一座是依靠本质安全性的。最大胆的安全创新是以依靠重力或自然对流的"被动"安全特性替换一些"主动"安全特性，如泵。例如，大型的水贮箱可以放置在反应堆上方，以便在发生事故的情况下，可以把水释放出来，自然地围绕反应堆芯流动，无需依赖泵。一旦堆芯被淹没，自然对流会维持水的稳定循环，把新进来的冷水带到下面，使得水被堆芯加热并流出，向大气中释放热量。

　　但一些业内人士认为这是不够的。正如我们所看到的，在 20 世纪 60 年代和 70 年代，核专家向大家保证反应堆是安全的，熔毁是一个"令人难以置信"的事件。然而在三哩岛和切尔诺贝利核电站，熔毁真的发生了。麻省理工学院核工程师拉里·利兹基认为结果是，"向公众和公用事业公司保证，反应堆设计人员非常小心计算过、事故发生的概率小到可以忽略不计是不够的"。公众很容易对这样的言辞失去信心，除非发生重大的事件使公众恢复对核能的信心，否则，在美国或在许多欧洲国家建设新的核电站是绝不可能的。利兹基和其他人说，解决方案是开发一种本质上安全的反应堆——就其本质而言，是一种即使发生重大事故也不释放放射性物质的反应堆。令人惊讶的是，这样的反应堆是可能存在的，在过去的 20 年里，许多核迷提出了这种机器的许多设计方案。

　　该领域的先驱者是卡·汉内兹，瑞典公司 ASEA 的核工程师（后并入欧洲联合大企业布朗-包法利集团形成巨型跨国公司 ABB）。他在 20 世纪 70 年代早期想出了这个主意，他说，那时反核运动在瑞典开始。"在我看来，如果核能要生存下去，你必须想出一项不那么容易受到人类错误影响的技术"。于是他开始致力于几乎对任何形式的事故，从操作错误和设备故障到蓄意破坏或恐怖袭击都免疫的反应堆类型。严格地说，他想出的设计不是本质上安全的反应堆，仅仅是具有一个非常聪明的被动安全系统的一座传统的轻水反应堆，但很难想象他的反应堆在一个场景中可能过热和熔毁。

　　汉内兹的反应堆，缩写为 PIUS，称"过程本质终极安全"，是针对避免核反应堆两个主要威胁的危害设计的：失控的链式反应或反应堆堆芯熔毁。所有的反应堆运行在反应失控的边缘。裂变铀原子必须产生刚好足够的中子维持反应，但仅此而已。中子太少，链式反应熄火；太多，则很快失控。这就是切尔诺贝利核电站所发生的事故。仅仅 5 秒钟，反应堆的功率跃升至设计值的 500 倍，燃料融化，点燃石墨慢化剂，并引发了水冷却剂与覆盖燃料的包覆金属外壳反应产生的氢气爆炸。在大多数反应堆中，链式反应是由吸收中子的材料制成的控制棒保持在正确的水平维持的。当控制棒推入堆芯，它们吸收一些中子，使反应慢下来，否则引发铀原子裂变。在切尔诺贝利核电站，作为紧急堆芯冷却系统测试的一部分，操作人员曾把控制棒从反应堆拉出太远。

　　大多数现代反应堆有一个额外的、固有的防止链式反应失控的功能。它们是这么设计的：在链式反应开始加速的任何时间，各种条件会自动改变，让反应缓慢下来。变化不依赖于设备或操作人员。例如，在轻水反应堆中，假设控制棒意外退出太远，链式反应加速，堆芯的铀燃料升温，进而加热围绕堆芯流动的冷却水。这将导致水略有膨胀，即在一个给定的体积下减少了水分子的数量。但由于水调节链式反应——让中子慢下来并使它们裂变铀原子更有效——水密度的降低减缓了链式反应。这个负反馈使反应堆具有固有的稳定性，使它对于链式反应失控的威胁相对免疫。相比之下，切尔诺贝利核电站的反应堆天生就是不稳定的，它只使用水作为冷却剂，而不是作为一种慢化剂，水对反应的主要影响是吸收中子——也就是说，水执行了类似于控制棒的功能。在一个循环中，当燃料受热，导致水膨胀，中子吸收减少，使反应加速，进而使燃料受热更多，等等，很快失去控制。只有控制棒能保持这种链式反应受控。

　　汉内兹创建 PIUS 时，他是以传统压水堆固有的防御链式反应失控的能力为基础的。他的计划是为了结合一个固有的、防止堆芯熔毁的保护能力——这是传统反应堆所没有的。如果流动在一座反应堆燃料周围的冷却水意外关闭，安全系统迅速插入控制棒到堆芯并关闭链式反应，但这并不能消除堆芯的热量。即使在链式反应停止后，放射性副产品使燃料继续衰变，释放的热量足以熔化堆芯，除非将热量带走，因此轻水反应堆配有紧急堆芯冷却系统，如果主循环水冷却系统发生故障，该系统将使冷却水流过堆芯。它在图纸上看起来很好，但三哩岛核电站事故表明，依靠泵和阀门正常运行和工厂人员适当回应的安全措施并不总是按计划进行。

甚至在三哩岛核电站事故发生之前，汉内兹说他已经确定，"我们不可能依靠设备和组织机构"。我们需要的结果是，无论电厂受到什么类型事故的打击，保证反应堆安全关闭。"我突然想到，你可以通过建立非平衡态系统实现这个需求，如果你不将机械能添加到系统，它可以自主关闭"。这是一个工程的洞察力，改变了许多核设计师思考工作的方式，即使汉内兹设计的特定系统有点难以做成一个实际的机器。

PIUS 由正常压水堆——堆芯、主冷却系统等组成，它位于一个大型充满凉的硼酸水的混凝土"游泳池"内部。万一发生事故，硼酸水会淹没反应堆堆芯的壳体。水中的硼原子吸收中子而自动关闭链式反应。与此同时，水从堆芯通过自然循环带走热量防止熔毁。这一切都是自然和自动发生的，没有阀门、泵或人工干预。事实上，如果反应堆偏离正常运行状态太远，就不可能阻止安全系统启动。

PIUS 正常运行时，冷却水注入反应堆再到换热器，然后回流到反应堆，就像在一座标准的压水堆一样。PIUS 与旧系统根本上的不同是，其冷却系统由两条完全打开的管道连接水池的硼酸水。唯一阻止硼酸水流入冷却系统并关闭反应的是热冷却水和凉硼酸水之间的大密度差。因为它更轻而正如油漂浮在水面上，热水漂浮在冷水上，PIUS 的设计是这样的，冷的硼酸水必须通过"密度锁"向上流动进入反应堆周围的壳体。只要反应堆正常运行，液压平衡会防止冷水涌入反应堆。但是如果反应堆太热或者太冷，或者泵循环冷却水加速或者减速太多，这种平衡遭到破坏而硼酸水涌入，则链式反应停止。

汉内兹反应堆运行如同在刀尖上行走。从某种意义上说，它

"正常"状态是关闭的,硼酸水涌入反应堆壳体,这是它采取积极的干预和控制维持链式反应的必要条件。传统的轻水反应堆恰恰相反,一旦在其堆芯开始链式反应就会进入正常状态,需要积极干预和控制链式反应或安全地关闭核反应堆。在 PIUS 反应堆中,故障或操作人员错误的最严重后果是意外关闭。在传统轻水反应堆中,结果可能是一个链式反应失控或堆芯熔毁。

PIUS 的优点也是其主要的弱点。因为它只能在非常狭窄的条件下运行,一些批评人士认为,其本质上是不可靠的,每次事情变得有点失去平衡都会关闭。我们可能永远不会知道,汉内兹于 1992 年退休,而 PIUS 计划需要数亿美元来构建一个大规模的原型来测试密度锁和其他设备。钱不会来自致力于改善其传统轻水反应堆的 ABB。意大利政府表示对 PIUS 感兴趣,但是直到这本书写作时,尚未作出任何决定。

即使汉内兹的 PIUS 机器从来没有建造过,但他激发了一大批其他的核工程师,设计的反应堆遇到事故时安全关闭,无需受助于操作人员或设备。至少已经设计了两种这样本质上安全的反应堆,一种是液态金属冷却的,另一种是气体冷却,但都没有建造。乍一看,它们看起来是完全不同的机器,但本质安全性都来源于类似的原则。

为了避免链式反应失控,两种机器都采取轻水反应堆同样的策略。每种都有一个"负温度系数":在堆芯温度增加时,链式反应减慢。由通用电气设计的先进液态金属反应堆,有一个沉浸在大量液态钠中的金属燃料棒堆芯。采用钠电磁泵,冷却剂通过堆芯不断流动,没有移动部件。如果功率增加,金属燃料受热并膨胀,导致燃料中的铀原子移动稍远,反应减慢。即使控制棒完全移除,堆芯链式反应的功率将仅增加至略高于正常范围的水平,然后稳定在那里。同样的模块式高温气冷堆将保持稳定,在堆芯没有控制棒。在每种反应堆里,控制棒只微调反应速率,不用做安全设备。

为了防止冷却功能缺失的情况下堆芯熔毁事故,这两种反应堆的设计保持堆芯相对较小。今天有许多核反应堆能产生 1200 兆瓦至 1300 兆瓦的电力。先进的液态金属反应堆和模块式高温气冷堆的发电量都小于 200 兆瓦，尽管可能很难获得大型反应堆那样的规模经济，但较小的堆芯提供了本质安全性：在冷却丧失的情况下，不需要备份安全系统去除堆芯的余热，因为产生的余热根本不足以威胁到堆芯熔毁。先进的液态金属反应堆设计成被埋在土里，并且如果它的电磁泵失效，钠池的热量通过辐射和传导传到周围的土里。模块式高温气冷堆也依赖于堆芯的热量传到反应堆周围的土里，但有一点不一样，其氧化铀燃料由微小的球体组成，每个直径小于 1 毫米，密封在几层的保护里，旨在防止在温度高达 1800 摄氏度下燃料泄漏。即使失去所有的冷却剂，堆芯的温度也无法高到足以损伤燃料，让放射性逃逸。

两种设计的本质安全性不仅仅是理论上的。1986 年 4 月，在爱达荷州实验增殖反应堆-Ⅱ上，进行了先进的液态金属反应堆会发生某种重大事故的模拟试验。冷却系统被完全关闭，以使来自反应堆堆芯的热不再被传到蒸汽发生系统。结果是：什么也没发生。链式反应关闭，堆芯周围液态钠的温度在几分钟内已经稳定下来，虽然高，但很合适。模块式高温气冷堆安全性也在德国一座类似的但小一些的反应堆上进行了测试。冷却剂流动停止时，反应再一次停止，燃料的热量被动冷却消散。

简而言之，现在可以构建安全的核反应堆，以面对除导弹直接命中之外的任何情况。然而，到目前为止，核工业方面对此表现出很少的兴趣，而只是将其作为前轻水型的改进版。为什么？成本是一个很大的原因。在投入市场之前，本质安全性设计需要广泛而昂贵的开发。而且，由于本质安全性反应堆比正常情况下要小得多，批评人士说，它们的成本将更高，因为它们不能匹敌经济规模更大的竞争对手。但本质安全的反应堆的支持者认为，通过连接在一起，几个反应堆驱动一个涡轮，可以恢复一些规模经济。再加上摆脱所需的昂贵的安全系统和备份，可以将工厂的成本降低到能与传统工厂竞争的地步。事实上，许多人认为模块式高温气冷堆最终可能比目前的轻水反应堆发电更便宜，特别是如果反应堆产生的热气体直接作用到高效的燃气轮机上。但所有这一切只是基于一组或另一组假设上的猜测，而且，随着行业对轻水反应堆轻车熟路，这样的估计可能会被打脸。

此外，主流核工业不相信本质安全性能提供相对于传统、附加安全方法任何真正的优势。反应堆制造商，如通用电气公司和西屋电气公司说，他们已经从他们几十年轻水技术的经验学会了足够的东西，建造新反应堆会与本质安全性的机器一样安全，但这取决于经过良好测试的设计和材料。为什么要进入未知的、一无所获的领域呢？

本质安全性设计的支持者采用多个理由回应。一个可能是被称为"博帕尔论点"。如果核能再次逐渐被广泛接受，那么反应堆可能会建在那些技术基础相当低、基础设施可能无法提供为保持核电站最佳状态所需一切事物的国家。监管监督可能不如工业化国家那么严密，现金短缺可能会导致运营核电站的公司放弃日常维护甚至关闭一些不必要的安全系统。只要工厂的安全取决于人、机构和设备，就没有保证。唯一的解决办法是销售免疫于维护差、粗心大意，甚至故意破坏等问题的核电站。

也许工业化国家可以安全地运行核电站，尽管美国核工业的历史上确实有操作人员在控制室里睡着了和核反应堆被装反了这样的谎言，但公众会相信吗？这是本质安全反应堆支持者提出的第二个问题。没有办法证明标准的轻水反应堆可以安全地运行，即使它们被重新设计成复杂程度更低并含有各种被动安全设备。核工业能提供作为证据的最新的东西是概率风险评估，但甚至专家对其可信程度的认识都不一致。所以人们喜欢麻省理工学院的拉里·利兹基在过去的10年从事模块式高温气冷堆的工作，认为美国公众可能会接受更多核电站的唯一途径是，它们的安全性可以简单的被证明，例如，断开所有的控制，切断冷却液的流动，反应堆自身安全关闭。

利兹基指控，核工业执着于一项技术，并不懂专注的技术已经失去了活力。"如果有第二核时代"，他说，"我们必须找到一个对其合适的方式来将核能融入世界，但不是我们想要的方式：但相比于它们进化了的'堂兄弟'，公众真的更容易接受被动安全的反应堆吗？"许多人提出质疑。反对核电源自对技术总体不安，部分原因是其与核武器的亲缘很近，而被动安全的反应堆将很难缓解。即使反应堆按被动安全建设，核废料问题——在公众的心目中，也许核能的最大负面就在于此。所以核工业看到，将其改变为一项全新的、未经证实的技术，而又所获甚少，没有什么惊奇的。

在核和化学产业本质安全的争论给未来技术提供了一个教训：鉴于转向本质安全性有困难，设计技术一旦成熟，至少对有潜在严重伤害那些技术，从一开始就策划本质安全性可能是一个好主意。每一项技术都是从小开始的。一个世纪以前，只有少数车辆——电力、蒸汽动力和内燃机占据着道路。75 年前，商业航空首次离开地面。50 年前，只有少数小型核反应堆存在于世界各地。势头建立之前，技术向最容易的方向发展。正如我们所看到的，在成长岁月的早期，不可能就知道哪些技术是最好的选择，但找出哪些技术拥有本质安全性、哪些技术复杂并需要附加安全系统不是不可能的。

当然，在一项新技术的早期，工程师通常有比本质安全性更紧迫的事情去思考——如找到一种设计方案，在一个合理的成本下完成研发工作、可以尽快生产、使竞争对手无法垄断市场。但也许如果汲取历史教训，我们可能学会提前挑选出未来可能会带来重大危害的少数新兴技术。例如，今天看来，基因工程可能是这样的一个威胁。在确定胚胎技术可能成为危险的之后，也许我们可以在技术选择上考虑安全性。从理论上讲，在 50 年前就应该要求核工程师在反应堆设计上只考虑本质安全的（方案）。化学公司可以要求其化学家找到一种方法来合成异氰酸甲酯，不涉及大量的存储。当然，实际上从来没有发生过，至少不会在 50 年前，甚至今天也不太可能。

但如果技术如之前一样不断改变，功率、复杂性不断增长，以及如果社会要求技术风险越来越低，很可能会在一段时间之后，技术发展对安全性的考虑将占据主导地位。到时，本质安全性可能成为标准的工程实践。但在那之前，可能会继续汲取博帕尔或三哩岛核电站事故的教训，让工程师认真思考本质安全性。

9.4 伟大的试验

上述讨论的技术修复——人类因素工程、绿色化学、本质安全性，全都试图处理传统上工程师没有关注过的问题，他们在应对非技术因素对技术日益增长的影响力。例如，当拉里·利兹基开始对模块式高温气冷堆感兴趣时，并不是由于任何新的气冷堆技术相比于现有的轻水反应堆具有优势。相反，他看到了用模块式高温气冷堆面对公众对核电安全的担忧来恢复核选项。利兹基认为，公众接受核能对商业生存能力至关重要，公众将不会接受不能证明是安全的核技术。概率风险评估，对于工程师可能足够好，但对于公众，相去甚远。

但技术问题需要从技术上解决，即使和模块式高温气冷堆一样令人印象深刻的机器，仍然只是一种技术修复。如果利兹基是正确的，它可能解决一个非技术问题——公众对核能不信任，但它留下了很多没有得到解决的问题，并因此核工业对模块式高温气冷堆没有兴趣。很简单，在反应堆可能成为一个技术解决方案之前，有太多必须解决的其他问题。仅仅考虑监管流程：批准建立一个模块式高温气冷堆将是一个漫长、艰难的道路，加之让核监管委员会相信模块式高温气冷堆不需要所有常见的安全系统会更加艰难。然而，除非放弃这些系统，否则这种反应堆与较大的轻水反应堆相比，没有经济竞争力。

所以，美国核工业已经选定了一个非常不同的策略。由于认识到许多问题都有其政治和文化因素的根源，核电行业制定了一项雄心勃勃的技术升级计划，更重要的是要核电改变环境。这个运动在技术史上是空前的，没有任何其他行业曾试图改变整个社会政治环境。

这种努力在三哩岛核电站事故后不久开始。核工业的前景，正如我们所看到的，甚至在事故发生前就已经黯淡。但熔毁威胁使事情更加糟糕，它招来了更多的监管，更多的公众反对，以及投资者思考对于将资金投入核电是否明智的不安。

它也前所未有地刺激了核工业。一旦三哩岛核电站事故的冲击渐渐消失，核联盟中较为客观的成员就会接受这种观点：在最好的情况下，未来 10 年很可能没有新的核电站被订购。他们要么诅咒中断是浪费时间，要么接受并善加利用。约翰·泰勒，负责西屋电气公司的商业反应堆业务，是选择了后者的那些人中的一个："我确信，我们应该开始吸取这些教训（从三哩岛核电站事故得到的）为未来的系统构建框架。基本的事情是错误的，必须纠正，如果市场（电力）回来之前，第二代还没有成熟，核能就不会发挥作用。"在三哩岛核电站堆芯部分熔毁事件平息下来之前，泰勒和核工业的其他人开始制定核能的重生计划。值得注意的是也许是前所未有的情况：一个被强制停顿的主要产业，根据得到的教训重塑自己。

这个饱受批评的行业会怎么做呢？泰勒回忆说，第一要务是修补现有的系统。根本性的变化可能会晚一些。对三哩岛核电站事故随后的调查发现这个行业低估了反应堆安全、高效运行的难度，如第 8 章所述，该行业的回应是建立"核能运营商研究所"来制定标准并监控公用事业公司以确保它们满足要求。

随着上述措施的进行，下一步是评估核技术本身。下一代反应堆应该是什么样子的呢？轻水核反应堆的问题非常严重，它们应该被取消，而以另一种类型取而代之吗？核公用事业公司的调查发现，他们认为基本设计"足够好"，泰勒说。反应堆有两个基本问题，都源于他们在 20 世纪 60 年代末和 70 年代初过早的商业化。首先，设计过于复杂，需要简化。第二，反应堆设计需要标准化，这样公用事业和反应堆制造商两者可以从经验中学习，而不是几乎每种反应堆都从头开始。

这是针对该行业技术解决方案的技术成份的范畴。过去的几年里，公用事业公司和反应堆制造商合作制定了下一代反应堆的蓝图，产生了任何新设计必须满足的一组特定的要求。它们与美国核监管委员会紧密合作，以确保新设计将快速、轻松地通过。到目前为止，三家制造商提供了新一代核反应堆的设计方案。两个"进化"设计方案，大型反应堆与目前最先进的模型非常相似，但相对简化并特别关注安全：通用电气公司已经在权衡其先进轻水反应堆，其中一对现在已经在日本建成，ABB-燃烧工程提供了系统 80^+。第三种反应堆类型，西屋电气公司的 AP-600，是一个"高级"设计方案，具有被动安全特性的小型反应堆（600 兆瓦）。所有三种设计明显优于任何之前建造过的——更加简单、更加安全、更加经济，但他们与轻水堆的血统非常接近。这里没有革命。

相反，核工业已经决定，技术解决方案的最重要部分是组织、制度、政治和社会。随着新一代反应堆的技术要求完成编写和三种设计方案的进展，该行业制定其"建设新核电站的战略计划"：该计划是"核能开发监督委员会"编写的，该委员会是一个高端组织，由十多家公用事业公司、反应堆制造商和其他核组织的头目构成。该计划对在美国建设新核电站需要什么作出了一个非常坦率的评估。阅读计划之后，毫无疑问，技术已经远远超出了工程师的传统关注。

计划列出 14 个"模块"，每一个都有旨在恢复核能必须满足的一个目标。首先，如果下一代核能不会胎死腹中，目前这一代必须保持健康。为此，计划列出了四个目标：提高现有工厂的经济效益，总体上管理更好；解决在什么地方及如何储存乏燃料；保证工厂将继续能够摆脱低级核废料；及保证反应堆燃料稳定和经济的供给。

第二组的目标是处理监管问题。公用事业公司在投资新型反应堆之前，它们必须确保过去的监管噩梦不会重现。因此，战略计划呼吁美国核监管委员会改革许可和监管程序，使它们是可预测的和稳定的，呼吁美国核监管委员会批准一组新的反应堆设计要求，该要求由公用事业公司制定，是核反应堆制造商建设新反应堆的基础。

　　第三组的目标集中在必须做些什么，来为公用事业公司在实际上建设核电站扫清道路。反应堆制造商必须根据新设计方案制订详细的计划，完成它们"第一个全新"工程。接下来，核监管委员会应该"预先验证"这些核反应堆，这样，当一家公用事业公司决定建造一座核电站时，工厂特定计划不必获得批准，只是展示一下工厂将按照预先验证的设计就可以了。如此，标准化的设计将不仅得益于建设和运营电厂，而且在于引导它们通过监管过程。核电站的潜在场地必须获得批准。为了保持工厂在全生命周期的标准化操作，该计划要求开发出整个的行业标准来维护新核电站。这样，建造时两座相同的核电站经过几十年的运营仍将基本相同。

　　最后一组目标聚焦于核能的社会、政治和经济环境。公众接受核能的程度必须得到提升。公用事业公司必须重新审视融资、所有权，以及运营核电站保证核能是有利可图的。公用事业委员会和其他州监管机构必须被说服为核电站提供一个可预测的环境。联邦政府必须支持核能相关的法律、规定和程序。

　　七年多来，该行业一直追求这一进程。一些构件已经到位。例如核监管委员会已经修改了那些许可程序，对核电站进行预听证。其他构件，如解决高含量的核废料问题，问题更大了。到目前为止，没有迹象表明美国公用事业公司认真考虑订购一座核电站（虽然它肯定会严格保密，如果有的话），但是相信核工业时代会再次到来。不说别的，全球变暖的威胁可能最终迫使美国和其他国家减少燃烧煤炭、石油和天然气，并寻找替代的发电方式。当那一天到来时，核工业需做好准备。

　　与第一代核电的发展相比，这种差异再明显不过了。40 年到 50 年前，核能只是不断进步的技术的下一步，不是自我反省、质疑人类未来的时代。没有人真正怀疑核能将是一个更便宜、更好的发电方式，唯一的问题是需要多长时间来培育；没有人质疑廉价、充足电力的目标，我们需要它来运行所有被发明的其他技术；没有人想去问公众对于核能的意见，这由专家小组决定；没有人担心反应堆是否能够足够安全，工程师可以做你所要求的一切事情；没有人质疑核废料能安全存储，工程师也可以处理；没有人花时间考虑监管，由于政府和企业携手合作，它不会是一个问题；没有人想问需要什么样的组织去处理这样一个复杂、危险的技术，官僚机构就是官僚机构。

　　无论是好是坏，技术已经改变了。在我们纯真的年代，那时机器完全是有传奇色彩的发明家和勤劳的工程师的产物，已经一去不复返了。技术将日益成为共同努力的结果，其设计不仅受到工程师和高管，还有心理学家，政治学家，管理理论，风险专家，监管机构，法院和公众的影响。这不会是一个简洁的系统。它可能不是最好的系统。但是，由于现代科技的力量和复杂性，这可能是我们唯一的选择。

参 考 文 献

Introduction: Understanding Technology

[1] Karen W. Arenson, "Grants by Foundations Help Technology Books Make It to the Shelves," New York Times, August 21, 1995, p. D5.

[2] "Japan Begins Construction of Second Advanced Plant," Public Utilities Fortnightly 129 (May 1, 1992), pp. 39 – 40.

[3] Nuclear Choices. Richard Wolfson, Nuclear Choices, MIT Press, Cambridge, 1991.

[4] Nuclear Renewal. Richard Rhodes, Nuclear Renewal: Common Sense About Nuclear Energy. Viking Penguin, New York, 1993.

[5] Tom R. Burns and Thomas Dietz, "Technology, Sociotechnical Systems, Technological Development: An Evolutionary Perspective," in Meinolf Dierkes and Ute Hoffmann, eds., New Technology at the Outset: Social Forces in the Shaping of Technological Innovations, Westview, Boulder, CO, 1992, pp. 206 – 238.

[6] Thomas P. Hughes, "Technological History and Technical Problems," in Chauncey Starr and Philip C. Ritterbush, eds., Science, Technology and the Human Prospect, Pergamon, New York, 1980, pp. 141 – 156.

[7] A good example of this approach is Bernard Cohen, The Nuclear Energy Option, Plenum, New York, 1990.

[8] Charles McLaughlin, "The Stanley Steamer: A Study in Unsuccessful Innovation," Explorations in Entrepreneurial History 7 (October 1954), pp. 37 – 47.

[9] Henry Petroski, The Pencil, Alfred A. Knopf, New York, 1989, p. 207.

[10] Merritt Roe Smith, "Technological Determinism in American Culture," in Merritt Roe Smith and Leo Marx, eds., Does Technology Drive History?

MIT Press, Cambridge, MA, 1994, pp. 1 - 35.

[11] Ronald Inglehart, The Silent Revolution: Changing Values and Policy Styles Among Western Publics, Princeton University Press, Princeton, NJ, 1977, p. 3.

[12] Hughes, "Technological History and Technical Problems," p. 141.

[13] Maureen Hogan Casamayou, Bureaucracy in Crisis: Three Mile Island, the Shuttle Challenger and Risk Assessment, Westview, Boulder, CO, 1993, pp. 57 - 85.

[14] Alvin M. Weinberg, Nuclear Reactions: Science and Trans - Science, American Institute of Physics, New York, 1992.

[15] Alvin M. Weinberg, The First Nuclear Era: The Life and Times of a Technological Fixer, American Institute of Physics, New York, 1994.

[16] Merritt Roe Smith and Leo Marx, eds., Does Technology Drive History? MIT Press, Cambridge, MA, 1994.

[17] Leo Marx and Merritt Rowe Smith, introduction to Marx and Smith, Does Technology Drive History?, p. x.

[18] Wiebe E. Bijker, Thomas P. Hughes, and Trevor Pinch, eds., The Social Construction of Technological Systems: New Directions in the Sociology and History of Technology, MIT Press, Cambridge, MA, 1987.

[19] Marcel C. LaFollette and Jeffrey K. Stine, eds., Technology and Choice: Readings From Technology and Culture, University of Chicago Press, Chicago, 1991.

[20] Meinolf Dierkes and Ute Hoffmann, eds., New Technology at the Outset: Social Forces in the Shaping of Technological Innovations, Westview, Boulder, CO, 1992.

[21] Wiebe Bijker and John Law, eds., Shaping Technology/ Building Society: Studies in Sociotechnical Change, MIT Press, Cambridge, MA, 1992.

[22] Wiebe E. Bijker, Of Bicycles, Bahelites, and Bulbs: Toward a Theory of Sociotechnical Change, MIT Press, Cambridge, MA, 1995.

[23] Peter L. Berger and Thomas Luckmann, The Social Construction of Reality: A Treatise in the Sociology of Knowledge, Doubleday, New York, 1966.

[24] Trevor J. Pinch and Wiebe E. Bijker, "The Social Construction of Facts and Artifacts: Or How the Sociology of Science and the Sociology of Technology Might Benefit Each Other," in Bijker, Hughes, and Pinch, The Social Construction of Technological Systems, pp. 17 – 50.

[25] Thomas S. Kuhn, The Structure of Scientific Revolutions, University of Chicago Press, Chicago, 1962.

[26] Pinch and Bijker, "The Social Construction of Facts and Artifacts," pp. 18 – 19.

[27] David Mermin, a very thoughtful physicist at Cornell University, offers a careful refutation of the social construction of physics in a two – part article: "What's Wrong with the Sustaining Myth?" Physics Today 49 (March 1996), pp. 11, 13; and "The Golemization of Relativity," Physics Today 49 (April 1996), pp. 11, 13.

[28] The original article appeared in Social Text 46/47 (Spring/Summer 1996), pp. 217 – 252. Sokal revealed the hoax in "A Physicist Experiments with Cultural Studies," Lingua Franca (May/June 1996), pp. 62 – 64.

[29] Thelma Lavine, Clarence J. Robinson Professor of Philosophy at George Mason University in Fairfax. Virginia.

[30] W. P. Norton, Just Say Moo, The Progressive (November 1989), pp. 26 – 29.

[31] Gina Kolata, "When the Geneticists' Fingers Get in the Food," New York Times (February 20, 1994), sec. 4, p. 14.

One: History and Momentum

[1] Ronald W Clark, Edison: The Man Who Made the Future, G.P. Putnam's Sons, New York, 1977, pp. 99 – 100.

[2] Matthew Josephson, Edison, McGraw – Hill, New York, 1959, p. 224.

[3] Clark, Edison, p. 98.

[4] Clark, Edison, pp. 98 – 99.

[5] Martin V Melosi, Thomas A. Edison and the Modernization of America, Scott, Foresman, Glenview, Illinois, 1990, pp. 61 – 62. See also Josephson, Edison, pp. 177 – 178.

[6] New York Herald, December 21, 1879. As quoted in Joscphson, Edison, p. 224.

[7] Paul Freiberger and Michael Swaine, Fire in the Valley: The Making of the Personal Computer, Osborne/McGraw - Hill, Berkeley, CA, 1984, pp. 272 - 273.

[8] Pamela E. Mack, Viewing the Earth: The Social Construction of the Landsat Satellite System, MIT Press, Cambridge, MA, 1990.

[9] H. M. Collins, Artificial Experts: Social Knowledge and Intelligent Machines, MIT Press, Cambridge, MA, 1990.

[10] Donald MacKenzie, Inventing Accuracy: A Historical Sociology' of Nuclear Missile Guidance, MIT Press, Cambridge, MA, 1990.

[11] Stuart S. Blume, Insight and Industry: On the Dynamics Of Technological Change in Medicine, MIT Press, Cambridge, MA, 1992.

[12] Wiebe E. Bijker, Of Bicycles, Bakeliles, and Bulbs: Toward a Theory of Sociotechnical Change, MIT Press, Cambridge, MA, 1995.

[13] Thomas Hughes in "Technological History and Technical Problems," a chapter in Chauncey Starr and Philip C. Ritterbush, eds., Science, Technology and the Human Prospect, Pergamon, New York, 1980, pp. 141 - 156.

[14] Thomas P. Hughes, Networks of Power: Electrification in Western Society, 1880 - 1930, Johns Hopkins University Press, Baltimore, 1983.

[15] Edison spoke to a reporter. As quoted in Melosi, Thomas A. Edison, pp. 40 - 47,63,100.

[16] Edison built a dynamo. Josephson, Edison, pp. 207 - 209; Clark, Edison, p. 110 - 232.

[17] John G. Burke, "Bursting Boilers and the Federal Power," in John G. Burke and Marshall Eakins, eds., Technology and Change, Knopf, New York, 1979.

[18] Hughes, Networks of Power, p. 108; and Hughes, "Technological History and Technical Problems," p. 145.

[19] Richard Rhodes, The Making of the Atomic Bomb, Simon & Schuster, New York, 1986.

[20] Daniel Ford, The Cult of the Atom, Simon and Schuster, New York, 1982, p. 28.

[21] H. L. Anderson, "The First Chain Reaction," in The Nuclear Chain Reaction—Forty Years Later: Proceedings of a University of Chicago Commemorative Symposium, The University of Chicago Press, Chicago, 1984. See also "The First Pile," Bulletin of the Atomic Scientists, December 1962, pp. 19 - 24.

[22] Bertrand Goldschmidt, Atomic Adventure, Pergamon, Oxford, 1964, p. 35.

[23] Alvin M. Weinberg, The First Nuclear Era: The Life and Times of a Technological Fixer, AIP Press, New York, 1994, pp. 38 - 39.

[24] Richard G. Hewlett and Jack M. Holl, Atoms for Peace and War, 1953 - 1961, University of California Press, Berkeley, 1989, pp. 18 - 19.

[25] Spencer R. Weart, Nuclear Fear: A History of Images, Harvard University Press, Cambridge, MA, 1988.

[26] Samuel A. Goudsmit, Alsos, Henry Schuman, New York, 1947. See also Irving Klotz, "Germans at Farm Hall Knew Little of A - Bombs," Physics Today 46:10 (October 1993), pp. 11ff.

[27] Richard G. Hewlett and Francis Duncan, Nuclear Navy, 1946 - 1962, University of Chicago Press, Chicago, 1974, pp. 15 - 21.

[28] Francis Duncan, Rickover and the Nuclear Navy: The Discipline of Technology, Naval Institute Press, Annapolis, MD, 1990.

[29] Hewlett and Duncan, Nuclear Navy, pp. 164 - 167.

[30] Owen Ely, "Cost Race Between Fuel - Burning Plants and Atomic Reactors Getting Hotter." Public Utilities Fortnightly, August 27, 1964, pp. 47 - 48.

[31] Hewlett and Holl, Atoms for Peace and War, p. 576.

[32] Hewlett and Duncan, Nuclear Navy, pp. 255 - 256.

[33] Duncan, Rickover and the Nuclear Navy, p. 205.

Two: The Power of Ideas

[1] Ira Flatow, They All Laughed, HarperCollins, New York, 1992, pp. 71 - 88.

[2]　Robert Pool, "Superconductors' Material Problems," Science 240 (April 1, 1988), pp. 25 - 27.

[3]　Douglas K. Smith and Robert C. Alexander, Fumbling the Future: How Xerox Invented, Then Ignored, the First Personal Computer, William Morrow, New York, 1988, pp. 27 - 28.

[4]　Flatow, They All Laughed, pp. 197 - 204,

[5]　Nathan Rosenberg, Exploring the Black Box: Technology, Economics and History, Cambridge University Press, Cambridge, 1994, p. 3.

[6]　"What Are We Doing Online?" Harper's Magazine, August 1995, pp. 35 - 46.

[7]　Peter L. Berger and Thomas Luckmann, The Social Construction of Reality: A Treatise in the Sociology of Knowledge, Doubleday, New York, 1966.

[8]　Wiebe E. Bijker, Thomas P. Hughes and Trevor Pinch, eds., The Social Construction of Technological Systems: New Directions in the Sociology and History of Technology, MIT Press, Cambridge, MA, 1987.

[9]　Edward W Constant II, The Origins of the Turbojet Revolution, Johns Hopkins University Press, Baltimore, MD, 1980, pp. 178 - 207.

[10]　Thomas S. Kuhn, The Structure of Scientific Revolutions (2nd ed.), University of Chicago Press, Chicago, 1962.

[11]　David Lindley, The End of Physics, Basic Books, New York, 1993, pp. 8 - 10.

[12]　Kuhn, Structure of Scientific Revolutions, p. 111.

[13]　Weinberg, The First Nuclear Era: The Life and Times of a Technological Fixer, American Institute of Physics, New York, 1994, pp. 38 - 39.

[14]　Richard Rhodes, The Making of the Atomic Bomb, Simon & Schuster, New York, 1986, pp. 42 - 43.

[15]　Ernest Rutherford, The Collected Papers, vol. I, Allen and Unwin, London, 1962, p. 606.

[16]　Rhodes, The Making of the Atomic Bomb, p. 43.

[17]　Spencer R. Weart, Nuclear Fear: A History of Images, Harvard University Press, Cambridge, MA, 1988, p. 6.

[18]　Frederick Soddy, The Interpretation of Radium, Murray, London, 3rd ed., 1912.

[19]　Weart, Nuclear Fear, p. 6.

[20]　H. G. Wells, The World Set Free. E. P Dutton & Company, New York, 1914.

[21]　Wells, World Set Free, pp. 36 – 38.

[22]　"50 and 100 Years Ago," Scientific American, November 1971, p. 10.

[23]　E.N. da C. Andrade, Rutherford and the Nature of the Atom, Doubleday, Garden City, New York, 1964, p. 210.

[24]　Alvin M. Weinberg, Nuclear Reactions: Science and Trans – Science, American Institute of Physics, New York, 1992, p. 221.

[25]　Spencer R. Weart and Gertrud Weiss Szilard, eds., Leo Szilard: His Version of the Facts, MIT Press, Cambridge, MA, 1978, p. 53.

[26]　Weinberg, The First Nuclear Era, p. 41.

[27]　Merritt Roe Smith, "Technological Determinism in American Culture," in Merritt Roe Smith and Leo Marx, eds., Does Technology Drive History ? MIT Press, Cambridge, MA, 1994, pp. 1 – 35.

[28]　David Dietz, Atomic Energy in the Coming Era, Dodd Mead, New York, 1945, pp. 12 – 23.

[29]　Daniel Ford, The Cult of the Atom, Simon and Schuster, New York, 1982, pp. 30 – 31.

[30]　Richard G. Hewlett and Oscar E. Anderson Jr., The New World, 1939/ 1946: Volume I, A History of the United Slates Atomic Energy Commission, Pennsylvania University Press, University Park, 1962, pp. 436 – 437.

[31]　Steven L. Del Sesto, Science, Politics and Controversy: Civilian Nuclear Power in the United States, 1946 – 1974, Westview, Boulder, CO, 1979, pp. 28 – 29.

[32]　Richard G. Hewlett and Jack M. Holl, Atoms for Peace and War, 1953 – 1961, University of California Press, Berkeley, 1989, p. 20.

[33]　Recounted in Ford, Cult of the Atom, p. 50.

[34]　Del Sesto, Science, Politics and Controversy, pp. 24 – 28.

[35]　W. Henry Lambright, Shooting Down the Nuclear Plane, Bobbs – Merrill, Indianapolis, 1967.

[36]　Harold P. Green and Alan Rosenthal, Government of the Atom: The Integration of Powers, Atherton, New York, 1963, pp. 242 - 247.

[37]　"The Fight for the Ultimate Weapon," Newsweek, June 4, 1956, pp. 55 - 60. See also Weinberg, The First Nuclear Era, pp. 95 - 108.

[38]　"Atoms Aloft," Time, September 17. 1951, pp. 59 - 60.

[39]　Weinberg, The First Nuclear Era, p. 95.

[40]　Green and Rosenthal, Government of the Atom, p. 242.

[41]　"Senator Jackson on A - Bombers," Newsweek, June 4, 1956, pp. 56 - 57.

[42]　"Extraordinary Atomic Plane: The Fight for an Ultimate Weapon," Newsweek, June 4, 1956, pp. 55 - 60.

[43]　Hewlett and Holl, Atoms for Peace, pp. 519 - 520.

[44]　Hewlett and Holl, Atoms for Peace, pp. 506 - 508.

[45]　Hewlett and Holl, Atoms for Peace, pp. 518 - 519.

[46]　Alice Smith, A Peril and a Hope: The Scientists'Movement in America, 1945 - 7, University of Chicago Press, Chicago, 1965.

[47]　Rhodes, Making of the Atom Bomb, p. 759.

[48]　Rhodes, Making of the Atom Bomb, pp. 26, 749 - 750.

[49]　David E. Lilienthal, Change, Hope and the Bomb, Princeton University Press, Princeton, NJ, 1963, pp. 109 - 110.

[50]　John W. Finney, "A Second Canal?" The New Republic, March 28, 1964, pp. 21 - 24.

[51]　Hewlett and Holl, Atoms for Peace, p. 290.

[52]　Hewlett and Holl, Atoms for Peace, pp. 528.

[53]　Hewlett and Holl, Atoms for Peace, p. 529.

[54]　"Energy for Peace: Dr. Johnson's Magic," Newsweek, February 8, 1960, p. 67.

[55]　Project Sedan "Digging With HBombs," Business Week, May 18, 1963, pp. 154, 156.

[56]　"Atomic Earth Mover," Newsweek, July 16, 1952, p. 74.

[57]　"When Nuclear Bomb is Harnessed for Peace," U. S. News & World Report, December 10, 1962, p. 16.

[58]　"When Nuclear Bomb is Harnessed for Peace," p. 16.

[59] "An Atomic Blast to Help Build a U. S. Canal?" U. S. News & World Report, May 20, 1963, p. 14.

[60] "Nuclear Ditch Digging," Business Week, December 21, 1963, pp. 84 - 85.

[61] Panama Canal: A - Blasts May Do the Job, U. S. News & World Report, June 10, 1963, pp. 74 - 75.

[62] John S. Kelly, "Another 'Panama Canal,' " p.74.

[63] "Nuclear Energy: Ploughshare Canals, Time, January 31, 1964, p. 36.

[64] "The H - Bomb Goes Commercial, Business Week, December' 16, 1967, pp. 70 - 72.

[65] "Oil Industry Buys Ticket on Gasbuggy, Business Week, October 26, 1968, pp. 77 - 78.

[66] Glenn Seaborg and Benjamin S. Loeb, The Atomic Energy Commission Under Nixon, St. Martin's, New York, 1993; and "Plowshare: A Dying Idea," U. S. News & World Report, June 9, 1975, p. 53.

[67] "Plowshare: A Dying Idea," p. 53. AEC annual budget. See Appendix 2 in Hewlett and Holl, Atoms for Peace.

[68] Luther J. Carter, "Rio Blanco: Stimulating Gas and Conflict in Colorado," Science 180 (May 25, 1973), pp. 844 - 848.

[69] Del Seslo, Science, Politics and Controversy, pp. 44 - 48.

[70] Del Sesto, Science, Politics and Controversy, pp. 44 - 45.

[71] Weinberg, The First Nuclear Era, p. 120.

[72] "What is the Atom's Industrial Future?" Business Week, March 8, 1947, pp. 21 - 22ff.

[73] "The Atomic Era—Second Phase," Business Week, July 8, 1950, pp. 58 - 65.

[74] "What an Atomic Bid Cost Goodyear," Business Week, October 4, 1952, p. 108.

[75] Hewlett and Holl, Atoms for Peace, p. 21.

[76] Del Sesto, Science, Politics and Controversy, pp. 48 - 49.

[77] Green and Rosenthal, Government of the Atom, pp. 252 - 253.

[78] Dwight Eisenhower, "An Atomic Stockpile for Peace," Delivered before the General Assembly of the United Nations, December 8, 1953. Vital

Speeches of the Day 20:6 (January 1, 1954), pp. 162 - 165.

Three: Business

[1] H. Edward Roberts and William Yates, "Altair 8800," Popular Electronics, January 1975, pp. 33 - 38.

[2] Paul Freiberger and Michael Swaine, Fire in the Valley: The Making of the Personal Computer, Osborne/McGraw - Hill, Berkeley, CA, 1984, p. 28.

[3] Freiberger and Swaine, Fire in the Valley, pp. 38 - 46.

[4] Steven Levy, Hackers, Doubleday, Garden City, NY, 1984, p. 185.

[5] Douglas K. Smith and Robert C. Alexander, Fumbling the Future: How Xerox Invented, Then Ignored, the First Personal Computer, William Morrow, New York, 1988, pp. 102 - 103.

[6] Smith and Alexander, Fumbling the Future, pp. 105 - 113.

[7] Bro Uttal, "The Lab That Ran Away From Xerox," Fortune, September 5, 1983, pp. 97 - 102.

[8] Smith and Alexander, Fumbling the Future, pp. 148 - 149.

[9] Smith and Alexander, Fumbling the Future, pp. 154 - 157.

[10] Smith and Alexander, Fumbling the Future, pp. 176 - 177.

[11] Smith and Alexander, Fumbling the Future, pp. 227 - 240.

[12] Smith and Alexander, Fumbling the Future, pp. 236 - 237.

[13] Smith and Alexander, Fumbling the Future, pp. 238 - 240.

[14] Michael Moritz, The Little Kingdom: The Private Story of Apple Computer, William Morrow, New York, 1984, p. 124.

[15] Moritz, The Little Kingdom, pp. 142 - 144.

[16] Freiberger and Swaine, Fire in the Valley, p. 213.

[17] Moritz, The Little Kingdom, p. 156.

[18] Freiberger and Swaine, Fire in the Valley, pp. 213 - 215.

[19] Freiberger and Swaine, Fire in the Valley, p. 214.

[20] Freiberger and Swaine, Fire in the Valley, p. 219.

[21] Freiberger and Swaine, Fire in the Valley, pp. 220 - 227.

[22] Moritz, The Little Kingdom, pp. 234 - 235.

[23] Moritz, The Little Kingdom, pp. 318 - 324.

[24] David Mercer, The Global IBM: Leadership in Multinational Management, Dodd, Mead, New York, 1987, pp. 104 – 105.

[25] James Chpolsky and Ted Leonsis, Blue Magic: The People, Power and Politics Behind the IBM Personal Computer, Facts on File Publications, New York, 1988, p. 20.

[26] Mercer, The Global IBM, pp. 106 – 107.

[27] Freiberger and Swaine, Fire in the Valley, p. 283.

[28] Freiberger and Swaine, Fire in the Valley, pp. 237 – 238.

[29] Freiberger and Swaine, Fire in the Valley, p. 278.

[30] F. G. Rodgers, The IBM Way, Harper & Row, New York, 1986, pp. 208 – 209.

[31] Chpolsky and Leonsis, Blue Magic, p. 48.

[32] Mercer, The Global IBM, pp. 106 – 107.

[33] Chpolsky and Leonsis, Blue Magic, p. 68.

[34] Chpolsky and Leonsis, Blue Magic, p. 21.

[35] Jim Carlton, "Study Says Compaq Has Surpassed IBM In Personal Computer Unit Shipments," Wall Street Journal, December 23, 1994, p. A3.

[36] Mercer, The Global IBM, pp. 116 – 117.

[37] Leonard S. Hyman, America's Utilities: Past, Present and Future, 4th ed. Public Utilities Reports, Arlington, VA, 1992, pp. 107 – 119.

[38] Hyman, America's Utilities, p. 110.

[39] Keith Stickley, "$100,000 Pledged to Fight Power Line," Winchester Evening Star, January 30, 1963.

[40] "Middleburg Group Will Fight VEPCO," London Times – Mirror, February 7, 1963.

[41] "Words of a Song Composed to Fight VEPCO's Proposal," Clarke Courier, February 7, 1963.

[42] "Merits of Nuclear Station Discussed," Richmond News Leader, June 15, 1966.

[43] "Nuclear Station Slated in Surry," Richmond Times – Dispatch, June 26, 1966.

[44]　"Coal Price Rise Prompted A - Plant," Charleston Gazette, June 27, 1966.

[45]　"Nuclear Plant Can Grow, Says VEPCO," Daily News Record (Harrisonburg), June 28, 1966.

[46]　"Plant Due to Save About $ 3 Million," Richmond News Leader, June 27, 1966.

[47]　Rush Loving, "More Units Possible at A - Plant," Richmond Times - Dispatch, June 28, 1966.

[48]　Nita Sizer, "A - Plant Plans Please Surry Chairman," Norfolk Virginian - Pilot, June 28, 1966.

[49]　Nita Sizer, "1st Vepco A - Plant to Generate in 71," Norfolk Virginian - Pilot, October 31, 1966.

[50]　Steven L. Del Sesto, Science, Politics and Controversy: Civilian Nuclear Power in the United States, 1946 - 1974, Westview, Boulder, CO, 1979, pp. 55 - 56,

[51]　Richard G. Hewlett and Jack M. Holl, Atoms for Peace and War, 1953 - 1961, University of California Press, Berkeley, 1989, p. 342.

[52]　Hewlett and Holl, Atoms for Peace, p. 344 - 345.

[53]　"Either Way It Looks Like a Lift for Power Reactors," Business Week, December 22, 1956, pp. 32 - 33.

[54]　"Either Way It Looks Like a Lift," p. 33.

[55]　Del Sesto, Science, Politics and Controversy, p. 58.

[56]　Ellen Maher, "The Dynamics of Growth in the U. S. Electric Power Industry," in Kenneth Sayre, ed., Values in the Electric Power Industry, University of Notre Dame Press, Notre Dame, IN, 1977, pp. 149 - 216.

[57]　Virginia Electric and Power Company, 1962 Annual Report, p. 2.

[58]　Virginia Electric and Power Company, 1962 Annual Report, p. 2.

[59]　Hewlett and Holl, Atoms for Peace, p. 197.

[60]　Virginia Electric and Power Company, 1959 Annual Report, p. 7.

[61]　Del Sesto, Science, Politics and Controversy, pp. 59 - 61.

[62]　James M. Jasper, Nuclear Politics: Energy and the State in the United Slates, Sweden and France, Princeton University Press, Princeton, NJ, 1990, p. 49.

[63] "GPU Announces Big Low - Cost Atomic Power Plant for 1967," Public Utilities Fortnightly, January 16, 1964, 41 - 42.

[64] "The Jersey Central Report," Forum Memo to Members (newsletter of the Atomic Industrial Forum), March 1964, pp. 3 - 7.

[65] Irvin C. Bupp and Jean - Claude Derian, Light Water: How the Nuclear Dream Dissolved, Basic Books, New York, 1978, 45 - 46.

[66] Owen Ely, "Debate Over 'Breakthrough' in Cost of Atomic Power at Oyster Creek Plant," Public Utilities Fortnightly, October 8, 1964, pp. 95 - 97.

[67] "GE Price List for Atomic Power Plants," Public Utilities Fortnightly, November 19, 1964, pp. 53 - 54.

[68] Arturo Gándara, Electric Utility Decisionmaking and the Nuclear Option, RAND Study for the National Science Foundation, 1977, pp. 60 - 61.

[69] "Atomic Energy: The Powerhouse," Time, January 12, 1959, pp. 74 - 86.

[70] Allan T. Demaree, "G. E.'s Costly Ventures Into the Future," Fortune, October 1970, pp. 88 - 93ff.

[71] "Atomic Energy: The Powerhouse," p. 86.

[72] "Con Ed Plans 1,000 - Mw Reactor in N.Y. City; Pendleton Site Cleared" Nucleonics Week, December 13, 1962, pp. 1 - 2.

[73] "Westinghouse Wins LADWP Bidding," Nucleonics Week, January 31, 1963, pp. 1 - 3.

[74] Richard L. Meehan, The Atom and the Fault (paperback ed.), MIT Press, Cambridge, 1986, pp. 41 - 42.

[75] Demaree, "G.E.'s Costly Ventures," p. 93.

[76] Demaree, "G.E.'s Costly Ventures," p. 93.

[77] Ely, "Debate Over Breakthrough," pp. 96 - 97.

[78] Alvin Weinberg, The First Nuclear Era: The Life and Times of a Technological Fixer, American Institute of Physics, New York, 1994, p. 135.

[79] Mark Hertsgaard, Nuclear Inc.: The Men and Money Behind Nuclear Energy, Pantheon, New York, 1983, p. 43.

[80] Weinberg, The First Nuclear Era, p. 135.

[81]　Bupp and Derian, Light Water, p. 79.

[82]　Gándara, Electric Utility Decision – Making, p. 53.

[83]　Interview with Bertram Wolfe, August 15, 1994.

[84]　Demaree, "G.E.'s Costly Ventures," p. 93.

[85]　Tom O'Hanlon, "An Atomic Bomb in the Land of Coul," Fortune, September 1966, pp. 132 – 133.

[86]　A Midsummer Avalanche," Nuclear Industry, July 1966, pp. 3 – 15.

[87]　Gándara, Electric Utitlty Decision – Making, pp. 60 – 62.

[88]　Gándara, Electric Utitlty Decision – Making, p. 62.

[89]　An Historical Overview of the Comanche Peak Steam Electric Station, a booklet published by TU – Electric, Dallas, TX, p. 7.

[90]　Bupp and Derian, Light Water, p. 82.

[91]　Gándara, Electric Utitlty Decision – Making, p. 8.

Four: Complexity

[1]　John Purcell, From Hand Ax to Laser: Man's Growing Mastery of Energy, Vanguard, New York, 1982.

[2]　Barry Lopez, "On the Wings of Commerce," Harper's Magazine, October 1995, pp. 39 – 54.

[3]　Tom R. Burns and Thomas Dietz, "Technology, Sociotechnical Systems, Technological Development: An Evolutionary Perspective," in Meinolf Dierkes and Ute Hoffmann, eds., New Technology at the Outset: Social Forces in the Shaping of Technological Innovations, Westview, Boulder, CO, 1992, pp. 206 – 238. See especially pp. 211 – 224.

[4]　John Farey, A Treatise on the Steam Engine, Longman, Rees, Orme, Brown, and Green, London, 1827. It was reprinted in 1971 by David & Charles, Devon.

[5]　R.A. Buchanan and George Walkins, The Industrial Archaeology of the Steam Engine, Allen Lane, London, 1976.

[6]　L.T.C. Roll and J.S. Allen, The Steam Engine of Thomas Newcomen, Moorland, Harrington, UK, 1977.

[7]　Rolt and Allen, Steam Engine, p. 46.

[8]　Buchanan and Watkins, Industrial Archaeology, p. 5.

[9]　Buchanan and Watkins, Industrial Archaeology, pp. 10 – 12.

[10]　H.W. Dickinson, James Watt, Babcock & Wilcox, Cambridge, 1935.

[11]　Buchanan and Watkins, Industrial Archaeology, pp. 14 – 20.

[12]　Purcell, From Hand Ax to Laser, pp. 246 – 252.

[13]　Dickinson, fames Watt, p. 39.

[14]　Dickinson, James Watt, pp. 43, 87.

[15]　Dickinson, James Watt, p. 124.

[16]　Dickinson, James Watt, pp. 143 – 144.

[17]　Buchanan and Watkins, Industrial Archaeology, p. 17.

[18]　Buchanan and Watkins, Industrial Archaeology, pp. 51 – 52.

[19]　Dickinson, James Watt, p. 91.

[20]　Dickinson, James Watt, p. 103.

[21]　Rolt and Allen, Steam Engine, chapters 3 & 5.

[22]　Dickinson, James Wail, pp. 103 – 105.

[23]　Dickinson, James Watt, p. 132.

[24]　Buchanan and Watkins, Industrial Archaeology, chapter 4, for details on increasing the pressure and efficiency of steam engines.

[25]　Buchanan and Watkins, Industrial Archaeology, p. 52.

[26]　Buchanan and Watkins,Industrial Archaeology, pp.79 – 80. [27]Edward W Constant II, The Origins of the Turbojet Revolution, Johns Hopkins University Press, Baltimore, MD, 1980, pp. 63 – 82.

[28]　Buchanan and Watkins, Industrial Archaeology, p. 19.

[29]　Douglas Lavin, "Chrysler Recalls Neon Cars to Fix Computer Units," Wall Street Journal, eastern ed., February 7, 1994, p. C6.

[30]　Charles E. Ramirez, "ABS Seals Triggered Neon Recall," Automotive News, February 21, 1994, p. 32.

[31]　Douglas Lavin, "Chrysler's Neon Had Third Defect, U.S. Agency Says," Wall Street Journal, eastern ed., April 8, 1994, p. A4.

[32]　Liz Pinto, "GM Works to Fix Bugs, Reputation of Quad 4 Engine," Automotive News, April 5, 1993, pp. 1ff.

[33]　Oscar Suris and Gregory N. Racz, "Honda Doubles Size of Recall to

Biggest Ever," Wall Street Journal, eastern ed., June 16, 1993, p. Bl.

[34] Douglas Lavin, "In the Year of the Recall, Some Companies Had to Fix More Cars Than They Made," Wall Street Journal, eastern ed., February 24, 1994, p. Bl.

[35] Stephen H. Unger, Controlling Technology: Ethics and the Responsible Engineer, Wiley, New York, 1994, pp. 16 - 20.

[36] Unger, Controlling Technology, p. 18.

[37] Unger, Controlling Technology, pp. 18 - 19.

[38] Bev Littlewood and Lorenzo Strigini, "The Risks of Software," Scientific American, November 1992, pp. 62 - 66ff.

[39] Ivars Peterson, "Warning: This Software May Be Unsafe," Science News, September 13, 1986, pp. 171 - 173.

[40] Ivars Peterson, "Finding Fault," Science News, February 16, 1991, pp. 104 - 106.

[41] Leonard Lee, The Day the Phones Stopped, Donald I. Fine, New York, 1991, pp. 71 - 97.

[42] Littlewood and Strigini, "Risks of Software," p. 62.

[43] Peterson, "Finding Fault," pp. 104, 106.

[44] Littlewood and Strigini, "Risks of Software," p. 75.

[45] U. S. Nuclear Regulatory Commission, " Reactor Safety Study: An Assessment of Accident Risks in U.S. Commercial Nuclear Power Plants" [Rasmussen report], WASH - 1400, NUREG 75/014. Nuclear Regulatory Commission, Washington, DC, 1975. Available from National Technical Information Service, Springfield, VA.

[46] Daniel Ford, The Cult of the Atom, Simon and Schuster, New York, 1982, pp. 157 - 158.

[47] John G. Kemeny et al, Report of the President's Commission on the Accident at Three Mile Island, Pergamon, New York, 1979.

[48] Nathan Rosenberg, Inside the Black Box: Technology and Economics, Cambridge University Press, Cambridge, 1982, pp. 125 - 135.

[49] Rosenberg, Inside the Black Box, p. 126.

[50] Nathan Rosenberg, Exploring the Black Box: Technology, Economics and

History. Cambridge University Press, Cambridge, 1994, pp. 18 – 19.

[51] Theodore Rockwell, The Rickover Effect: How One Man Made a Difference, Naval Institute Press, Annapolis, MD, 1992, pp. 158 – 159.

[52] Robert Perry el al., The Development and Commercialization of the Light Water Reactor, RAND Study for the National Science Foundation, Santa Monica, CA, 1977, p. 82.

[53] Federal Power Commission, The 1970 National Power Survey, Parti. U.S. Government Printing Office, Washington, DC, 1971, pp. 1 – 5 – 3, 1 – 5 – 4.

[54] Edison Electric Institute, Report on Equipment Availability for the Twelve – Year Period 1960 – 1971, November 1971.

[55] John Hogerton, "The Arrival of Nuclear Power,"Scientific American 218: 2 (February 1968), pp. 21 – 31.

[56] "The Pathfinder for Nuclear Power," Business Week, March 11, 1967, pp. 77 – 78.

[57] Harold B. Meyers, "The Great Nuclear Fizzle at Old B&W," Fortune, November 1969, pp. 123 – 125ff.

[58] Interview with Bertram Wolfe, August 15, 1994.

[59] Richard Wolfson, Nuclear Choices., MIT Press, Cambridge, MA, 1991, p. 187.

[60] Carroll L. Wilson,"Nuclear Energy: What Went Wrong," Bulletin of the Atomic Scientists, Jun 1979, 13 – 17.

[61] Perry, Development and Commercialization, p. 83.

[62] Ford, Cult of the Atom, pp. 66 – 67.

[63] Perry, Development and Commercialization, p. 57.

[64] Perry, Development and Commercialization, p. 53.

[65] James M. Jasper, Nuclear Politics, Princeton University Press, Princeton, NJ, 1990, pp. 74 – 97.

[66] Kent Hansen, Dietmar Winje, Eric Beckjord, Elias P Gyftopoulos, Michael Golay, and Richard Lester, "Making Nuclear Power Work: Lessons From Around the World." Technology Review, February/ March 1989, pp. 31 – 40. See also Jasper, Nuclear Politics, p. 91,

[67] Jasper, pp. 252 – 253; also "World List of Nuclear Power Plants," Nuclear

News, September 1993, pp. 43 - 62.

[68] Jasper, Nuclear Politics, p. 251.

[69] Simon Rippon, "Focusing on Today's European Nuclear Scene," Nuclear News, November 1992, pp. 81 - 82ff.

[70] James Cook, "Nuclear Follies," Forbes, February 11, 1985, pp. 82 - 100.

[71] E. Michael Blake, "U. S. Capacity Factors: Soaring to New Heights," Nuclear News, May 1993, pp. 40 - 47ff.

[72] "PGE Decides to Close Plant Now, Not in 1996,"Nuclear News, February 1993, pp. 28 - 29.

[73] Wolfe interview, August 15, 1994.

Five: Choices

[1] "1951—The Payoff Year," Business Week, July 28, 1951, pp. 99 - 108.

[2] "Atomic Furnaces in the Service of Peace," Business Week,July 28, 1951, p. 136.

[3] Alvin M. Weinberg, The First Nuclear Era: The Life and Times of a Technological Fixer, American Institute of Physics, New York, 1994, pp. 38 - 39.

[4] Alvin M. Weinberg, "Survey of Fuel Cycles and Reactor Types," Proceedings, First Geneva Conference, vol. 3, p. 19.

[5] Philip Mullenbach, Civilian Nuclear Power: Economic Issues and Policy Formation, Twentieth Century Fund, New York, 1963, p. 39.

[6] W.Brian Arthur,"Competing Technologies: An Overview," in G. Dosi et al., eds., Technical Change and Economic Theory, Pinter, London, 1988, pp. 590 - 607.

[7] W Brian Arthur,"Posi tive Feedbacks in the Economy," Scientific American, February 1990, pp. 92 - 99.

[8] Richard W. England, ed., Evolutionary Concepts in Contemporary Economics, University of Michigan Press, Ann Arbor, 1994.

[9] Robert Pool, "Putting Game Theory to the Test," Science 267 (March 17, 1995), pp. 1591 - 1593.

[10] Robert Pool,"Economics: Game Theory's Winning Hands," Science 266

(October 21, 1994), p. 371.

[11]　W. Brian Arthur,"Competing Technologies , Increasing Returns, and Lock - In by Historical Events," The Economic Journal 99 (March 1989), pp. 116 - 131.

[12]　Arthur,"Positive Feedbacks in the Economy."

[13]　Charles McLaughlin, "The Stanley Steamer: A Study in Unsuccessful Innovation," Explorations in Entrepreneurial History 7 (October 1954), pp. 37 - 47.

[14]　The, Random House Encyclopedia, Random House, New York, 1983, p. 1694.

[15]　Mac DeMere, "Batteries Not Included," Motor Trend, November 1995, pp. 134 - 135.

[16]　McLaughlin,"Stanley Steamer," p. 40.

[17]　William Fletcher, English and American Steam Carnages and Traction Engines (reprinted 1973). David and Charles, Newton Abbot, 1904, p. ix.

[18]　McLaughlin, "Stanley Steamer," p. 39.

[19]　Thomas S. Derr, The Modern Steam Car and Background, Los Angeles, 1945, p. 145.

[20]　Arthur,"Competing Technologies: An Overview," p. 596.

[21]　McLaughlin, "Stanley Steamer," p. 44.

[22]　McLaughlin, "Stanley Steamer," p. 45.

[23]　Nathan Rosenberg, Exploring the Black Box: Technology, Econo mics and History, Cambridge University Press, Cambridge, 1994.

[24]　Arthur,"Positive Feedbacks in the Economy," p. 94.

[25]　Arthur, "Positive Feedbacks in the Economy," p. 93.

[26]　Arthur, "Competing Technologies: An Overview," p. 591.

[27]　Paul A. David, "Clio and the Economics of QWERTY," Economic History 75:2 (May 1985), pp. 332 - 337.

[28]　William Hoffer, "The Dvorak Keyboard: Is It Your Type?" Nation's Business, August 1985, pp. 38 - 40.

[29]　S.J. Liebowitz and Stephen E. Margolis,"The Fable of the Keys," Journal of Law and Economics 33 (April 1990), pp. 1 - 25.

[30]　They All Laughed. HarperCollins, New York, 1992.

［31］　David，"Clio，" p. 332.

［32］　McLaughlin，"Stanley Steamer，" p. 45.

［33］　David Beasley，The Suppression of the Automobile：Skullduggery at the Crossroads，Greenwood Press，Westport，CT，1988，p. xv.

［34］　David，"Clio，" pp. 332 – 333.

［35］　"Competing Technologies and Economic Prediction，" Options，April 1984，pp. 10 – 13.

［36］　Robin Cowan，"Tortoises and Hares：Choice Among Technologies of Unknown Merit，" The Economic Journal 101（July 1991），pp. 801 – 814.

［37］　Phillip Mullenbach，Civilian Nuclear Power：Economic Issues and Policy Formation. Twentieth Century Fund，New York，1963，p. 39.

［38］　John jagger，The Nuclear Lion，Plenum，New York，1991，p. 117.

［39］　American Nuclear Society，Controlled Nuclear Chain Reaction：The First 50 Years，American Nuclear Society，Lagrange Park，IL，1992，pp. 52 – 62.

［40］　Controlled Nuclear Chain Reaction，p. 52.

［41］　Harold Agnew，"Gas – Cooled Nuclear Power Reactors，" Scientific American，June 1981，pp. 55 – 63.

［42］　Richard G. Hewlett and Francis Duncan，Nuclear Navy，1946 – 1962，The University of Chicago Press，Chicago，1974，pp. 273 – 274.

［43］　Controlled Nuclear Chain Reaction，p. 60；and interview with Chauncey Starr，August 17，1994.

［44］　Alvin M. Weinberg，The First Nuclear Era The Life and Times of a Technological Fixer，American Institute of Physics，New York，1994，pp. 109 – 131.

［45］　Francis Duncan，Rickover and the Nuclear Navy：The Discipline of Technology，Naval Institute Press，Annapolis，

［46］　Steven L. Del Sesto，Science，Politics and Controversy：Civilian Nuclear Power in the United States，1946 – 1974，Westview，Boulder，CO，1979.

［47］　Controlled Nuclear Chain Reaction，pp. 52 – 97.

［48］　Robin Cowan，"Backing the Wrong Horse：Sequential Technology Choice Under Increasing Returns，" Ph.D. diss.，Stanford University，Stanford，CA，1987.

[49] J. C. Gittins and D. M. Jones, "A Dynamic Allocation Index for the Sequential Design of Experiments," in J. Gam, K. Sarkadi, and I. Vincze, Progress in Statistics North – Holland, Amsterdam, 1974.

[50] J. C. Gittins and D. M. Jones, "A Dynamic Allocation Index for the Discounted Mulfiarmerl Bandit Problem," Biometrika 66 (1979), pp. 561 – 565.

[51] Cowan, "Tortoises and Hares," p. 809.

[52] Irvin C. Bupp and Jean – Claude Derian, Light Water: How the Nuclear Dream Dissolved, Basic Books, New York, 1978.

[53] Richard G. Hewlett and Jack M. Holl, Atoms for Peace and War, 1953 – 1961, University of California Press, Berkeley, 1989.

[54] Louis Armand, Franz Estel, and Francesco Giordani, A Target for Euratom, reprinted in U.S. Congress, Joint Committee on Atomic Energy, Hearings, Proposed Euratom Agreements, 85th Congress, 2d Session, 1958, pp. 38 – 64.

[55] James M. Jasper, Nuclear Politics, Princeton University Press, Princeton, NJ, 1990, pp. 74 – 97.

[56] Yoon I. Chang, "The Total Nuclear Power Solution," The World. & I, April 1991, pp. 288 – 295.

[57] Lawrence M. Lidsky, "Safe Nuclear Power," The New Republic, December 28, 1987, pp. 20 – 23.

[58] Charles W. Forsberg and Alvin M. Weinberg, "Advanced Reactors, Passive Safety and Acceptance of Nuclear Energy," Annual Review of Energy 15 (1990), pp. 133 – 152.

[59] Alvin M. Weinberg, The First Nuclear Era, pp. 130 – 131.

[60] Nuclear Power Oversight Committee, Strategic Plan for Building New Nuclear Power Plants, Nuclear Power Oversight Committee, 1990.

[61] Cowan, "Tortoises and Hares," p. 808.

[62] Interview with Robin Cowan, March 25, 1996.

Six: Risk

[1] Xenograft Transplantation: Science, Ethics, and Public Policy. Conference

sponsored by the Institute of Medicine, Bethesda, Maryland, June 25 –
27, 1995.

[2]　Lawrence K. Airman, "Baboon Cells Fail to Thrive, but AIDS Patient
Improves," New York Times, February 9, 1996, p. A14.

[3]　Keith Schneider, "Biotechnology's Cash Cow," New York Times Magazine,
June 12, 1988, pp. 44 – 47＋.

[4]　Schneider, "Biotechnology's Cash Cow," p. 46.

[5]　Wade Roush, "Who Decides About Biotech?" Technology Review, July
1991, pp. 28 – 36.

[6]　Schneider,"Biotechnology's Cash Cow," p. 47.

[7]　Laura Tangley, "Biotechnology on the Farm," BioScience, October 1986,
pp. 590 – 593.

[8]　Robert J. Kalter, "The New Biotech Agriculture: Unforeseen Economic
Consequences," Issues in Science and Technology, Fall 1985, pp. 125 – 133.

[9]　Roush,"Who Decides?"p. 31.

[10]　Jeremy Cherfas, "Europe: Bovine Growth Hormone in a Political Maze,"
Science 249 (August 24, 1990), p. 852.

[11]　Reginald Rhein, "Tec – minus' May End Killer Frosts—and Stop the
Rain," Business Week, November 25, 1985, p. 42.

[12]　Leon Jaroff,"Fighting the Biotech Wars," Time, April 21, 1986, pp. 52 – 54.

[13]　Schneider, "Biotechnology's Cash Cow," p. 46.

[14]　Ann Gibbons,"FDA Publishes Bovine Growth Hormone Data," Science
249 (August 24, 1990), pp. 852 – 853.

[15]　Roush, "Who Decides?" p. 32.

[16]　Gibbons,"FDA Publishes Bovine Growth Hormone Data," p. 853.

[17]　Judith Juskevich and Greg Guyer, response to letter by David Kronfield,
Science 251 (January 18, 1991), pp. 256 – 257.

[18]　Ann Gibbons,"NIH Panel: Bovine Hormone Gets the Nod," Science 250
(December 14, 1990), p. 1506.

[19]　Roush,"Who Decides?" p. 31.

[20]　Keith Schneider,"Grocers Challenge Use of New Drug for Milk Output,"
New York Times, February 4, 1994, p. Al.

[21]   Keith Schneider, "Maine and Vermont Restrict Dairies' Use of a Growth
        Hormone," New York Times, April 15, 1994, p. A16.

[22]   Keith Schneider, "Lines Drawn in a War Over a Milk Hormone," New
        York Times, March 9, 1994, p. A12.

[23]   Roush, "Who Decides?" p. 34

[24]   Gina Kolata, "When the Geneticists' Fingers Get in the Food," New York
        Times, February 20, 1994, sec. 4, p. 14.

[25]   Roush, "Who Decides?" p. 32.

[26]   W.P Norton, "Just Say Moo," The Progressive, November 1989, pp. 26 – 29.

[27]   Michael Hansen, Jean Halloran, and Hank Snyder, "The Health of
        Cows," New York Times, March 7, 1994, p. A16.

[28]   Richard G. Hewlett and Jack M. Holl, Atoms for Peace and War, 1953 –
        1961, University of California Press, Berkeley, 1989, pp. 389, 579.

[29]   Hewlett and Holl, Atoms for Peace, pp. 153 – 154.

[30]   Robert Gillette, "Nuclear Safety (I): The Roots of Dissent," Science 177
        (September 1, 1972), pp. 771 – 774ff.

[31]   David Okrent, Nuclear Reactor Safely: On the History of the Regulatory
        Process. University of Wisconsin Press, Madison, 1981.

[32]   Jasper, NuckarPolitics, pp. 30 – 31.

[33]   Jasper, Nuclear Politics, p. 30.

[34]   Okrent, Nuclear Reactor Safety, p. 18.

[35]   Spencer R. Weart, Nuclear Fear: A History of Images, Harvard
        University Press, Cambridge, MA, 1988, p. 284.

[36]   "ACRS Qualms on Possible Vessel Failure Startle Industry," Nucleonics
        24:1 (January 1966), pp. 17 – 18.

[37]   Okrent, Nuclear Reactor Safety, pp. 85 – 98.

[38]   Okrent, Nuclear Reactor Safety, pp. 101 – 103.

[39]   Okrent, Nuclear Reactor Safety, pp. 103 – 133.

[40]   Weart, Nuclear Fear, pp. 306 – 307.

[41]   Gillette, "Nuclear Safety (I)," p. 772.

[42]   Weart, Nuclear Fear, p. 308.

[43]   Joel Primack and Frank von Hippel, Advice and Dissent: Scientists in the

Political Arena, Basic Books, New York, 1974, pp. 208 - 235.

[44] Joel Primack and Frank von Hippel, "Nuclear Reactor Safety: The Origins and Issues of a Vital Debate," Bulletin of the Atomic Scientists, October 1974, pp. 5 - 12.

[45] Daniel Ford, The Cult of the Atom, Simon and Schuster, New York, 1982.

[46] Weart, NuckarFear, p. 319.

[47] Alvin M. Weinberg, The First Nuclear Era, p. 193.

[48] Okrent, Nuclear Reactor Safety, pp. 182 - 183.

[49] U.S. Nuclear Regulatory Commission, "Reactor Safety Study: An Assessment of Accident Risks in U. S. Commercial Nuclear Power Plants" [Rasmussen report], WASH - 1400, NUREG 75/014, Nuclear Regulatory Commission, Washington, DC, 1975. Available from National Technical Information Service, Springfield, VA.

[50] Ford, Cult of the Atom, pp. 133 - 173.

[51] Ford, Cult of the Atom, pp. 157 - 158.

[52] Ford, Cult of the Atom, pp. 163 - 166.

[53] Mike Gray and Ira Rosen, The Warning: Accident at Three Mile Island, W. W. Norton, New York, 1982, p. 269.

[54] John G. Kemeny et al, Report of the President's Commission on the Accident at Three Mile Island, Pergamon, New York, 1979.

[55] Joseph Rees, Hostages of Each Other: The Transformation of Nuclear Safety Since Three Mile Island, University of Chicago Press, Chicago, 1994, pp. 16 - 19.

[56] Ellis Rubinstein, "The Accident that Shouldn't Have Happened," IEEE Spectrum 16:11 (November 1979), pp. 33 - 42.

[57] Gray and Rosen, The Warning, pp. 33 - 69.

[58] Rubinstein, "The Accident that Shouldn't Have Happened," p. 38.

[59] Aaron Wildavsky, Searching for Safety, Transaction Publishers, New Brunswick, NJ, 1988, pp. 125 - 140.

[60] Gray and Rosen, The Warning, p. 75.

[61] Charles Perrow, Normal Accidents: Living With High - Risk Technologies, Basic Books, New York, 1984.

[62] Perrow, Normal Accidents, pp. 334 – 335.

[63] Bernard Cohen, The Nuclear Energy Option, Plenum, New York, 1990.

[64] Cohen, Nuclear Energy Option, pp. 52 – 54.

[65] "Plants 'Safe,' Executive Declares," Public Utilities Fortnightly, January 2, 1964, pp. 60 – 61.

[66] Paul Slovic, Baruch Fischhoff, and Sarah Lichtenstein, "Facts and Fears: Understanding Perceived Risk," in Richard C.

[67] Schwing and Walter A. Albers, Societal Risk Assessment: How Safe Is Safe Enough? Plenum, New York, 1980, pp. 181 – 216.

[68] Cohen, Nuclear Energy Option, pp. 134 – 135.

[69] Slovic, Fischhoff, and Lichtenstein, "Facts and Fears," p. 191.

[70] Slovic, Fischhoff and Lichtenstein, "Facts and Fears," pp. 190 – 194.

[71] NRC, "Reactor Safety Study: An Assessment."

[72] Steve Rayner and Robin Cantor, "How Fair Is Safe Enough? The Cultural Approach to Societal Technology Choice," Risk Analysis 7:1 (1987), pp. 3 – 9.

[73] Weart, Nuclear Fear, pp. 184 – 195.

[74] Daniel Grossman, "Neo – Luddites: Don't Just Say Yes to Technology," Utne Reader, March/April 1990, pp. 44 – 49.

[75] Rayner and Cantor, "How Fair Is Safe Enough?" p. 4.

[76] Cohen's Nuclear Energy Option, pp. 137 – 144.

[77] Mary Douglas and Aaron Wildavsky, Risk and Culture, University of California Press, Berkeley, 1982.

[78] Douglas and Wildavsky, Risk and Culture, pp. 102 – 125.

[79] Douglas and Wildavsky, Risk and Culture, p. 127.

[80] Interview with Jan Beyea, National Audubon Society, November 10, 1993.

[81] Douglas and Wildavsky, Risk and Culture, p. 150.

[82] Richard P. Barke and Hank C. Jenkins – Smith, "Politics and Scientific Expertise: Scientists, Risk Perception, and Nuclear Waste Policy," Risk Analysis 13:4 (1993), pp. 425 – 439.

[83] Stanley Rothman and S. Robert Lichter, "Elite Ideology and Risk Perception in Nuclear Energy Policy," American Political Science Review

81:2 (June 1987), pp. 383 - 404.

[84] Richard L. Meehan, The Atom and the Fault, MIT Press, Cambridge, MA, 1984.

Seven: Control

[1] Geoffrey Aronson, "The Co - opting of CASE," The Nation, December 4, 1989, pp. 678ff.

[2] "An Historical Overview of the Comanche Peak Steam Electric Station," TU Electric, Dallas, TX, 1989.

[3] "An Historical Overview," pp. 6 - 7.

[4] Dana Rubin, "Power Switch," Texas Monthly 18:10 (October 1990), pp. 144 - 147ff.

[5] Rubin, "Power Switch," p. 147.

[6] Rubin, "Power Switch," p. 188.

[7] "An Historical Overview," pp. 25, 29.

[8] Bruce Millar, "NRC Judge Finds Release in Meditation," The Washington Times, February 4, 1988, p. B4.

[9] "An Historical Overview," pp. 43 - 44.

[10] Rubin, "Power Switch," p. 191.

[11] Seymour Martin Lipset: American Exceptionalism: A Doubled - Edged Sword, W.W. Norton & Company, New York, 1996.

[12] The First New Nation: The United States in Historical and Comparative Perspective, Basic Books, New York, 1963.

[13] David Okrent, Nuclear Reactor Safety: On the History of the Regulatory Process, University of Wisconsin Press, Madison, 1981, pp. 6 - 9.

[14] Dorothy Nelkin and Michael Pollak, "The Antinuclear Movement in France," Technology Review, November/December 1980, pp. 36 - 37.

[15] Jack Barkenbus, "Nuclear Power and Government Structure: The Divergent Paths of the United States and France," Social Science Quarterly 65:1 (1984), pp. 37 - 47.

[16] Kent Hansen, Dietmar Winje, Eric Beckjord, Elias P. Gyftopoulos, Michael Golay, and Richard Lester, "Making Nuclear Power Work:

Lessons From Around the World," Technology Review, February/ March 1989, 31 - 40.

[17]　Hansen et al, "Making Nuclear Power Work," p. 35.

[18]　James M. Jasper, Nuclear Politics, Princeton University Press, Princeton, NJ, 1990, p. 17.

[19]　Spencer R. Weart, Nuclear Fear: A History of Images, Harvard University Press, Cambridge, MA, 1988, pp. 306 - 307.

[20]　President's Commission on the Accident at Three Mile Island, The Need for Change: The Legacy of TMI, U. S. Government Printing Office, Washington, DC, 1979.

[21]　Joseph Rees, Hostages of Each Other: The Transformation of Nuclear Safely Since Three Mile Island, University of Chicago Press, Chicago, 1994, pp. 19 - 20.

[22]　Jack N. Barkenbus, "Nuclear Regulatory Reform: A Technology - Forcing Approach," Issues in Science and Technology 2 (Summer 1986), pp. 102 - 110.

[23]　Barkenbus, "Nuclear Regulatory Reform," p. 104.

[24]　Walter Marshall, "The Sizewell B PWR," Nuclear Europe 2 (March 1982), p. 17.

[25]　Barkenbus, "Nuclear Regulatory Reform," pp. 104 - 105.

[26]　Hansen et al., "Making Nuclear Power Work," pp. 36 - 37.

[27]　James Cook, "Nuclear Follies," Forbes, February 11, 1985, pp. 82 - 100.

[28]　Anne Witte Garland, "Mary Sinclair," Ms. 13 (January 1985), pp. 64 - 66ff. See also Frank Graham, "Reformed Nuke," Audubon 93 (January 1991), p. 13.

[29]　James Lawless, "Moscow 'Radicals' Stop a Nuclear Plant," Sierra 72 (January/February 1987), pp. 125 - 130.

[30]　Todd Mason and Corie Brown, "Juanita Ellis: Antinuke Saint or Sellout?" Business Week, October 24, 1988, pp. 84ff.

[31]　John L. Campbell, Collapse of an Industry: Nuclear Power and the Contradictions of U. S. Policy, Cornell University Press, Ithaca, NY, 1988, p. 85.

[32] Matthew Wald, "Seabrook Feels the Chernobyl Syn drome," New York Times, July 27, 1986, sec. 4, p. 5.

[33] Campbell, Collapse of an Industry, pp. 85 - 86.

[34] Cook, "Nuclear Follies," p. 89.

[35] Charles Komanoff, Power Plant Cost Escalation: Nuclear and Coal Capital Costs, Regulation and Economics, Van Nostrand Reinhold, New York, 1981.

[36] Campbell, Collapse of an Industry, pp. 92 - 109.

[37] Michael W. Golay, "How Prometheus Came To Be Bound: Nuclear Regulation in America," Technology Review (June/July 1980), pp. 29 - 39.

[38] Cf. Golay, "How Prometheus Came To Be Bound," p. 36.

[39] James R Pfiffner, The Modern Presidency, St. Martin's Press, New York, 1994, p. 26.

[40] Hansen et al, "Making Nuclear Power Work," p. 38.

[41] Robert Pool, "In Search of the Plastic Potato," Science 245 (September 15, 1989), pp. 1187 - 1189.

[42] Sheila Jasanoff, Science at the Bar: Law, Science, and Technology in America, Harvard University Press, Cambridge, MA, 1995, pp. 141 - 142.

[43] Jasanoff, Science at the Bar, p. 151.

[44] "Mutant Bacteria Meet Frosty Reception Outside the Laboratory," New Scientist, April 12, 1984, p.8.

[45] Jasanoff, Science at the Bar, p. 151.

[46] Maxine Singer, "Genetics and the Law: A Scientist's View," Yale Law and Policy Review 3.2 (Spring 1985), pp. 315 - 335.

[47] Mark Crawford, "Lindow Microbe Text Delayed by Legal Action Until Spring," Science 233 (September 5, 1986), p. 1034.

[48] Jean Marx, "Assessing the Risks of Microbial Release," Science 237 (September 18, 1987), pp. 1413 - 1417.

[49] Jasanoff, Science at the Bar, pp. 11 - 12.

[50] Raymond I. Press et al, "Antinuclear Antibodies in Women with Silicone

Breast Implants," Lancet 340 (November 28, 1992), pp. 1304 – 1307.

[51]　Gina Kolata,"A Case of Justice, or a Total Travesty?" New York Times, June 13, 1995, p. Dl.

[52]　"Dow Corning Broke," Maclean's, May 29, 1995, p. 50.

[53]　Linda Himelstein, "A Breast – Implant Deal Comes Down to the Wire," Business Week, September 4, 1995, pp. 88 – 89ff.

[54]　Sherine E. Gabriel, W. Michael O'Fallon, Leonard T. Kurland, and C. Mary Beard,"Risk of Connective – Tissue Diseases and Other Disorders After Breast Implantation," New England Journal of Medicine 330 (June 16, 1994), pp. 1697 – 1702.

[55]　Jorge Sanchez – Guerrero, Graham A. Colditz, Elizabeth W. Karlson, and DavidJ. Hunter, "Silicone Breast Implants and the Risk of Connective – Tissue Diseases and Symptoms," New England Journal of Medicine 332 (June 22, 1995), pp. 1666 – 1670.

[56]　Jasanoff, Science at the Bar, pp. 54 – 55.

[57]　Jasanoff, Science at the Bar, p. 54.

[58]　Jasanoff, Science at the Bar, p. 55.

[59]　Joel Yellin, "High Technology and the Courts: Nuclear Power and the Need for Institutional Reform," Harvard law Review 94: 3 (January 1981), pp. 489 – 560. In particular, see pp. 552 – 553.

[60]　Yellin, "High Technology and the Court," p. 516 – 531.

[61]　Arthur Kantrowitz "Proposal for an Institution for Scientific Judgment," Science 156 (May 12, 1967), pp. 763 – 764.

[62]　Task Force of the Presidential Advisory Group on Anticipated Advances in Science and Technology, "The Science Court Experiment: An Interim Report," Science 193 (August 20, 1976), pp. 653 – 656.

[63]　Jasanoff, Science at the Bar, p. 66.

[64]　Daubert v. MerrellDow Pharmaceuticals in Jasanoff, Science at the Bar, pp. 62 – 65.

[65]　J. Samuel Walker, Containing the Atom: Nuclear Regulation in a Changing Environment, 1963 – 1971, University of California Press, Berkeley, 1992, pp. 363 – 383.

［66］　Jasper, Nuclear Politics, p. 55.

［67］　Yellin, "High Technology and the Courts," p. 550.

［68］　Daniel Ford, The Cult of the Atom, Simon and Schuster, New York, 1982, pp. 133 - 173.

［69］　Jasanoff, Science at the Bar, p. 66.

［70］　Jasanoff, Science at the Bar, p. 140.

［71］　Matthew L. Wald, "Hired to Be Negotiator, but Treated Like Pariah," New York Times, February 13, 1991, p. B5.

［72］　Luther J. Carter, Nuclear Imperatives and Public Trust, Resources for the Future, Washington, DC, 1987, pp. 302 - 306.

［73］　Cf. James Flynn, James Chalmers, Doug Easterling, Roger Kasperson, Howard Kunreuther, C.K. Mertz, Alvin Mushkatel, K. David Pijawka, and Paul Slovic, One Hundred Years of Solitude: Redirecting America's High - Level Nuclear Waste Policy, Westview, Boulder, CO, 1995, p. 71.

［74］　Paul Slovic, Mark Layman, and James H. Flynn, "Lessons from Yucca Mountain," Environment 33:3 (April 1991), pp. 7 - 11ff.

［75］　Carter, Nuclear Imperatives, pp. 9 - 10.

［76］　Spencer S. Hsu, "The Debate Over Disney Intensifies," Washington Post, January 7, 1994, p. Dl; Linda Feldman, "Disney Theme Park Sparks New Civil War in Virginia," Christian Science Monitor - June 28, 1994, p. 10.

［77］　Bernard Holznagel, "Negotiation and Mediation: The Newest Approach to Hazardous Waste Facility Siting," Boston College Environmental Affairs Law Review 13 (1986), pp. 329 - 378.

［78］　Holznagel, "Negotiation and Mediation," pp. 377 - 378.

［79］　Ilolznagel, "Negotiation and Mediation," p. 352.

［80］　Carter, Nuclear Imperatives, pp. 54 - 61.

［81］　Carter, Nuclear Imperatives, pp. 65 - 71.

［82］　Flynn et al, One Hundred Years of Solitude, pp. 33 - 44.

［83］　Flynn et al, One Hundred Years of Solitude, pp. 40 - 42.

［84］　Chris G. Whipple, "Can Nuclear Waste Be Stored Safely at Yucca Mountain?" Scientific American, June 1996, pp. 72 - 79.

［85］　Slovic, Layman, and Flynn, "Lessons from Yucca Mountain," p. 7.

[86] Slovic, Layman, and Flynn, "Lessons from Yucca Mountain," p. 7.

[87] Tom Uhlenbrock, "Tribe Offering Repository Site," St. Louis Post - Dispatch, October 16, 1994, p. A10.

[88] George Johnson, "Nuclear Waste Dump Gets Tribe's Approval in Re - Vote," New York Times, March 11, 1995, p. A6.

[89] "Stop Environmental Racism," St. Louis Post - Dispatch, May 11, 1991, p. B2.

[90] Robert Bryce, "Nuclear Waste's Last Stand: Apache Land," Christian Science Monitor, September 2, 1994, p. 6.

[91] Carter, Nuclear Imperatives, pp. 412 - 413. These are all real fears of Nevadans with regard to Yucca Mountain. See Flynn et al, One Hundred Years of Solitude, pp. 10 - 11.

[92] Flynn et al., One Hundred Years of Solitude, pp. 97 - 101.

Eight: Managing the Faustian Bargain

[1] Alvin Weinberg's Rutherford Centennial lecture at the annual meeting of the American Association for the Advancement of Science, in Philadelphia, December 27, 1971. The text of the speech was later printed as "Social Institutions and Nuclear Energy," Science 177 (July 7, 1972), pp. 27 - 34.

[2] Ellis Rubinstein, "The Accident That Shouldn't Have Happened," IEEE Spectrum 16:11 (November 1979), pp. 33 - 42.

[3] Todd R. La Porte and Paula M. Consolini, "Working in Practice But Not in Theory: Theoretical Challenges of 'High - Reliability Organizations,'" Journal of Public Administration Research and Theory, January 1991, pp. 19 - 47.

[4] Karl E. Weick, "Organizational Culture as a Source of High Reliability," California Management Review 39:2 (Winter 1987), pp. 112 - 127.

[5] Charles Perrow, Normal Accidents: Living With High - Risk Technologies, Basic Books, New York, 1984, p. 334.

[6] La Porte and Consolini give credit for the phrase to Walter Heller in "Working in Practice," p. 19.

[7] Scott Sagan, The Limits of Safety: Organizations, Accidents and Nuckar

Weapons, Princeton University Press, Princeton, NJ, 1993.

[8] Todd R. La Porte,"A Strawman Speaks Up: Comments on The Limits of Safety" pp. 207 - 211.

[9] Todd R. La Porte and Gene Rochlin, "A Rejoinder to Perrow," pp. 221 - 227.

[10] Steven Unger, Controlling Technology: Ethics and the Responsible. Engineer (2nd ed.), Wiley, New York, 1994, p. 72.

[11] Unger, Controlling Technology, p. 69.

[12] Paul Shrivastava, Bhopal: Anatomy of a Crisis, Ballinger, Cambridge, MA, 1987, p. 45.

[13] Shrivastava, Bhopal, pp. 39 - 42.

[14] Shrivastava, Bhopal, pp. 41, 51 - 52; Unger, Controlling Technology, p. 68.

[15] Shrivastava, Bhopal, pp. 49 - 50; Unger, Controlling Technology, pp. 68 - 69.

[16] Unger, Controlling Technology, pp. 69 - 70.

[17] Shrivastava, Bhopal, pp. 46 - 57, and Unger, Controlling Technology, pp. 69 - 71.

[18] Shrivastava, Bhopal, pp. 13, 20.

[19] Unger, Controlling Technology, pp. 92 - 93.

[20] Maureen Hogan Casamayou, Bureaucracy in Crisis: Three Mile Island, the Shuttle Challenge and Risk Assessment, Westview, Boulder, CO, 1993, pp. 57 - 85.

[21] Diane Vaughn, The Challenger Launch Decision: Risky Technology, Culture, and Deviance at NASA, University of Chicago Press, Chicago, 1996.

[22] Unger, Controlling Technology, p. 97.

[23] Unger, Controlling Technology, pp. 96 - 97. See also Hugh Sidey,"'We Have to Be in Space,'"Tme, June 9, 1986, p. 18.

[24] Casamayou, Bureaucracy in Crisis, pp. 52 - 53.

[25] Unger, Controlling Technology, p. 94.

[26] Casamayou, Bureaucracy in Crisis, p. 42.

[27] Ed Magnuson, "Fixing NASA" Time. June 9, 1986, p. 23.

[28] Magnuson, "Fixing NASA," p. 17.

[29] La Porte and Consolini, "Working in Practice," p. 21.

[30] Gene I. Rochlin, "Defining 'High Reliability' Organizations in Practice: A Taxonomic Prologue," in Karlene H. Roberts, ed., New Challenges to Understanding Organizations, Macmillan, New York, 1993, pp. 11 - 32.

[31] Gene Rochlin, Todd R. La Porte and Karlene H. Roberts, "The Self - Designing High Reliability Organization: Aircraft Carrier Flight Operations at Sea," Naval War College Review (Autumn 1987), pp. 76 - 90.

[32] La Porte and Consolini, "Working in Practice," p. 39.

[33] Karlene H. Roberts, "Introduction" in Karlene H. Roberts, ed., New Challenges to Understanding Organizations, Macmillan, New York, 1993, pp. 1 - 10.

[34] John Pfeiffer, "The Secret of Life at the Limit: Cogs Become Big Wheels," Smithsonian 20 (July 1989), pp. 38 - 48.

[35] La Porte and Consolini, "Working in Practice," pp. 38 - 39.

[36] La Porte and Consolini, "Working in Practice," p. 39.

[37] Pfeiffer, "The Secret of Life at the Limit," pp. 43 - 44.

[38] Rochlin, La Porte, and Roberts, "The Self - Designing High - Reliability Organization."

[39] La Porte and Consolini, "Working in Practice," p. 32.

[40] Rochlin, La Porte, and Roberts, "Self - Designing High - Reliability Organization," p. 85.

[41] La Porte and Consolini, "Working in Practice," pp. 34 - 35.

[42] Rochlin, La Porte, and Roberts, "Self - Designing High - Reliability Organization," pp. 83 - 84.

[43] Rochlin, La Porte, and Roberts, "Self - Designing High - Reliability Organization," pp. 82 - 83.

[44] Paul R. Schulman, "The Negotiated Order of Organizational Reliability" Administration &. Society 25:3 (November 1993), pp. 353 - 372.

[45] Interview with Paul Schulman, August 16, 1994.

[46] Paul R. Schulman, "The Analysis of High Reliability Organizations: A Comparative Framework," In Karlene H. Roberts, ed., New Challenges to Understanding Organizations, Macmillan, New York, 1993, p, 43.

[47] Schulman interview, August 16, 1994.

[48] Schulman, "The Negotiated Order of Organizational Reliability," pp. 363 - 364.

[49] Schulman, "The Negotiated Order of Organizational Reliability," p. 361.

[50] La Porte and Consolini, "Working in Practice," pp. 29 - 36.

[51] Interview with Todd La Porte, June 21, 1996.

[52] Perrow, Normal Accidents, p. 334.

[53] La Porte and Consolini, "Working in Practice," pp. 32 - 34.

[54] Pfeiffer, "The Secret of Life at the Limit," p. 48.

[55] Karl E. Weick, "The Vulnerable System: An Analysis of the Tenerife Air Disaster," in Karlene H. Roberts, ed., New Challenges to Understanding Organizations, Macmillan, New York, 1993, pp. 173 - 198.

[56] Schulman interview, August 16, 1994.

[57] Schulman interview, August 16, 1994.

[58] David Collingridge, The Management of Scale: Big Organizations, Big Technologi.es, Big Mistakes, Routledge, New York, 1992, p. 22.

[59] Howard E. McCurdy, Inside NASA: High Technology and Organizational Change, Johns Hopkins University Press, Baltimore, MD, 1993, p. 163.

[60] McCurdy, Inside NASA, pp. 163 - 172.

[61] As quoted in McCurdy, Inside NASA, p. 174.

[62] Joseph Rees, Hostages of Each Other: The Transformation of Nuclear Safety Since Three Mile Island, University of Chicago Press, Chicago, 1994, pp. 43 - 45.

[63] Rees, Hostages of Each Other, p. 18.

[64] Rees, Hostages of Each Other, pp. 61 - 63.

[65] Hyman G. Rickover, "An Assessment of the GPU Nuclear Corporation and Senior Management and Its Competence to Operate TMI - 1." A report written for the GPU Corporation, November 19, 1983.

[66] Rickover, "Assessment of GPU," p. 2.

[67] Interview with Jerry Goldberg, September 9, 1993.

[68] Richard A. Michal, "Turkey Point's Turnaround Draws Industry's Notice," Nuclear News, January 1995, pp. 33 - 34.

[69] National Research Council, Nuclear Power: Technical and Institutional Options for the Future, National Academy Press, Washington, DC, 1992, pp. 49 - 55.

[70] the description of problems at the Peach Bottom plant in Rees, Hostages of Each Other, pp. 110 - 118.

[71] Rees, Hostages of Each Other, p. 3.

[72] Schulman interview, August 16, 1994.

[73] Unger, Controlling Technology, pp. 16 - 20.

Nine: Technical Fixes, Technological Solutions

[1] Gary Stix, "Bhopal: A Tragedy in Waiting," IEEE Spectrum 26 (June 1989), pp. 47 - 50.

[2] Joseph Haggin, "Catalysis Gains Widening Role in Environmental Protection," Chemical and Engineering News, February 14, 1994, pp. 22 - 30.

[3] Haggin, "Catalysis Gains," p. 24.

[4] Stix, "Bhopal," p. 48.

[5] Haggin, "Catalysis Gains," p. 24.

[6] Thomas P Hughes, "Technological History and Technical Problems," in Chauncey Starr and Philip C. Ritterbush, eds., Science, Technology and the Human Prospect, Pergarnon, New York, 1980, pp. 141 - 156.

[7] Mike Gray and Ira Rosen, The Warning: Accident at Three Mile Island, W.W. Norton, New York, 1982, pp. 75 - 77.

[8] Gray and Rosen, The Warning, p. 75.

[9] Robert Sugarman, "Nuclear Power and the Public Risk," IEEE Spectrum 16 (November 1979), pp. 59 - 79.

[10] Sugarman, "Nuclear Power and the Public Risk," pp. 63 - 64.

[11] Ellis Rubinstein, "The Accident That Shouldn't Have Happened," IEEE Spectrum 16:11 (November 1979), pp. 33 - 42.

[12] Sugarman, "Nuclear Power and the Public Risk," pp. 63 - 65.

[13]　Donald A. Norman, "Toward Human - Centered Design," Technology Review 30 (July 1993), pp. 47 - 53.

[14]　Norman, "Toward Human - Centered Design," p. 49.

[15]　Norman, "Toward Human - Centered Design," p. 49.

[16]　Stephen J. Hedges, Peter Gary, and Richard J. Newman, "Fear of Flying: One Plane's Story," U. S. News & World Report, March 6, 1995, pp. 40 - 46.

[17]　Norman, "Toward Human - Centered Design," p. 49.

[18]　Norman, "Toward Human - Centered Design," pp. 49 - 50.

[19]　Shosana Zuboff, In the Age of the Smart Machine, Basic Books, New York, 1988.

[20]　Nor man, "Toward Human - Centered Design," p. 50.

[21]　"The ABB Combustion Engineering System 80 +." Nuclear News, September 1992, pp. 68 - 69.

[22]　Interview with Todd La Porte, August 15, 1994.

[23]　Deborah L. Illman, "Green' Chemistry Presents Challenge to Chemists," Chemical & Engineering News, September 6, 1993, pp. 26 - 30.

[24]　Deborah L. Illman, " Environmentally Benign Chemistry Aims for Processes That Don't Pollute," Chemical & Engineering News, September 5, 1994, pp. 22 - 27.

[25]　Robert Pool, " The Elusive Replacements for CFCs," Science 242 (November 4, 1988), pp. 666 - 668.

[26]　Robert Pool, "The Old and the New," Science 242 (November 4, 1988), p. 667.

[27]　Pool, "The Elusive Replacements for CFCs," pp. 667 - 668.

[28]　Ivan Amato, "Making Molecules Without the Mess," Science 259 (March 12, 1993), p. 1540.

[29]　M. Mitchell Waldrop, "A Safer Way to Make Plastics," Science 248 (May 18, 1990), p. 816.

[30]　Illman, "'Green' Technology Presents Challenge," p. 27 - 28.

[31]　Robert Pool, "In Search of the Plastic Potato," Science 245 (September 15, 1989), pp. 1187 - 1189.

[32] Illman, "Environmentally Benign Chemistry," pp. 23 - 24.

[33] Ivan Amato, "The Slow Birth of Green Chemistry," Science 259 (March 12, 1993), pp. 1538 - 1541.

[34] Illman, "'Green' Chemistry Presents Challenge."

[35] Ivan Amato, "Can the Chemical Industry Change Its Spots?" Science 259 (March 12, 1993), pp. 1538 - 1539.

[36] Trevor Kletz, Cheaper, Safer Plants, Institute of Chemical Engineers, Rugby, Warwickshire, England, 1984, pp. 5 - 7.

[37] Charles Perrow, Normal Accidents: Living With High - Risk Technologies, Basic Books, New York, 1984.

[38] Michael W. Golay and Neil E. Todreas, "Advanced Light - Water Reactors," Scientific American, April 1990, pp. 82 - 89.

[39] Lawrence M. Lidsky, "Nuclear Power: Levels of Safety," Radiation Research 113 (1988), pp. 217 - 226.

[40] Interview with Kare Hannerz, July 27, 1992.

[41] Richard Wolfson, Nuclear Choices, MIT Press, Cambridge, MA, 1991, p. 203.

[42] Hannerz interview, July 27, 1992.

[43] Charles Forsberg and William J. Reich, Worldwide Advanced Nuclear Power Reactors With Passive and Inherent Safety: What, Why, How, and Who, a report for the U.S. Department of Energy by Oak Ridge National Laboratory, ORNL/TM - 11907, September 1991, pp. 8 - 10, 46 - 49.

[44] John J. Taylor, "Improved and Safer Nuclear Power," Science 244 (April 21, 1989), pp. 318 - 325.

[45] Lidsky, "Nuclear Power: Levels of Safety."

[46] Yoon I. Chang, "The Total Nuclear Power Solution," The World & I, April 1991, pp. 288 - 295.

[47] Taylor, "Improved and Safer Nuclear Power," p. 324.

[48] Larry M. Lidsky and Xing L. Yan, "Modular Gas - Cooled Reactor Gas Turbine Power Plant Designs," paper presented at the 2nd JAERI Symposium on HTGR Technologies, Ibaraki, Japan, October 21 - 23, 1992.

[49]   Joseph Rees, Hostages of Each Other: The Transformation of Nuclear Safety Since Three Mile Island, University of Chicago Press, Chicago, 1994, p. 111.

[50]   James Cook, "Nuclear Follies," Forbes, February 11, 1985, p. 90.

[51]   Larry Lidsky, untitled paper presented at the Second MIT International Conference on the Next Generation of Nuclear Power Technology, October 25, 1993.

[52]   Lawrence M. Lidsky, "Safe Nuclear Power," The New Republic, December 28, 1987, pp. 20 – 23.

[53]   Interview with John Taylor, October 10, 1991.

[54]   Nuclear Power Oversight Committee, "Strategic Plan for Building New Nuclear Power Plants," November 1990.

[55]   "ABB – CE Receives Design Approval for System 80 +." Nuclear News, September 1994, p. 28.